宇航产品成熟度

Space Products Maturity

王卫东　等著

国防工業出版社

·北京·

内 容 简 介

本书分为3篇、共8章,从产品成熟度理论提出的背景出发,引出产品成熟度相关的基本概念、发展历程及相关理论,并对产品成熟度模型的总体设计思路进行深入阐述;在此基础上,对单机、软件及系统级产品成熟度模型进行详细介绍;最后对产品成熟度定级组织职责、定级方法和程序等进行说明,并以案例详细描述产品成熟度定级实施全过程。本书主要面向航天工业科研和管理人员,也可供相关专业高校学生和其他领域的科研工作者参考。

图书在版编目(CIP)数据

宇航产品成熟度 / 王卫东等著. —北京:国防工业出版社, 2020.1

ISBN 978-7-118-11904-6

Ⅰ. ①宇… Ⅱ. ①王… Ⅲ. ①航空航天工业-工业产品-成熟度-研究 Ⅳ. ①V1

中国版本图书馆 CIP 数据核字(2019)第145606号

※

国防工业出版社出版发行

(北京市海淀区紫竹院南路23号　邮政编码100048)

三河市腾飞印务有限公司印刷

新华书店经售

*

开本 710×1000　1/16　**印张** 17¼　**字数** 308千字

2020年1月第1版第1次印刷　**印数** 1—1500册　**定价** 96.00元

国防书店:(010)88540777　发行邮购:(010)88540776

发行传真:(010)88540755　发行业务:(010)88540717

前 言

宇航产品成熟度是针对航天产品研制的特点，以系统工程的思想创新提出的一套理论方法，是对产品在研制、生产及应用环节等全过程、全系统、全寿命周期所有技术要素的合理性、完备性以及在一定功能、性能水平下质量稳定性的一种度量。宇航产品成熟度是宇航产品化的核心内容之一，其理论研究与全面应用是宇航产品化工作取得实效的关键和重要标志，已成为宇航型号产品研制过程控制和质量可靠性管理的重要工具，其推广和应用能够有效支持宇航产品质量与可靠性的持续提升，并可为推进航天科研生产和质量管理模式转型升级，为支撑航天“高质量保证成功、高效率完成任务、高效益推动航天强国和国防建设”发挥重要作用。

近10年来，中国航天科技集团有限公司（简称“集团公司”）大力推进宇航产品化工作，取得了显著的成效，宇航产品成熟度的理论方法在军工领域也已得到普遍认可，在星箭可靠性增长及产品化推进工程、北斗专项领域和集团公司内部进行了广泛应用，同时也被纳入试验鉴定工作的一项重要内容。目前，宇航产品成熟度的理论与评价方法已在中国航天科技集团有限公司、中国航天科工集团有限公司、中国科学院、中国电子科技集团有限公司等单位的产品中进行了应用，为提升产品质量可靠性、确保型号任务成功打下了良好的基础。

为了更好地总结宇航产品成熟度前期研究和实践的成果经验，进一步深化产品成熟度理论方法的研究和交流，以及全面深入地推广和应用，集团公司航天产品化工程研究中心撰写了这本《宇航产品成熟度》。本书共分为3篇、8章，3篇分别为理论篇、模型篇和实施篇，理论篇包括第1章～第3章，模型篇包括第4章～第6章，实施篇包括第7章～第8章。第1章主要介绍宇航产品成熟度的提出背景、涉及的基本概念和发展历程；第2章主要介绍国内外相关成熟度理论的发展情况及对比分析；第3章主要介绍宇航产品成熟度模型的总体设计；第4章主要介绍宇航单机产品成熟度模型；第5章主要介绍宇航软件产品成熟度模型；第6章主要介绍宇航系统级产品成熟度模型；第7章主要介绍宇航产品成熟度的评价方式方法、程序和组织管理等内容；第8章主要介绍宇航单机产品和软件产品成熟度评价的案例。

全书策划由王卫东牵头，杨之浩、卿寿松、杨世东、李罡等参加，第1、2章由韩天龙、周海京、杜刚、李宁、王鑫编写，第3章由王卫东、韩天龙、李宁、仝荣伟、杨之浩、李宇峰编写，第4章由陆宏伟、王喜奎、姜盛鑫、商乾、朱杏生、李海金、张晓晴、舒适编写，第5章由王志梅、田雪颖、陈朝晖、芮晔、张华、韩一丁编写，第6章由夏晓春、李鸿儒、朱放、杨世东、刘宇编写，第7章由尹玉明、施帆、李罡、张广宇、王建杰、孙宇编写，第8章由陆宏伟、李鸿儒、王志梅、崔佳、张妍、闫璇、张白雨编写。另外，张佩锋、顿赛英、郭康瑛、黄业青、梁波、陈涛、刘禾、李新波、孙泉、王文峰、聂涛、崔荣梓、周新蕾、尤艺等也为编写工作提供了大量帮助。全书统稿由田雪颖、陆宏伟、夏晓春、韩天龙等完成，全书审校由郑松辉、张敬铭、张光明、周苏闰、孟卫辉、慕晓英、杨贵斌、王东盛、王至尧、余孝昌、刘宝安、杨慧、甘克力、马捷、余海林、马涛、段增斌、林荣、潘忠文等完成，最后由王卫东定稿。

中国航天科技集团有限公司宇航部组织了本书的策划工作，航天产品化工程研究中心承担了具体的编写组织工作，中国运载火箭技术研究院、航天动力技术研究院、中国空间技术研究院、航天推进技术研究院、四川航天技术研究院、上海航天技术研究院、中国航天电子技术研究院以及国防工业出版社等单位在宇航产品成熟度研究和实践过程中、在本书编写和出版过程中给予了大力支持和帮助，对各单位及多年来参与宇航产品成熟度研究和实践的专家、学者和同仁们表示感谢。

本书在撰写过程中力求做到结构完整、阐述清楚、通俗易懂，但因为宇航产品成熟度是一项创新性和探索性的工作，本书的内容难免有错误和不妥之处，恳请关心和关注我国航天事业的各界专家、学者和广大读者给予批评指正。

作 者

2019年6月

目　录

理论篇

模型篇

实 施 篇

理 论 篇

第1章　绪　　论

本章阐述了宇航产品成熟度理论提出的背景和意义，介绍了产品成熟度涉及的有关基本概念、产品成熟度的发展历程及近年来国内关于产品成熟度的相关论著情况。

1.1　概述

近年来，我国航天事业快速发展，取得了骄人的成绩，以载人航天、北斗导航等为代表的众多型号任务圆满完成，现役运载火箭可靠性稳步提升，各类卫星应用领域也不断拓展，实践创造理论，理论指导实践，伟大的航天实践造就了具有中国特色的宇航产品成熟度理论和方法。

随着我国航天事业的发展，航天器和运载器产品越来越多，开始了由单星单箭到多星多箭，由几年发射一颗到一年发射几颗、十几颗、几十颗卫星的转变，高密度发射、批量化生产成为一种常态。科研生产任务越来越重，风险控制越来越难，精雕细琢、“十年磨一箭”、“五年造一星”的科研生产模式已不能适应航天事业高速发展的需要，实现新形势下航天产品的快速、高效、优质研制生产变得十分迫切。如何建立一个系统方法，来对产品进行管理，使之快速成熟，支撑型号系统快速集成开发，是航天领域面临的新命题。从21世纪初开始，中国航天企业和相关管理部门，充分继承航天事业多年探索形成的系统工程基本理论及方法，借鉴国外航天产品质量与可靠性管理、航天产品生命周期管理、相关成熟度模型等方面的理论和方法，紧密结合我国航天型号研制实践，针对航天产品高可靠、高质量及小子样研制的特点，创造性地提出了以推进航天产品快速成熟为核心的航天产品化工程技术体系，形成了具有中国航天特色、反映中国航天事业发展需求的航天产品化理论、方法和流程。宇航产品化在航天科研生产体系建设、产品型谱建设、生产线建设与认证、型号选用等工作中的实践应用，对航天型号缩短研制周期、提高研制效益、强化质量与可靠性、加速技术创新等发挥了重要作用。

产品成熟度是产品化理论方法中的核心要素和重要组成部分，其理论模型的提出是一项大胆探索。航天产品的成熟是一个逐步发展与提升的过程,随着产品成熟度的提升,性能稳固提高,风险持续降低,在较高的成熟度级别实现定型和规模化生产应用,这是所有宇航产品一般性发展规律。按照这样的规律,航天产品成熟度理论科学合理地划分了产品成熟度等级标准,梳理了各级成熟度产品所应具备的特征和要求,给出了提升的程序,使航天产品走向了规范、有序、清晰、高效的发展轨道。

产品成熟度是对产品在研制、生产及使用等各个环节成熟程度的度量,包括全寿命周期内所有技术要素的合理性、完备性以及在一定功能、性能水平下质量稳定性等。

产品成熟度研究的重点是产品成熟的本质特征和内在规律,其目的是针对小子样、高可靠、高质量等特点,为产品快速成熟提供有效途径和方法。在一个产品中可以包含多个技术元素,包括成熟技术和新技术,并涵盖了设计、工艺、原材料、元器件等多个方面。

产品是设计、制造出来的,也是管理出来的。产品成熟度的研究与应用,必须运用系统工程的原理和方法,综合考虑产品的设计过程、生产制造过程及使用过程,将影响成熟的核心要素识别出来,并在产品实现和使用的全过程加以控制。

产品成熟度模型全面覆盖了产品研制全寿命周期涉及的各项工作和各个要素,包含设计、生产和使用三个部分,强调对产品的可靠性、质量、可应用程度的有效控制,既是工作要求也是度量准则。产品成熟度模型中,设计方面主要解决产品工程化研制前期的技术可行性和正确性问题,其目的是保证产品的固有可靠性;生产方面主要解决产品工程化研制中的可生产性和持续供应问题,其目的是保证产品的生产质量及稳定量产能力;使用方面主要评估产品工程化应用阶段对使用操作和异常处置等活动的支持保障问题,其目的是保证产品被正确使用并合理规避相关任务使用风险。

实践证明,产品成熟度理论能够有效支持宇航产品质量与可靠性的持续提升,并可为推进航天科研生产和质量管理模式转型升级发挥重要作用。随着实践的不断深入,产品成熟度模型也在不断完善、发展,在对其进行适应性改造后,可推广至其他行业产品的实践应用中。

1.2 基本概念

产品成熟度针对技术状态明确的特定规格产品,是独立于型号研制的产品完备程度和可应用程度的度量。产品成熟度本身并不是针对具体产品的功能、性能进行评价，而是对产品的可实现和可应用程度的评价。产品成熟度综合考虑产品的设计、生产和使用过程，将影响产品成熟的核心要素识别出来，并在产品实现和使用的全过程加以控制。在产品成熟度的研究过程中，重点涉及了产品基线、产品数据包、产品关键特性和成功数据包络等几个基本概念。

1.2.1 产品基线

技术状态基线是指在技术状态项目研制过程中的某一特定时刻，被正式确认并被作为今后研制、生产活动基准的技术状态文件。技术状态基线共分为三类，分别是功能基线、研制基线（分配基线）和产品基线（生产基线）。产品基线是指经过产品原理样机和工程样机设计、生产和验证后，在满足使用要求的前提下确定的产品技术状态。从产品开发过程分析，产品技术状态是衡量产品成熟程度的一条主线，产品成熟度提升反映了产品技术状态及受控水平的提升。因此，产品基线是决定产品成熟度的重要内容。产品的成熟意味着产品技术状态控制水平的提升，即产品基线的提升。

1.2.2 产品数据包

产品数据包是产品设计、制造、检验、交付、使用等技术活动量化控制结果的总和。针对宇航产品小子样研制这一特殊性，加速产品由不成熟到成熟这一过程的重要手段是将产品状态及其关键特性等重要数据记录完整并充分挖掘，从中找出产品成熟的内在规律，产品数据包是产品成熟度提升的重要载体。

产品数据包中的各项数据为实现过程的实际测量记录，包括数据和影像，主要包括：

（1）产品功能性能数据，即反映产品最终状态在使用环境下（试验状态）的功能性能的完整数据。

（2）产品基础数据，即构成产品的元器件、原材料、成品件等基础数据。

（3）产品过程数据，即产品设计、生产和使用全过程中记录各要素满足相关要求的数据。

产品数据包既是产品质量与可靠性特性要求形成过程的客观记录和产品实现过程质量与可靠性特性状态的客观证实，又是实施过程控制、开展质量改进、产品交付验收的重要依据。

1.2.3 产品关键特性

产品关键特性是指决定产品功能性能的设计、工艺和过程控制等方面的特性，包括设计关键特性、工艺关键特性和过程控制关键特性三类。

1）设计关键特性

设计关键特性指特定的设计方案中因产品使用环境变化对产品功能性能变化敏感的设计参数、因方案中选用的制造工艺偏差对功能性能敏感的设计参数、产品在最终状态下存在不可测试的关键功能性能等。

2）工艺关键特性

工艺关键特性指特定的工艺方案中存在的影响产品功能性能的制造工艺参数、制造过程控制的不确定性及生产过程中的不可检验项目。

3）过程控制关键特性

过程控制关键特性包括对产品设计关键特性的偏差控制项目、产品不可测试功能性能需要在制造过程中控制的项目等一系列产品生产过程数据项目的总和。

产品三类关键特性要围绕产品设计、工艺、过程控制三个环节，通过辨识、分析可能存在的风险因素，并在比较各风险因素的危害程度和不确定性的基础上，分别予以确定。

1.2.4　成功数据包络

成功数据包络是指已成功完成地面试验及飞行试验的航天产品（重点是关键单机、零部组件及原材料等）各项参数的上、下边界范围，包括产品本身参数包络和产品对飞行任务剖面适应性包络。在产品的定型和升级改进阶段，通过成功数据包络分析不断完善、优化关键特性数据，提升产品数据包的精细化程度，减小产品各项指标的离散程度，提高产品的一致性水平是数据包持续改进的重要工作。成功数据包络分析方法是在开展航天产品数据包工作的基础上，在多次飞行试验产品各项参数满足设计要求的前提下，确认飞行产品各项参数是否在产品成功数据包络内，并对超出数据包络的参数展开技术风险分析，进而评估产品参加本次飞行任务风险的一种方法。成功数据包络分析是航天产品数据包管理成果的应用，为减小风险和提高产品一致性，对于产品三类关键特性，要重点开展成功数据包络分析。

1.3　发展历程

回顾产品成熟度理论的发展历程，从针对宇航产品工程特点创新提出，到借鉴国外相关经验进行补充细化，再到工程推广实践应用后的丰富完善，最后深化发展成为如今的产品成熟度理论，大致可以分为创新提出、借鉴细化、推广完善、深化发展四个阶段，如图1-1所示。

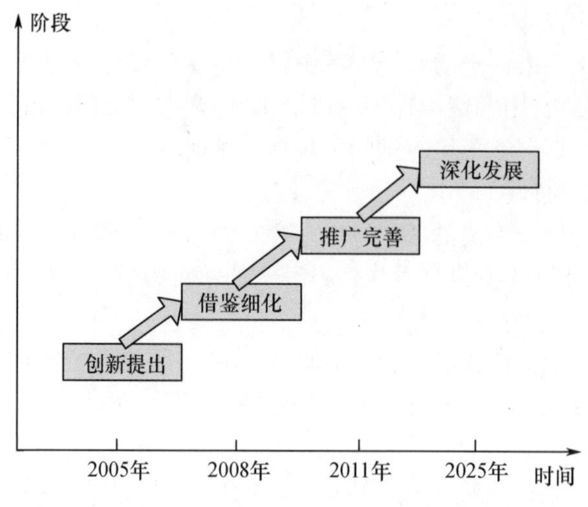

图 1－1　产品成熟度理论发展历程

1.3.1　创新提出

我国对航天产品成熟度的研究最早始于 2005 年初。针对航天产品研制品种多、状态多、研制队伍相对分散、老产品质量问题多、产品创新能力相对不足等问题提出产品成熟度概念，为了提升存量产品成果可重复利用的程度，提高产品资源利用效率，从而满足当时多品种、小批量研制的任务形势，解决资源不足与型号任务剧增的矛盾。

最早提出的航天器单机产品成熟度等级的概念，将产品成熟度划分为预研产品、工程产品、飞行产品、成熟产品、定型产品 5 个等级，试点应用于中国空间技术研究院产品体系建设实践，以支持航天器单机产品在小子样研制情况下的产品成熟度提升。2007 年，王卫东等人总结研究成果和应用实践在《航天工业管理》杂志上发表了题为《空间产品成熟度模型的建立与应用研究》的论文，阐述了产品成熟度模型的建设思路、要素及主要内容、评估和提升步骤等；该文主要针对空间单机产品，构建了单机产品成熟度模型，为单机产品的快速成熟提供了可行的方案。

1.3.2　借鉴细化

2008 年起，随着产品化工作在航天科技集团相关单位和相关领域的推广和应用，从航天工程研制需求出发，以航天系统工程方法论为指导，在产品成熟度理论深化应用的基础上，袁家军、王卫东等人对成熟度定级标准进行了丰富完善。针对航天产品小子样、高可靠、高风险和一次成功要求的特点，构建了系统的产品成熟度理论体系框架，作为航天产品快速成熟的途径和方法；将产品成熟度划分为8个等级，并在《航天器工程》发表了《航天产品成熟度研究》论文。2010年，航天科技集团发布了产品成熟度定级标准《宇航单机产品成熟度定级规定》，统一将宇航单机产品成熟度划分为8级，分别是原理样机产品（成熟度1级）、工程样机产品（成熟度2级）、飞行产品（成熟度3级）、一次飞行考核产品（成熟度4级）、多次飞行考核产品（成熟度5级）、三级定型产品（成熟度6级）、二级定型产品（成熟度7级）、一级定型产品（成熟度8级）。该标准的发布与应用有助于明确产品状态、提升产品成熟度，同时对质量与可靠性提升有促进作用，支持并推动了宇航产品型谱建设和货架产品选用工作。

随着产品成熟度理论在工程实践中的不断深化应用，航天科技集团王卫东、周海京等人进一步总结实践经验，同时参考美国国防部相关理论研究的思路，进一步丰富细化了产品成熟度要素。

1.3.3 推广完善

2011年，航天科技集团袁家军等人在总结产品成熟度及其理论方法的基础上，出版了《航天产品工程》一书。2013年，航天科技集团发布了定级标准《宇航单机产品成熟度定级实施细则》，从设计、生产和使用三个方面，确定了产品成熟度提升的要素和子要素，并给出了每项子要素对应的定级准则，用于指导产品成熟度定级工作的具体实施。

"十二五"之后，国家实施了"星箭可靠性增长及产品化推进"专项工程，在全国范围内全面推广了产品成熟度理论的应用范围。除了航天科技集团以外，在航天科工集团、中电集团、中科院和各大高校中均进行了理论应用与实践，将产品成熟度理论拓展应用到所有宇航配套产品，开展了数百型产品成熟度提升和产品成熟度评价。同时，产品成熟度概念开始在各领域应用和拓展。国内各高校也分别针对产品成熟度理论，从不同角度、不同产品对象进行了深入的理论研究。比如，天津大学的张迪和孙静分别在2011年和2012年发表了题为《基于生命周期的产品成熟度研究》和《基于产品数据包的成熟度评价研究》的学位论文；北京交通大学的王国明在2013年发表了题为《产品成熟度的影响因素研究——以通讯产品为例》的专业硕士学位论文。

1.3.4 深化发展

2015年后，航天科技集团各研究院在产品化工作中，结合不同系统、不同专业产品以及元器件，从不同产品层次、不同专业对产品成熟度理论的应用进行了深入研究，进一步对产品成熟度理论进行了拓展，取得了丰富的研究和实践成果。如2016年,中国航天推进技术研究院李新波等人,针对液体火箭发动机开展了产品成熟度模型研究,在《航天工业管理》上发表了《泵压式液体火箭发动机产品成熟度模型研究》。2017年,中国空间技术研究院郭芳等人,结合新形势下宇航产品研制生产模式转型需求,提出了基于产品成熟度的宇航产品分级管理模式,以释放成熟产品所占用的资源,实现均衡配置,并在《航天工业管理》上发表了《基于产品成熟度的宇航产品分级管理模式》。同年,北京空间飞行器总体设计部邱家稳等人,针对低成本卫星的市场需求,综合考虑功能、性能、价格和进度等约束条件,提出了基于成熟度评价的"低成本、短周期、全可靠"的航天器集成研制管理模式,并在《航天器工程》上发表了《基于成熟度评价的航天器跨领域成熟产品集成管理模式》;中国航天标准化与产品保证研究院陆宏伟等人,将产品成熟度理论与试验鉴定工作相结合,并在《航天工业管理》上发表了《产品成熟度定级与航天装备试验鉴定工作浅析》;中国航天宇航元器件工程中心王文炎等人,提出了宇航元器件产品成熟度概念,给出了宇航元器件产品成熟度的评价方法及一般的等级划分和定级条件,并在《质量与可靠性》上发表了《宇航元器件产品成熟度评价研究》。迄今为止,产品成熟度理论的应用已经从早期的单机产品成熟度模型扩展到系统、软件、部组件等不同种类、不同专业、不同层级的产品成熟度模型标准,并且已经将产品成熟度的理论成功应用在航天产品的研制设计以及生产制造中。

第2章　相关成熟度理论

本章主要介绍了产品成熟度相关的技术成熟度、制造成熟度、系统成熟度和项目管理成熟度等成熟度理论，并根据各种成熟度模型特点，将产品成熟度模型与相关的成熟度模型在度量对象、等级设置、要素设置、方法程序、目的场景等方面进行对比分析。

2.1　技术成熟度

技术成熟度（Technology Readiness Levels，TRL）是为了在型号项目过程中识别、跟踪并控制技术风险的主要改进，确保关键技术在转入系统研发和制造前成熟的一套理论方法。一般在系统开发之前，新技术（含材料、部件、设备等）不适于立即应用，只有在相关的或者实际运行的环境中进行试验和验证后，才能在系统或分系统上应用，于是技术成熟度等级的概念由此产生。

技术成熟度等级的概念最早由美国国家航空航天局（NASA）在20世纪80年代提出，开始分为7级，后扩展为9级。1999年，美国联邦审计办公室（GAO）发表报告：有关研制项目所承受的风险较大，建议国防部采用TRL技术。2001年，美国国防部（DoD）开始采纳TRL，并颁发军标指南草案以及评价手册，应用于所有重要采办计划中。

美国国防部在2003年颁布的《国防采办管理框架》和2008年颁布的《国防采办管理系统》中都强调了只有成熟的技术才能应用于具体的正式采办工作中，强制性要求在技术研发阶段转为工程和生产研发阶段的评审（里程碑B）、工程和生产研发阶段转为生产和部署阶段的评审（里程碑C）时必须包括技术成熟度评价的内容，如图2-1所示。

2003年，美国国防部发布了技术成熟度评价的指导文件《技术成熟度等级评价手册》，将技术成熟度等级划分为9级，如表2-1所列。通过设定技术成熟度等级，可以对与技术有关的概念、技术状态、经演示验证的技术能力等内容进行评价，从而有效把握技术状态、控制技术风险。2005年3月，美国国防部又对手册进行了修订。

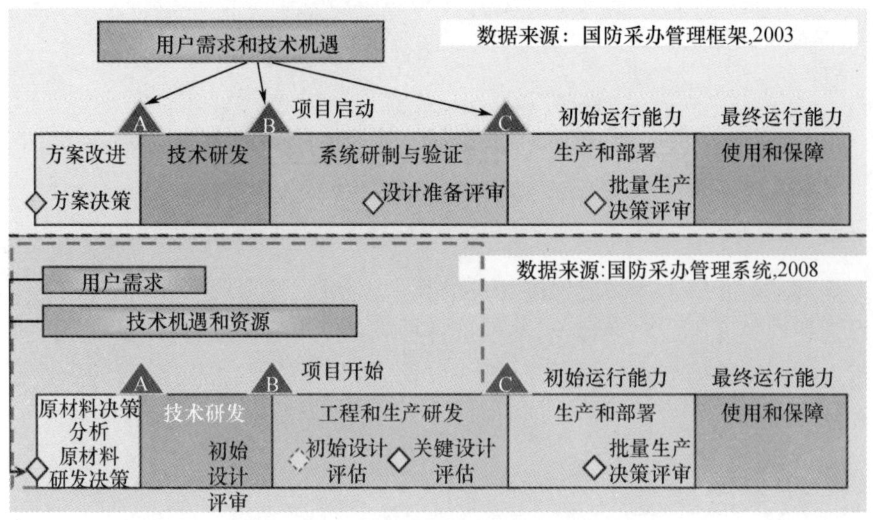

图2-1　美国国防部系统采办框架

表2-1　美国国防部技术成熟度等级定义

里程碑	TRL	描　　述
里程碑 A	1	基本原理被发现和报告
	2	技术概念和用途被阐明
	3	关键功能和特性的概念验证
里程碑 B	4	实验室环境下的部件和试验模型验证
	5	相关环境下的部件和试验模型验证
	6	相关环境下的系统/子系统模型或原型机验证
里程碑 C	7	模拟作战环境下的原型机验证
大规模生产	8	系统完成技术试验和验证
初始和完全作战能力	9	系统完成使用验证

在 TRL1 级,要求已经掌握技术的基本原理。这是技术成熟度的最低水平,研究人员开始考虑将某项科学研究应用于军事领域。

在 TRL2 级,要求已经明确技术概念及其实际应用。一旦研究人员获得技术的基本原理,就可以立即假设其实际应用,因此明确技术概念和应用是项目创新的开始。

在TRL3级,要求用解析和试验的方法验证技术概念中的关键功能和特性,证明项目所采用的各个单项技术的预研结果。处于此水平的项目一般是尚未集成的以及不具代表性的模块。

在TRL4级,要求在实验室环境中验证技术模块或基本子系统技术,集成基本技术模块。与最终系统相比,其可信度较低。

在TRL5级,要求在相关环境中验证技术模块或基本子系统技术。子系统的可信度显著提高。基本技术模块与实际支撑单元的集成使技术能够在仿真环境中得到测试。

在TRL6级,要求在相关环境中验证系统/子系统技术模块或原型,测试优于TRL5级的有代表性的原型系统。这是技术成熟度论证过程中的一个飞跃。

在TRL7级,要求在运行环境中验证系统技术原型。系统技术原型已接近或达到了预期运行系统的水平,这表示技术在TRL6级的基础上又有了大幅度的提高。

在TRL8级,要求通过试验和验证确认系统技术符合要求。证明在预期条件下,技术可以其最终形式得到应用。在几乎所有的项目中,技术成熟度处于这一级便代表着论证工作的结束。

在TRL9级,要求通过成功的任务运行确认系统技术符合要求。技术以其最终形式在任务环境中得到应用,如通过了运行测试评估以及可靠性测试、作战试验与评估、在作战任务条件下使用系统等。根据定义,一旦产品已被使用,就达到了TRL9级,实际系统的所有技术都应通过TRL9级。

上面是从系统角度给出了各级技术成熟度的定义,它既适用于硬件,也适用于软件。针对不同评价对象的具体情况,可将各级定义具体化,也可对子系统、组件、部件、元器件、技术等不同层次的每个关键对象,从实际应用角度出发,分别进行具体定义和说明。

借鉴国外的技术成熟度理论,我国在航天、航空、核电等领域也将技术成熟度评价应用于项目管理中,如空间实验室、大飞机等项目的评估和管理。目前已经分别制定了技术成熟度的国家军用标准、行业标准和企业标准。在航天科技集团标准中提出了技术成熟度航天技术研究项目评价方法,为航天项目成果评估提供了重要方法支撑。该项标准中将航天器技术成熟度评价的对象分为设备技术和非设备技术。航天器设备技术成熟度等级定义说明及案例如表2-2所列。航天器非设备技术成熟度等级定义说明及案例如表2-3所列。评价工作分为评价工作启动阶段、评价阶段、评价工作总结阶段。技术成熟度评价在国家科技部各重大专项的立项评估、中期评估等监督管理工作中也逐步得到推广应用。

表2-2　航天器设备技术成熟度等级定义说明及案例

等级	技术成熟度等级定义(GJB 7688—2012)	航天器设备技术成熟度等级定义说明	案例(紫外敏感器姿态控制技术)
1	提出基本原理并正式报告	通过探索研究,获得并正式发布可作为技术研发基础的基本原理	发现或提出通过感受天体紫外线辐射获得航天器姿态信息的原理
2	提出概念和应用设想	通过理论分析,提出技术原理在航天器研制中实现新功能、性能的设想	提出利用月球、恒星、地球等紫外特性进行姿态测量的应用设想
3	完成概念和应用设想的可行性验证	提出初步的技术应用方案,通过分析研究、建模仿真和试验,验证技术在航天器应用的可行性	建立集成中心视场和周边环形视场的紫外敏感器简易试验装置,初步验证利用紫外敏感器进行姿态测量的可行性
4	以原理样品或部件为载体完成实验室环境验证	完成单机原理样机或部件的研制,在实验室环境下验证了单机原理样机的主要功能或关键部件的主要性能	研制出利用紫外敏感器进行航天器姿态测量的原理样机,在实验室环境下通过功能、性能测试
5	以模型样品或部件为载体完成相关环境验证	完成单机模型样机或部件研制,并通过相关环境试验验证。对于使用环境与空间环境关系密切的关键技术,相关环境应接近于空间环境	完成包括紫外敏感器、陀螺单元在内的姿态测量部件,通过星仿真器模拟条件下的试验验证
6	以系统或分系统原型为载体完成相关环境验证	该技术集成到系统或分系统的初样中,并通过系统或分系统在相关环境下的试验。试验环境接近空间环境	完成包括控制部件在内的姿态控制分系统,在气浮台紫外模拟环境下通过试验验证
7	以系统原型为载体完成典型使用环境验证	该技术通过了地面试验或进行了技术的在轨演示验证试验。本级是可选项,可以越过本级直接评价8级。高风险及重大航天器装备的关键技术需通过替代平台的飞行试验验证	紫外敏感器姿态控制系统搭载到航天器前期型号中进行了在轨试验,经测试姿态控制系统的功能和性能满足任务要求

（续）

等级	技术成熟度等级定义（GJB 7688—2012）	航天器设备技术成熟度等级定义说明	案例（紫外敏感器姿态控制技术）
8	以实际系统为载体完成使用环境验证	该技术集成到航天器正样中，完成地面验收试验，具备飞行试验条件。成功发射后，经过在轨测试，各项功能和性能指标达到执行任务的要求，可交付用户使用	紫外敏感器姿态控制系统集成到航天器正样星（船）中，并完成了地面验收试验，具备飞行试验条件。成功发射后，经过在轨测试，各项功能和性能指标达到执行任务的要求，可交付用户使用
9	实际系统成功完成使用任务	航天器交付用户后，经过用户测试运行，所有功能和性能满足要求，表明本技术成功应用于航天器中	航天器交付后，经用户测试，功能和性能要求满足，证明紫外敏感器姿态控制技术可满足航天器高精度姿态控制要求

表 2－3　航天器非设备技术成熟度等级定义说明及案例

等级	技术成熟度等级定义（GJB 7688—2012）	航天器非设备技术成熟度等级定义说明	案例（探月飞行器轨道设计技术）
1	提出基本原理并正式报告	通过探索研究，获得并正式发布可作为技术研发基础的基本原理	研究认识到一种新的轨道力学设计技术
2	提出概念和应用设想	通过理论分析，提出技术原理在航天器研制中实现新功能、性能的设想	论证通过了在探月飞行器轨道设计中利用这种技术的应用设想
3	完成概念和应用设想的可行性验证	提出初步的技术应用方案，通过分析研究、建模仿真和试验，验证技术在航天器应用的可行性	使用该技术按照探月飞行器使命任务进行轨道设计的方法通过可行性分析
4	以原理样品或部件为载体完成实验室环境验证	初步完成该项技术模型设计、数据分析等工作，在实验室进行功能、性能试验，对主要技术参数进行验证	利用该技术进行探月飞行器轨道初步设计，并在实验室仿真环境下通过验证
5	以模型样品或部件为载体完成相关环境验证	利用部件或单机原理样机的实验结果对该技术模型、数据进行适应性改进。使用改进后该技术数据和模型的部件或单机模型样机通过相关环境验证	该项技术输出提供给相关领域，如总体、控制、动力等，技术成果通过部件或单机模型样机相关环境试验进行验证

（续）

等级	技术成熟度等级定义（GJB 7688—2012）	航天器非设备技术成熟度等级定义说明	案例（探月飞行器轨道设计技术）
6	以系统或分系统原型为载体完成相关环境验证	对模型、数据等进行改进，根据使用该技术的部件或单机模型样机的实验结果对模型、数据进行适应性改进。使用改进后数据和模型的系统或分系统初样通过相关环境验证	根据部件或单机模型样机相关环境试验结果修改或调整模型和数据。将改进后的成果，提供给系统或分系统初样，并通过相关环境验证
7	以系统原型为载体完成典型使用环境验证	对模型、数据等进行改进，根据相关环境下系统、分系统实验结果对模型和数据进行适应性改进。使用该技术数据和模型的航天器初样通过了在轨试验验证。本级是可选项，可以越过本级直接评价8级	通过6级验证后轨道设计技术相对成熟，并且在7级开展试验卫星试验的成本较高，因此本技术可以不经过7级的考验
8	以实际系统为载体完成使用环境验证	使用该技术数据和模型的航天器正样通过了在轨测试，并可以交付用户使用	使用该项技术成果的探月飞行器正样通过了在轨测试，并可以交付用户使用
9	实际系统成功完成使用任务	航天器交付用户后，经过用户测试运行，所有功能和性能满足要求，证明该技术满足航天器型号的研制要求	探月飞行器交付后，经过用户测试，所有功能满足要求，证明了该轨道设计技术满足探月飞行器应用要求

2.2 制造成熟度

制造成熟度（Manufacturing Readiness Levels，MRL）是对技术成熟度概念的拓展，主要用于弥补技术成熟度难以评价装备生产系统的经济有效性这一不足。和技术成熟度等级划分一样，制造成熟度提供了系统的标准和衡量方法，用于评定特定阶段制造技术的成熟度，并允许不同类型技术之间进行一致的成熟度比较。

随着武器装备研制项目规模与要求的不断提高，大量项目因为在研制阶段缺乏应有的制造知识辅助决策而造成进度拖延、质量下降与费用超支等情况。因此，有必要对武器装备研制项目进行专门的制造风险评价，识别出武器装备研制项目存在的风险以及这些风险将给武器装备研制带来的可能影响。根据评价结果可以选择相应的防范措施,通过实施改进措施,有效降低风险或避免风险,保证武器装备研制项目顺利完成。

2001 年,美国三军联合制造技术委员会基于技术成熟度提出制造成熟度评价模型。2007 年,美军正式在项目采办管理中引入并应用制造成熟度,用于确定武器装备研制过程中制造技术是否成熟,以及技术转化过程中是否存在风险,从而管理并控制武器系统生产,使其在质量和数量上实现最佳化,即最大限度提高武器系统质量、降低成本和缩短生产周期,满足作战任务需求。

2009 年 5 月,美国国防部颁布了《制造成熟度评价手册》,该手册将制造成熟度划分为 10 级,用于控制和跟踪关键技术在转入制造过程前技术是否成熟,如表 2-4、图 2-2 所示。

表 2-4　美国国防部制造成熟度等级定义

MRL	描　述
1	生产可行性已评价
2	生产方案已定义
3	生产方案已确定
4	在实验室环境条件下的技术生产能力验证
5	在相关生产条件下部件模型的生产能力验证
6	在相关生产条件下系统、分系统的生产能力验证
7	在有代表性的生产环境条件下系统、分系统、部件的生产能力验证
8	具备小批量的生产能力
9	小批量的生产已验证,具备大批量的生产能力
10	大批量的生产能力验证

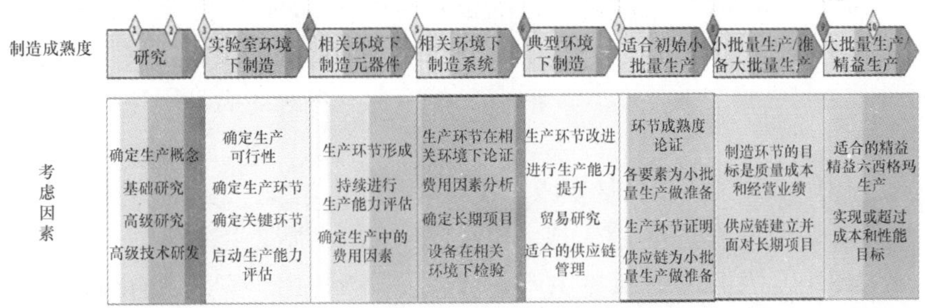

图 2-2　美国国防部制造成熟度模型

制造成熟度等级适用于综合国防采办、技术及后勤寿命周期管理框架。制造成熟度分 10 个等级,与技术成熟度 9 个等级联合使用。

在 MRL 1 级,制造可行性评估是制造成熟度最低标准。定义并阐述了基本制造原则,以研究的形式展开基础调查从而确定可生产性及材料方案。

在 MRL 2 级,对制造方案进行定义,此等级的特点是开发新的制造方法或者能力。为了适应广泛的军事需要,应用研究将基础研究转化为实用方法。

在 MRL 3 级,细化制造方案,此等级开始了第一次制造方案真实环境演示验证。在本等级制造成熟度中,当前制造方案或者可生产性的识别已经开始,并且处于实验室研究阶段。

在 MRL 4 级,在实验室环境中验证此技术的生产能力。此成熟度等级对于技术项目是具有代表性的,可以作为实施接近里程碑 A 的材料分析阶段的准入标准。此制造成熟度等级所包含技术已经能为采办的技术发展阶段做好准备。

在 MRL 5 级,在相关生产环境中验证生产部件原型样机的能力。在采办过程中技术发展中期或者关键技术中接近高级技术开发中期,为了确定潜在的制造资源,应该评估工业基础、改进制造策略并且与风险管理计划相结合。实现关键技术及其要素的识别已完成。

在 MRL 6 级,在相关生产环境中,验证生产原型样品系统或子系统的能力。此制造成熟度等级用于里程碑 B,进入采办工程制造开发阶段开始采办项目。开发初期制造方法,定义并描述大多数制造过程,但是仍然存在重要工程/设计更改。关键部件的初级设计已完成,因此可以完成关键技术的可生产性评估。

在 MRL 7 级,在相关生产环境下,验证生产系统、子系统或者其组分的能力。施工设计的系统处于起步阶段。此阶段已经批准原材料明细表,材料能满足所计划的试生产阶段,证明相关生产环境下的制造方法。

在 MRL 8 级,证明试生产能力,准备开始小批量试生产。此成熟度等级与里程碑 C 的成熟度相联合,用于小批量试生产阶段。此阶段已完成详细的系统设计并且能足够稳定地开始小批量生产,所有原材料都能满足所计划的小批量生产进度。

在 MRL 9 级,证明小批量生产并且开始大批量生产。先前已开始生产的系统、组件或零件,正在进行生产,或者已经成功完成小批量生产。

在 MRL 10 级,证明大批量生产并且进行适当的生产实践,进行系统、组件或零件的大批量生产。此制造成熟度等级用于采办寿命周期的生产或维持阶段。此阶段几乎没有工程/设计更改并且限制质量及成本变化。

目前,美国国防部技术成熟度和制造成熟度的评价工作都是按照系统采办的框架流程开展实施的,如图 2-3 所示。

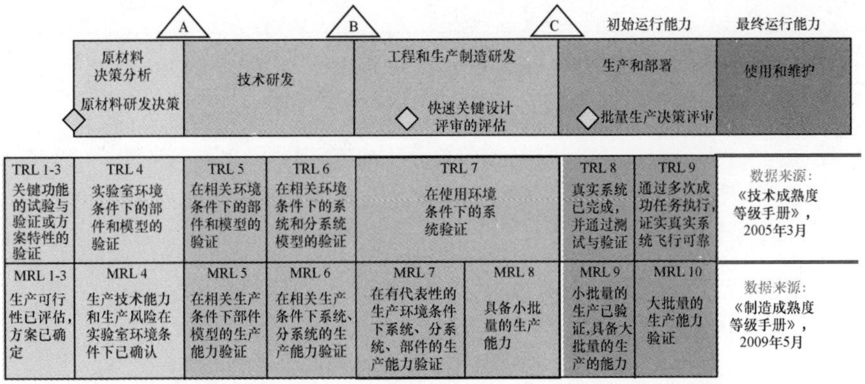

A B C 初始运行能力 最终运行能力

原材料决策分析 原材料研发决策 | 技术研发 | 工程和生产制造研发 快速关键设计评审的评估 | 生产和部署 批量生产决策评审 | 使用和维护

TRL 1-3 关键功能的试验与验证或方案特性的验证 | TRL 4 实验室环境条件下的部件和模型的验证 | TRL 5 在相关环境条件下的部件和模型的验证 | TRL 6 在相关环境条件下的系统和分系统模型的验证 | TRL 7 在使用环境条件下的系统验证 | TRL 8 真实系统已完成，并通过测试与验证 | TRL 9 通过多次成功任务执行，证实真实系统飞行可靠 | 数据来源：《技术成熟度等级手册》，2005年3月

MRL 1-3 生产可行性已评估，方案已确定 | MRL 4 生产技术能力和生产风险在实验室环境条件下已确认 | MRL 5 在相关生产条件下部件模型的生产能力验证 | MRL 6 在相关生产条件下系统、分系统的生产能力验证 | MRL 7 在有代表性的生产环境条件下系统、分系统、部件的生产能力验证 | MRL 8 具备小批量的生产能力 | MRL 9 小批量的生产已验证，具备大批量的生产的能力 | MRL 10 大批量的生产能力验证 | 数据来源：《制造成熟度等级手册》，2009年5月

图 2-3 美国国防部系统采办流程对于技术成熟度和制造成熟度的划分

目前，我国也制定了制造成熟度的国家军用标准《装备制造成熟度等级划分及定义》(GJB 8345)和《装备制造成熟度评价程序》(GJB 8346)，规定了制造成熟度等级的划分、定义及基本条件，以及实施制造成熟度评价工作的基本流程，具体等级划分、定义及基本条件如表 2-5 所列。制造成熟度评价工作内容主要包括制定评价计划、确定参评产品、编写评价准则、被评方自评价、专家组评价、撰写评价报告等。

表 2-5 制造成熟度等级划分、定义及基本条件

等级	定义	基本条件
1	明确制造基本含义	开展基础性研究，提出研究方向并探索可能的实现途径
2	明确制造概念	(1) 开展应用性研究，提出新的制造概念及其广泛性的军事应用； (2) 识别其中的新材料、新工艺并开展理论性研究
3	完成制造概念可行性论证	(1) 提出顶层工艺流程图(工艺策划)； (2) 初步论证影响生产性的关键工艺和关键物料； (3) 通过分析或实验确认了制造概念
4	具备在实验室环境下制造技术物化载体的能力	(1) 完成对设计方案的生产性初步评价； (2) 初步论证关重特性以及与之相关的工艺、制造设备、生产设施、人员技能等要求； (3) 完成关键工艺调研和评估，细化工艺流程，识别流程变量； (4) 初步确立成本目标并明确影响因素； (5) 初步评估制造风险并制定风险应对初步计划； (6) 相应的技术成熟度等级达到 4 级

（续）

等级	定义	基本条件
5	具备在生产相关环境下制造部件原型的能力	（1）初步评价工业基础能力，识别可能的配套厂家； （2）完善关重特性论证，识别关重件，并开展相应的生产性初步评价； （3）初步论证工序能力要求； （4）通过部件原型在生产相关环境下的制造，验证关键工艺、物料、制造设备、生产设施、人员技能并提出开发需求； （5）建立成本模型框架； （6）评估制造风险并完善风险应对计划； （7）相应的技术成熟度等级达到5级
6	具备在生产相关环境下制造分系统或系统原型的能力	（1）完成转工程研制所需的工业基础能力评价； （2）完成关重件（技术）的生产性评价； （3）评估生产相关环境下的合格率与生产率，完善工序能力要求论证； （4）通过分系统原型或系统原型在生产相关环境下的制造，验证关键工艺、物料、制造设备、生产设施、人员技能并提出进一步开发需求； （5）分析制造成本因素； （6）识别生产提前期长的物料； （7）完善制造风险评估和风险应对计划； （8）相应的技术成熟度等级达到6级
7	具备在生产典型环境下制造系统、分系统或部件的能力	（1）完成生产性的详细权衡研究，基本完成详细设计； （2）评估生产典型环境下的合格率与生产率，持续完善工序能力要求论证； （3）通过系统、分系统或部件在生产典型环境下的制造，验证工艺； （4）已批准试生产所用的物料技术条件（产品规范）； （5）启动生产用工装和专用试验检测设备的研制； （6）完善成本模型到系统级，初步开展成本缩减工作； （7）评估关键配套厂家的供应能力和质量管理体系； （8）针对生产提前期长的物料，制定适宜的采购计划； （9）确定初步的制造计划和质量目标； （10）细化制造风险评估和风险应对计划； （11）相应的技术成熟度等级达到7级

（续）

等级	定义	基本条件
8	完成试生产，具备小批量生产的能力	（1）完成转小批量生产所需的工业基础能力评价； （2）完成全部详细设计且设计更改相对稳定，对小批量生产影响小； （3）制造过程受控，工序能力指数达标； （4）通过试生产，验证工艺、物料、制造设备、生产设施、人员技能； （5）完成生产用工装和专用试验检测设备的研制； （6）生产准备符合小批量生产需求； （7）根据试生产结果，完善合格率与生产率要求、成本模型； （8）完成配套产品的首件鉴定和质量检验，建立满足小批量生产的供应链； （9）确认对小批量生产无重大风险； （10）相应的技术成熟度等级达到7级
9	完成小批量生产，具备大批量生产或稳定生产的能力	（1）设计已固化并通过使用考核； （2）工艺稳定、受控，合格率与生产率达标； （3）物料、制造设备、生产设施、人员达到预定目标并满足大批量生产或稳定生产需求； （4）根据小批量生产数据积累，完善成本模型，持续开展成本缩减工作； （5）确认对大批量生产或稳定生产无重大风险； （6）相应的技术成熟度等级达到9级
10	完成大批量生产或稳定生产验证，贯彻实施精益生产	（1）产品满足性能要求及改进升级、延寿等需求； （2）工艺稳定、受控，合格率与生产率达标； （3）物料、制造设备、生产设施、人员符合大批量生产或稳定生产要求； （4）成本满足目标； （5）开展持续改进工作，建立精益生产体系； （6）相应的技术成熟度等级达到9级

2.3　系统成熟度

系统成熟度（System Readiness Level，SRL）是用来描述系统开发过程的技术风险及其集成风险的度量工具。由于技术成熟度评定只针对独立技术，无法描述分系统、技术的集成效应，对于集成过程出现的不确定性难以给出明确评判和指导，因此对于复杂系统难以给出全面、有效的成熟程度评价。

总体大于各部分之和,分系统、系统、真实环境中存在多重相互影响的因果关系,系统内部分系统之间、部组件之间存在大量的信息交互。系统的成熟程度不仅取决于接入系统的独立部组件的技术成熟程度,而且取决于集成这些部组件的集成技术的成熟程度,因此相对于独立的单项技术,集成技术对系统整体而言同样重要。

2002 年,Mankin 首先提出了用集成技术分析方法来评价集成技术指数(Integrated Technology Index,ITI),用于取舍两个有竞争关系的技术。2007 年,Gove 提出了 7 级集成成熟度(Integration Readiness Level,IRL),用以描述集成接口的物理性质及其相互作用,以确保技术集成的协调性和可靠性。2008 年,Sauser 综合 ITI、7 级 IRL 及其他集成标准,提出了 9 级 IRL 标准,如表 2-6 所列。

表 2-6　9 级 IRL 等级的描述

IRL	描　　述
1	通过细节描述识别了技术间的接口
2	通过接口描述了技术间相互作用的特征
3	技术间存在兼容性,可以有序、有效地集成及相互作用
4	在技术集成的质量和保障方面有足够多的详细信息
5	建立、管理和终止集成所必须的技术之间存在有效控制
6	集成技术能接受、转换、并构建其潜在应用的信息
7	通过充分的细节检验并确认集成技术是可行的
8	通过在系统环境中进行测试和演示,来完成实质性集成和任务确立
9	集成得到了任务成功实施的验证

2008 年,Sauser 在 9 级 TRL、IRL 标准基础上,提出了系统成熟度(SRL)的概念,以及 SRL 的具体模型,如图 2-4 所示。

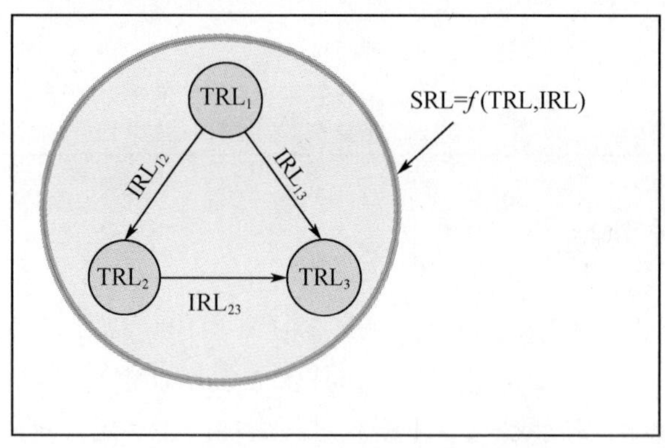

图 2-4　TRL、IRL 和 SRL 关系示意图

TRL 被用来评价独立技术开发过程的风险，IRL 被设计用来评价系统开发过程中的集成风险，SRL 则被设计成系统中独立技术 TRL 与技术集成 IRL 的函数，用来描述系统开发过程的技术风险及其集成风险。

TRL 主要针对独立技术成熟程度，对于一个有 n 项技术构成的系统，TRL 为 n 维向量，TRL 为技术 i 的成熟度，即

$$[\mathrm{TRL}]_{n\times 1}=[\mathrm{TRL}_1,\ \mathrm{TRL}_2,\cdots,\mathrm{TRL}_i\cdots,\mathrm{TRL}_n]^{\mathrm{T}} \tag{2-1}$$

对于一个有 n 项技术构成的系统，IRL 为 $n\times n$ 维矩阵，即

$$[\mathrm{IRL}]_{n\times n}=\begin{bmatrix}\mathrm{IRL}_{11} & \mathrm{IRL}_{12} & \cdots & \mathrm{IRL}_{1n}\\ \mathrm{IRL}_{21} & \mathrm{IRL}_{22} & \cdots & \mathrm{IRL}_{2n}\\ \vdots & \vdots & \ddots & \vdots\\ \mathrm{IRL}_{n1} & \mathrm{IRL}_{n2} & \cdots & \mathrm{IRL}_{nn}\end{bmatrix} \tag{2-2}$$

IRL_{ij}为技术 i 和技术 j 之间的集成技术指数；$\mathrm{IRL}_{ij}=0$ 表示技术 i 和技术 j 无集成关系；$\mathrm{IRL}_{ij}=9$ 表明技术 i 和技术 j 在整个系统里完全协调，不相互影响功能，而且不需要后续的集成开发；技术与自身集成时 IRL_{ij}值为 9。

系统成熟度为集成技术指数矩阵与技术成熟度向量的乘积，即

$$[\mathrm{SRL}]_{n\times 1}=[\mathrm{IRL}]_{n\times n}\times[\mathrm{TRL}]_{n\times 1} \tag{2-3}$$

系统成熟度具体数值的对应关系如图 2－5 所示。

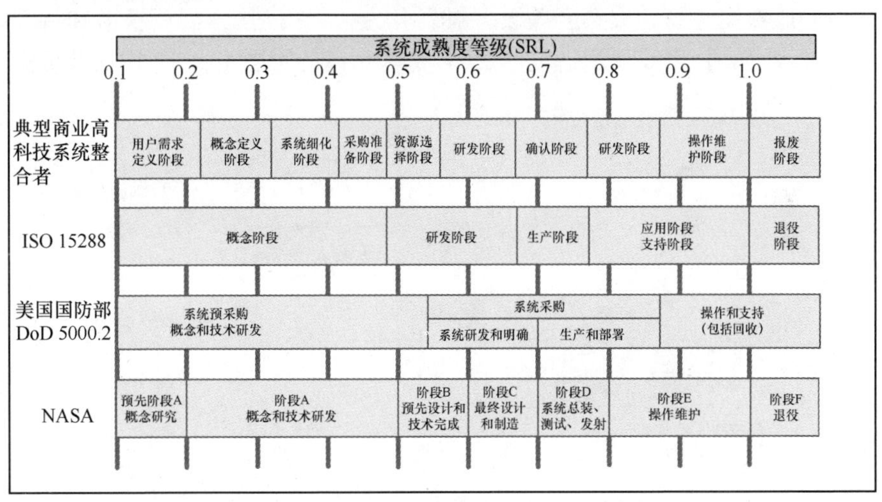

图 2－5　采购阶段与系统成熟度对应关系

系统成熟度理论方法应用于对火星气象卫星（MCO）、“阿里安娜”5 号运载火箭（Ariane5）、“哈勃”空间望远镜（HST）等项目的评价中，评价结果反映了系统研制的实际水平。

2.4 项目管理成熟度

随着项目规模的日趋扩大及技术工艺复杂性程度的日益提高，专业化分工愈加精细，各大企业对项目在质量、工期、投资效益等方面的要求也越来越高，世界各大企业对项目管理越来越重视，并成为社会管理和企业管理现代化的重要内容。在这一背景下，北欧和澳大利亚等一些国家提出了项目管理成熟度（Project Management Maturity，PMM）概念，并研究和建立了项目管理成熟度模型（Project Management Maturity Model，PMMM/PM^3）。之后，有多家组织或个人从多种角度，参考美国卡内基·梅隆大学提出的软件过程能力成熟度模型（Capacity Maturity Model，CMM）和项目管理知识体系，使用不同的标准和依据，提出了各自的项目管理成熟度模型。目前，典型的项目管理成熟度模型包括国际项目管理协会（IPMA）提出的组织级项目管理能力评价模型（PIMA Delta）、美国项目管理学会（PMI）提出的组织级项目管理成熟度模型（OPM^3）和中国项目管理专家提出的神舟项目管理成熟度模型等 10 余种模型。

项目管理成熟度模型（PM^3）构建一般包括成熟度等级、项目生命周期和项目管理领域共三个维度，具体说明如下。

（1）成熟度等级。成熟度等级一般划分为初始、成长、规范、精益和持续改进 5 个等级，如图 2－6 所示。同时，5 个成熟度等级的描述、典型特征及标志性文档如表 2－7 所列。

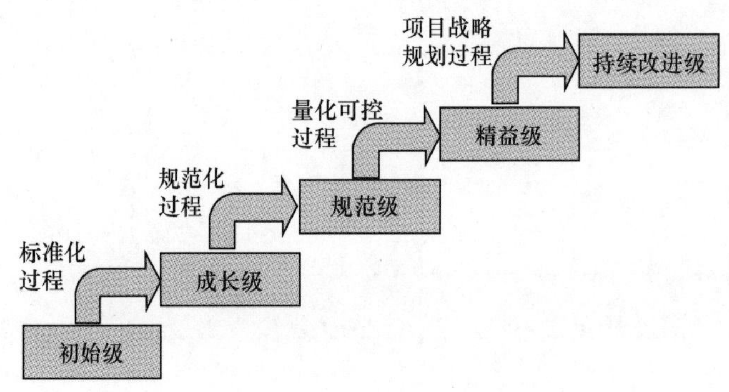

图 2－6　模型成熟度等级

（2）项目生命周期。结合项目管理全寿命周期规律，并参照项目管理 5 大管理过程，一般分为启动过程、计划过程、实施过程、监控过程和收尾过程。这 5 大过程一般贯穿于项目整个生命周期，如图 2－7 所示。

表2-7　成熟度等级及典型特征

等级	描述	典型特征	标志性文档
初始级	① 无序混乱； ② 无项目规划及程序规范； ③ 成功取决于个人能力	无定型的过程模型	无统一的标志性文档
成长级	管理显著改善	① 有基本的项目管理模型； ② 有全面计划； ③ 责任落实	项目管理计划
规范级	① 完整规范的管理过程； ② 项目管理形成制	① 管理过程已标准化或文档化； ② 全面计划可跟踪、可追溯	项目管理手册
精益级	① 精细化管理； ② 可量化、可预测、可控制	① 有定量的质量标准； ② 有标准的管理流程； ③ 所有重要过程活动可度量对偏离目标的计划有较强纠编能力	项目管理知识库
持续改进级	持续改进的管理	① 项目管理改进工作程式化； ② 结合最佳实践不断进行管理及流程优化； ③ 提倡并引导管理创新	项目管理指南

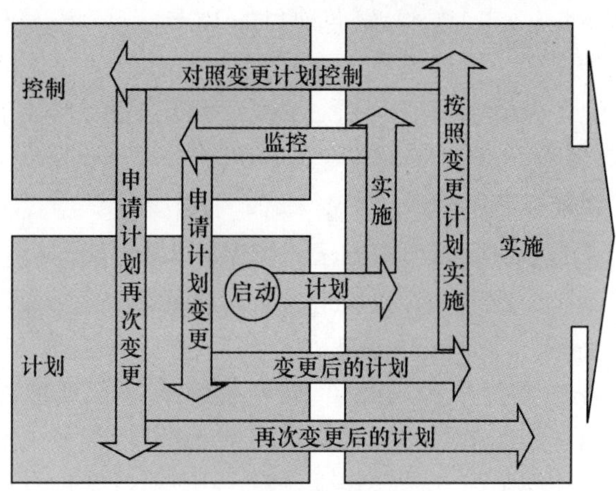

图2-7　基于项目生命周期的项目管理过程

(3) 项目管理领域。早期的项目管理主要关注项目成本、进度，而后又扩展到质量。在近十几年里，项目管理逐渐发展成为一个涵盖9大知识领域、5个具体过程组的项目管理体系。一般来讲，依据项目管理的知识领域，重点关注项目管理成熟度提升，因而将9大知识领域映射至项目管理的9种能力，以及引领并贯穿了全项目的整合管理能力，如图2-8所示。

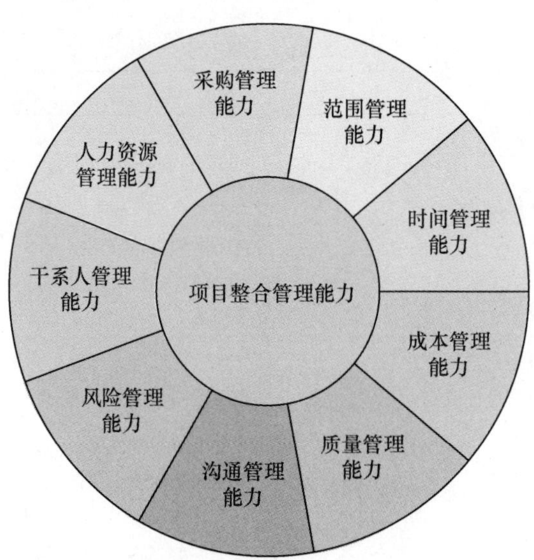

图 2-8　项目管理能力图

组织级项目管理能力评价模型（IPMA Delta）是面向全球各类组织（包括企业、事业单位和政府部门等）的项目管理能力的国际认证体系。IPMA Delta 模型由面向人员的 I（Individuals）模型、面向项目的 P（Projects）模型和面向组织的 O（Organization）模型三个子模型组成，是在 IPMA 原有模型或认证标准的基础上进一步组合形成的评价模型体系。三个子模型相互关联，形成了三角形的模型框架结构，因此取名为 IPMA Delta。

组织级项目管理成熟度模型（OPM^3）是评估某个组织通过项目、项目集、项目组合管理来实现战略目标能力的方法。OPM^3 在组织层面提供了如何获取项目管理、项目集管理、项目组合管理 3 个层次最佳实践的途径，为组织提供了一种测量、比较并改进项目管理能力的工具。

神舟项目管理成熟度模型是由企业级组织项目管理成熟度模型（SZ-PMMM-O）和项目级组织项目管理成熟度模型（SZ-PMMM-P）两个相对独立的项目管理成熟度模型组成，该模型已经成为中国项目管理及成熟度研究领域经典的模型，被相关领域广泛研究学习。

2.5　宇航产品成熟度与相关成熟度的关系

我国的产品成熟度理论是在航天实践过程中独立发展起来的理论，它与技术、制造、系统、项目管理等成熟度理论既有相似之处，也有不同的特点。在产品成熟度理论和方法发展之初，技术成熟度等相关概念尚未在国内流行，对比起技术成熟度、制造成熟度等相应的概念，产品成熟度提出伊始就考虑了在单一项目中某些新技术元素可能通过研发逐渐成熟，但具体产品并不会仅仅因个别技术元素的成熟而改变其产品成熟度的这一问题。产品成熟度除了体现技术成熟度、制造成熟度所包含的内容外，还考虑了产品应用、管理等方面内容，对产品研制、生产及使用环节等全寿命周期所有技术要素进行度量和控制。

同时，结合我国宇航产品研制特点，在产品成熟度模型中融入了产品全寿命周期发展成熟的技术要素。相比于技术、制造和系统成熟度而言，是从理论提出初期就解决了技术成熟度无法度量可生产性风险和不同技术之间耦合的系统性问题，直接将具有独立功能的产品作为一个整体看待，综合度量其成熟程度。

产品成熟度模型与相关的成熟度模型在度量对象、等级设置、要素设置、度量方法和程序、应用目的和场景方面的异同点主要包括以下 5 个方面：

1）度量对象方面

所有成熟度的度量对象都是针对不同的度量对象与评价需求，形成不同的成熟度模型的适用范围、内涵与等级。度量对象决定了成熟度模型设计的总体框架，不同对象的成熟程度所选取的度量标准必然是不同的。不同对象的成熟度提升过程，就是从该对象的产生到作为可广泛应用的成熟对象的这一全过程。虽然不同对象的应用领域不同，但是成熟度的提升过程是一样的，所以可以针对不同成熟度的度量对象设计其成熟程度的衡量标准。

技术成熟度主要针对新技术元素应用于产品设计的原理及技术完备性，主要度量对象为新技术的研发及其向产品转化的评价，重点是在预先研究阶段，反映关键技术是否成熟的问题。制造成熟度的度量对象与技术成熟度一样，二者密不可分，衡量一项技术是否成熟，同样需要考虑该项技术的可生产性，是否能够应用于大批量生产，也是衡量一项技术是否成熟需要考虑的重要方面。制造成熟度度量的是技术的可生产性，强调产品批量生产情况下的生产能力的构建和持续完善，重点反映生产过程中风险是否可控的问题。系统成熟度度量的对象是多种技术的组合，因为最终的实际应用通常都是多种技术的综合应用，针对这一需求，在技术成熟度的基础上，系统成熟度在度量对象上进一步进行了拓展。系统成熟度度量的是组成系统的各项技术及各项技术之间的集成是否成熟。与其他几类成熟度的度量对象不同，管理成熟度度量的是组织的管理能力和水平。产品成熟度的度量对象更加具体、直观，对象就是实际应用的产品本身。产品成熟度度量的是具体实物产品的成熟程度，是将产品作为一个整体来进行度量，不同的产品均是由多种技术集成的，同时也包含了产品的生产过程和使用过程。

2）等级设置方面

成熟度的等级设置是将成熟度度量对象的成熟度提升过程，划分若干个阶段，并识别出不同阶段能够体现其成熟程度的等级标志。成熟度等级设置的初始等级，一般均为该对象的提出或者产生，如技术成熟度等级的初始等级就是该项技术的提出，而产品成熟度等级的初始等级就是该产品开始工程研制。成熟度等级设置的最高等级，一般为实现了预期的目标或者达到了最成熟的程度，如技术成熟度等级的最高等级就是该项技术完成了真实任务的实际应用，制造成熟度的最高等级就是实现了大规模的批量生产，而产品成熟度的最高等级就是产品的质量可靠性达到了一定水平。

从成熟度等级设置的初始等级到最高等级，成熟度等级均为递进式增长，低等级是高等级的基础，按照成熟度提升标志，从低到高给出每一等级的名称和关键特征。各项成熟度模型均是将度量对象在一定量程内标识出不同的标志，划分成若干个等级。为了权衡可区分性和评估操作的简便性，模型的等级设置通常都在10个等级之内。此外，各模型对最初级和最高级成熟度的命名或定义大致相同，最初级一般称作初始的，最高级则多为最优化。这反映出各项成熟度模型对最初级和最高级成熟度内涵的认识基本一致。

3）要素设置方面

成熟度要素是衡量不同对象成熟程度的标准，是影响成熟度水平的关键。不同对象，影响成熟度水平的要素不同，在成熟度要素设置方面，需要针对不同对象，识别确定成熟度要素的设置。同时，还要考虑成熟度等级的设置，明确成熟度要素在不同成熟度等级的定级标准，作为判别度量对象是否符合相应等级成熟度的水平，是否满足成熟度的定级标准的要求。

成熟度要素设置时，对应每一等级给出覆盖本阶段影响成熟度提升的各项要素。各项成熟度模型的要素设置均是力求系统、全面、不漏项、不交叉，如要素设置的数量过多，容易出现各要素之间度量的内容重合交叉，且不便于实施评价；如要素设置的数量过少，容易出现要素覆盖不全面，不能科学表征度量对象的真实成熟度水平。因此，要素的选取原则、分类方式以及设置的数量都是考虑的重点。目前，不同的成熟度模型，在具体成熟度要素的选取方式上均略有不同，技术成熟度是在等级标志的基础上，针对具体的度量对象选取确定相应的度量要素。系统成熟度是在识别选取关键技术之后，通过各项技术的集成程度，通过函数计算来最终确定度量结果。制造成熟度、管理成熟度和产品成熟度均是提炼明确出通用的成熟度要素，来度量其成熟程度。

4）度量方法和程序方面

成熟度的度量方法有很多种，比较常用的是“函数计算法”和“短板法”等方法，可根据不同的对象、不同的应用领域选取相应的计算方法，在成熟度模型中给出成熟度提升步骤以及度量的方法和程序。不同的度量对象、不同的成熟度模型、在不同的应用领域选取的度量方法可以不同，取决于应用成熟度模型的目的。如果是注重工程实效，致力于解决工程实际问题，采用“短板法”更加直观便捷，因为根据各成熟度要素的最低水平，来确定成熟度的总体结果，可以更直观地找出影响成熟度的薄弱环节，更有利于改进。如需要统一计算，得出综合的量化结果，便于不同对象成熟度的比较，则采用“函数计算法”更加直观有效，可以根据不同的对象选取不同的函数进行计算，得到最终的成熟度等级结果，如加权计算等。

各项成熟度模型的度量程序基本一致。都是被评价方提出申请，由主管机构组织专家组针对具体对象实施打分的形式，专家组的成员主要由第三方机构或外部专家构成。尽管上述各类成熟度模型的开发者和组织者各不相同，包括行业协会、政府机关和企业集团等，但实际的评价工作基本都由第三方或外部权威专家构成的专家组来完成，以确保评价的权威性和公平性。

5）应用目的和场景方面

成熟度模型可以用于度量不同对象的成熟度水平，用于同类对象之间的成熟度比对，其结果可以作为用户做总体方案时的决策依据，也可以作为甲方对乙方的验收依据，还有助于自身的改进与完善。技术成熟度以度量技术本身的成熟程度为目的，多用于不同技术之间的成熟度比较，做总体技术方案时，可以选择成熟度较高的技术来规避项目风险。制造成熟度以度量可生产性或生产准备的完备程度为目的，多用于比较不同技术方案的可生产性，衡量技术从研发向规模化生产转移过程中的风险。系统成熟度以度量多技术集成后的系统成熟程度为目的，多用于比较不同系统方案之间的成熟程度，控制由于成熟度水平过低而带来的系统风险。项目管理成熟度以度量项目的管理成熟程度为目的，多用于比较不同项目之间的管理成熟度水平。产品成熟度以度量产品的质量可靠性水平和可应用程度为目的，多用于管控产品的研发、生产和使用风险。

综上所述，技术成熟度关注的是技术，特别是关键技术。它考虑的是技术本身，而不考虑在实现该技术过程中的质量等方面的问题。制造成熟度是对技术成熟度概念的拓展，被用来衡量研制过程中的关键制造技术的成熟程度，以及技术转化过程中的制造风险，实现对装备研制生产过程的优化管理与控制，降低制造风险，提升装备制造能力，缩短生产周期，有效控制成本。产品成熟度运用系统工程的原理和方法，综合考虑产品的设计过程、生产制造过程及使用过程，将影响成熟的核心要素识别出来，并在产品实现和使用的全过程加以控制。

第3章 产品成熟度模型的总体设计

本章阐述了产品成熟度模型的总体设计思路和设计原则，给出了产品成熟度模型以及要素和等级的设计情况，同时介绍了模型适用范围、评价结果的确定和应用等内容。本章是全书内容的核心，后面各章均是本章内容的延伸、细化和应用。

3.1 设计思路和原则

宇航产品成熟度模型是基于宇航产品的特点与研制现状而确定的，是在没有现实为参考依据的背景下创新提出的，其设计思路是以科研生产转型需求为牵引，以宇航产品成熟的客观规律为依据，以过程控制的细化量化程度为核心内容，应用成熟度评价方法，通过成熟度提升与评价的实践活动不断总结经验与迭代优化，从而形成科学、规范、完善的产品成熟度模型。

1）以科研生产转型需求为牵引

随着航天强国建设的深入推进，宇航科研生产任务呈现高密度发射、高强度研制、高质量要求的新形势。同时，随着宇航产品应用范围扩大，对高可靠长寿命稳定服务要求日益提升。这就需要宇航型号不断缩短研制周期、提高研制效益、强化质量与可靠性、加速技术创新。产品成熟度的概念与模型正是面向宇航型号科研生产不断发展的基础上提出来的，以促进宇航产品快速成熟、提高产品质量与研制效率效益为核心。

2）以宇航产品成熟的客观规律为依据

宇航产品实现快速成熟的过程一般可划分为产品初次研制、产品重复使用和验证、产品状态固化三个阶段。产品初次研制是从使用或采购要求提出到研制形成基本满足要求的实物产品的过程，是产品成熟过程的起步阶段。产品重复使用和验证是产品完成初次研制后的重复生产、使用和验证过程，此过程可能反复多次。产品状态固化是产品完成小批量生产和应用验证后的状态固化和持续改进过程，是产品进入货架供应模式并进一步提升其成熟度的阶段。进入本阶段时，产品已经达到了相当高的成熟度水平，可供型号直接选用。产品成熟度模型正是基于产品快速成熟必经的三个阶段的客观规律，设立相应的成熟度等级，对应不同研制阶段产品的综合状态，实现定量化表征。

3）以过程控制的细化量化程度为核心内容

宇航产品的过程控制主要包括设计、制造和应用三个方面的工作，每个方面均包含了多个工作项目，并形成了大量技术规范和工程指南，用于具体工作项目的实施。产品成熟度模型的核心是设计、制造和应用三个过程的关键特性的不断细化、量化和受控水平提升。其中，各类技术状态文件及重要数据记录等形成的产品数据包是产品成熟度提升工作的主要载体，也是贯穿产品成熟度提升的重要工具；在设计、制造和应用三个过程中反复迭代深化，体现产品成熟的本质特征和内在规律，逐步实现精细化控制；产品成熟度提升工作的策划、实施、评价和改进均围绕这一载体开展。

4）应用成熟度评价方法

产品成熟度模型在创新提出的同时，也在探索实践中不断参考国内外相关成熟度理论模型与方法，通过学习技术成熟度、制造成熟度、系统成熟度、管理成熟度等一系列相关领域成熟度模型的成功经验，借鉴其等级设置及评价方法等内容，应用于对宇航产品进行成熟度评价的实践活动中，从而持续优化宇航产品成熟度模型。

产品成熟度模型的设计遵循以下六个原则：

一是全面涵盖各类产品。不同类型产品的复杂性与风险性不尽相同，其成熟度模型的内涵、特点与评价要素也不尽相同。因此，产品成熟度模型要充分考虑系统级、单机级、软件、发动机、上面级等不同类型产品的独特性，并给予相应的模型设计方案。

二是全面涵盖产品的各项工作。产品成熟度模型在条款内容上，在成熟度提升所需要开展的工作项目设计上，应全面涵盖产品设计、工艺、试验、生产、使用等方面的全部要素，并对其进行系统整合，确保对产品状态和过程度量的科学准确。

三是全面覆盖宇航产品研制生产全寿命周期过程。产品成熟度模型中的等级设计要与产品研制生产全寿命周期相互对应，并覆盖整个过程，确保处于各个不同阶段的产品均能在模型中确定状态，实现产品成熟度提升评价工作与产品研制工作同步策划和实施。

四是实现对产品状态的定量化考核。产品成熟度模型要实现对产品成熟程度相对量化的度量，要结合产品所处的研制阶段以及质量可靠性水平、可应用程度等因素，科学设置若干等级。

五是有助于引导产品提升成熟度水平。产品成熟度模型要提供宇航产品培育的路线图,规范产品成熟度提升工作,牵引产品质量与可靠性水平的逐步提升并日益稳定,实现产品的有序发展。

六是促进产品的薄弱环节改进。产品成熟度模型设计时要针对产品的薄弱环节识别和改进给予重点关注,通过设置评价条款、增加分值等方式,促进薄弱环节的改进。

3.2 模型构成设计

在产品不同的研制阶段,其成熟度等级、成熟度提升所需开展的工作项目均有所不同。因此,产品成熟度模型主要由两个维度的内容构成:要素维度、等级维度。要素表征了实施产品成熟度提升必须关注的工作重点,即实施宇航产品研制必须开展的工作项目。这里的要素是一个广义的概念,其内涵可以逐步分解细化,形成多个层次的要素。等级表征了产品的成熟程度,不同等级的产品其要素也不尽相同,在操作过程中,要素包含的具体条款也划分了成熟度等级。在结合要素维度和等级维度的基础上,形成成熟度评价细则,即定级矩阵,是按照产品成熟度等级,给出各要素在不同等级上细化的定级准则,作为指导产品成熟度评价工作,确定成熟度评价结果的基本标准。

3.2.1 要素设计

产品成熟度本身并不是针对具体产品功能性能的评价,而是对产品的可实现和可应用程度的评价,具体来说,是用于评价以下三个方面:一是设计满足任务要求的能力,体现为产品技术指标符合要求,在规定时间、规定条件下完成规定功能的能力;二是按照确定的产品设计,稳定提供满足要求的实物产品的能力,体现为交付产品的固有特性与规范要求的符合程度;三是按照规定的使用要求和限制条件,在系统中正确使用产品的能力,体现为对产品极限能力和通用质量特性的识别和掌握程度。

因此,产品成熟度模型中的要素即为产品的可实现和可应用所包含的内容要求。在设计要素时,首先考虑的是要素的全面性和合理性。从产品的全寿命周期过程涉及的所有工作项目来考虑,其均由“设计”“生产”“使用”三个方面的工作构成,工艺的内容纳入生产中。由此,要素设计的第一个层次以“方面”来命名,表述产品研制管理需要考虑的最基本的范畴,可以分为“设计”“生产”“使用”三个方面。需要注意的是,这三方面涉及的相关技术活动,在产品研制过程中并非顺序进行,而是不同程度并行实施并不断迭代的。

在明确了三个方面的基础上,根据各个方面需关注的主要工作内容,对方面进行进一步细化,从产品研制中设计、生产、使用等需开展的基本工程活动,表征产品研制工作策划、实施和监督管理重点方向的角度考虑,设立第二个层次,以“要素”来命名,作为实施产品成熟度控制的基本工作元素。如设计方面又可以分为设计输入、设计输出等要素,需要注意的是,该要素与本节标题中的要素内涵并不相同。

大部分要素本身还不够具体,还需要进一步细化、明确到具体的工作项目。因此,在要素之下再设立第三个层次,以“子要素”来命名,表述各要素描述的工作在具体实施时的控制要点。“子要素”是要素的展开和细化,是为落实各要素的控制活动而细化确定的基本工作要点,也是实施产品成熟度控制的核心对象。所有的产品研制和成熟度控制工作均应依据子要素展开实施。如设计输入要素又分为产品研制技术要求的识别和审查、产品设计输入的识别与确定等子要素。

产品成熟度模型中的“方面”“要素”“子要素”三个层次逐级递进关系如图3-1所示。

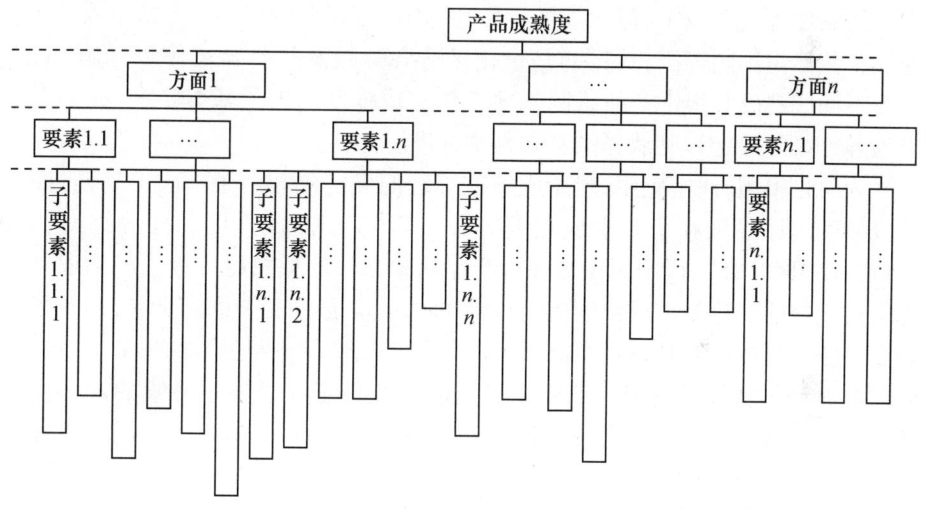

图3-1　“方面”“要素”“子要素”三个层次递进关系示意图

3.2.2　等级设计

产品成熟度是在产品开发过程的不同阶段,依据产品设计、生产和使用等方面相关要素的完备程度,以产品数据包为度量载体,对产品状态进行的综合度量。这种度量方式既包含技术内容,也涵盖管理要素。单纯使用数学模型难以实现综合度量的要求,而使用定性方法又不能达到量化度量的要求。产品成熟度采用基于统一等级标准的定量分级评定方法进行度量,即根据产品成熟度理论和产品发展规律,事先给出产品全寿命周期的成熟度等级和划分评价准则,并在工程中依据产品实际情况判断其与产品成熟度等级和评价准则的符合程度,最终确定产品所达到的成熟度等级。这种方式既解决了技术和管理要素综合度量的问题,也满足了量化度量的应用需求,是目前最为有效、可行的工程实施方法。

产品成熟度的表现形式就是标识产品成熟程度的基本方式。在工程中,清晰的产品成熟度标识有利于指导和推动产品成熟度的持续提升,也有利于宇航型号选用产品时的权衡和比较。因此,科学合理的产品成熟度标识方法,即等级确认,对于产品成熟度理论的深化应用具有重要作用。从研制进展的角度,航天产品的研制进程应按照原理样机、工程样机、飞行考核、技术状态固化、小批量生产、大批量生产……的顺序逐步递进。产品成熟度模型中成熟度等级与研制进展阶段紧密对应、逐步提升,表征了产品或要素的进展程度及其完备性。低等级成熟度是高等级成熟度的基础,高等级成熟度牵引出提升工作的方向和目标。

成熟度等级的设定,包含等级名称和等级标志两个部分。“等级名称”采用连续整数标识不同等级,其目的是量化区分各等级及其差异;“等级标志”一方面为不同成熟度等级中产品研制各项工作完成程度提出了基本要求,另一方面也为各等级的评定和确认提供基本判别标准。

为简化模型、便于应用,产品成熟度等级的设定仅在两个层次上展开,即产品成熟度总评等级和子要素成熟度等级。其中,产品成熟度总评等级也称为“产品成熟度等级”,用于标识被评价产品对象总体的成熟度等级。产品成熟度等级定义描述了达到该成熟度等级产品的基本特征和工作总体要求,以及该成熟度等级产品的风险特征。产品成熟度等级依据产品研制进展的一般规律和宇航产品典型研制阶段设定。子要素成熟度等级用于标识各子要素的成熟度等级。子要素成熟度等级定义按照各子要素内涵逐一展开,描述了不同成熟度等级对该子要素实施程度的要求。子要素等级名称的设置与产品成熟度等级名称的设定保持一致,子要素等级标志与产品成熟度相应等级标志匹配协调,作为达到该产品成熟度等级的基本要求。子要素成熟度等级标志实际上是产品成熟度等级标志在各子要素上的细化体现。从工程上,各子要素等级标志代表了产品研制具体阶段对具体工作项目的实施要求,各子要素等级标志的集合即构成产品研制在该阶段应完成的总体工作要求,即产品成熟度等级标志。

理论上,随着产品成熟度等级提升,各子要素的成熟度等级应逐步提升,子要素各等级标志也应逐级递进。但对于设计过程的相关子要素,由于在产品成熟度达到较高等级(完成初次研制)后,产品设计过程的主要工作已基本完成。因此,设计过程各子要素的成熟度等级标志不再随后续产品成熟度提高而逐级强化。

3.3 模型适用范围

产品成熟度模型适用于有一定批量的产品，根据不同产品层次和不同专业类别有所区分，因为不同层次、不同专业的产品在要素上、在全寿命周期的研制特点上各有差异，因此要对不同的宇航产品进行具体分析，依据产品成熟度模型通用设计思路，对不同产品设计不同的产品成熟度模型。在研究与实践过程中，宇航单机产品成熟度模型最先被提出并广泛应用，形成了规范的标准、制度、操作手册等一系列工作文件。在此基础上，根据不同产品类型的需要，由基本的单机模型又衍生出系统级、软件、发动机等其他模型，并得到推广应用。

单机产品是指航天器或运载火箭的组成部分，由所需组件、部件装配在一起，能够完成特定功能，并具有相对独立的物理构型和明确的外部接口的产品单元。一般情况下，可以将其作为一个整体考虑其产品成熟度，而不需要以其组成部分的产品成熟度计算单机的产品成熟度。单机产品一般具有批量、可重复的特点，在完成原理样机、工程样机、正样产品、飞行考核等工作的基础上，还可能会有多次飞行、鉴定与批量生产等流程，因此在成熟度等级设置上要充分考虑所有流程。

系统级产品包括运载火箭、卫星公用平台等，其结构相对复杂，研制工作涉及系统、分系统、单机、直属件、零部件等多个产品层次，各个层次产品的成熟度对系统级产品成熟度都有着影响。因此，系统级产品成熟度需要综合考虑不同层次产品的影响，除了从系统设计、总装总测和应用管理三个方面外，还需关注系统级对配套产品的控制。而在成熟度等级设置上，系统级产品一般不会大批量出现，与单机产品存在差异。

软件作为一种特殊产品，常常嵌入硬件共同实现目标功能，但仅仅将其作为硬件产品成熟度模型的一项内容，并不合适，全面性和完整性上都存在较大的局限性，难以全面、深入查找薄弱环节和风险。软件产品有相对独立完整的开发周期，其生产过程与硬件产品完全不同，也不存在批生产稳定性的问题，所以其要素内容也与硬件产品完全不同，按照宇航软件产品的研制流程设定，包括“管理、设计、测试、应用”四项。在等级设置方面，软件产品也不存在生产线与批量的概念，因此在多次任务考核与鉴定后即可完成全部等级流程。

大型液体火箭发动机介于系统和单机层面之间，不能简单地归为系统或单机类别，其设计、工艺技术状态在通过鉴定试验验证后就基本固化，且其生产制造所用的工装、设备等专用程度相对较高，一般情况下，泵压式液体火箭发动机在进入试样研制后期就必须并行开展状态固化阶段的工作。因此，在等级设置上与单机产品有所区别。在要素设置上，由于液体火箭发动机相对于单机结构更加复杂，对于其组成部分的质量可靠性要求也更为关键。因此，其要素内容中增加了对构成发动机的关键子产品的设计、工艺与质量的管控等内容。

通过对宇航产品的全面梳理和分析，从要素和等级设计的差异性角度，可以将宇航产品成熟度模型的对象维度大体上分为系统级产品、单机产品、组件级产品、软件产品、大型发动机产品等不同类型。随着研究的深入，对象的划分也朝着更加精确细化，成熟度模型更加具有针对性的方向持续发展。

3.4 评价结果的确定与应用

在产品研发、培育和应用改进的不同阶段，产品成熟度中的设计、生产和使用三方面成熟程度的占比权重各不相同。产品成熟度从设计、生产和使用三个方面选取若干项要素及子要素，通过评价判定各项子要素的成熟度等级来综合确定产品的成熟度等级。由于评价的子要素众多，每个子要素所占的比重相对较小。因此，如果仅仅考虑对不同子要素分配权重，通过简单加权求和的方式得到产品的产品成熟度等级容易掩盖评价过程中关键子要素可能存在的问题。

基于以上考虑，在对产品成熟度评价结果进行确定时，采用关键子要素法和子要素关联矩阵相结合的方法，研究各子要素的关联度和成熟度贡献值，进而确定产品成熟度等级。

在产品成熟度总评方法中，产品的成熟度等级和各阶段关键子要素的等级密切相关。根据产品研制的各个阶段（产品初次研制、重复使用和验证、状态固化）的特点和关注方面，确定各阶段的关键子要素。在评价过程中，首先确定关键子要素，依据各关键子要素的最低成熟度等级确定该产品的产品成熟度等级 PRL1。

子要素关联矩阵是对子要素之间关联程度的反映，某个子要素的关联度越高，则当该子要素的成熟度等级发生改变（提升或下降）时，影响其他子要素等级的数量就越多，相应地也就对产品的成熟度等级改变的贡献值越大。子要素的关联度高仅仅代表该子要素等级发生变化时对产品的成熟度等级变化的贡献值大，而不是代表该子要素和其他子要素相比更重要。通过各子要素之间的关联程度确定要素关联矩阵，随之确定各子要素的关联度，根据子要素的成熟度等级和关联度加权求得产品的产品成熟度等级 PRL2。

PRL1 和 PRL2 两者之间的较小值即为该产品的成熟度等级 PRL。这样既充分考虑了各子要素的成熟度和关联度，又防止加权结果掩盖了某些关键子要素暴露的问题。

多子要素综合加权计算总评方法的目标函数为

$$\mathrm{PRL}=\min\{\mathrm{PRL}_1,\mathrm{PRL}_2\}; \tag{3-1}$$

$$\mathrm{PRL}_1=\min\{\mathrm{KSPRL}_1,\mathrm{KSPRL}_2,\cdots,\mathrm{KSPRL}_n\}; \tag{3-2}$$

$$\mathrm{PRL}_2=\sum_{i=1}^{n}(\omega_i\cdot \mathrm{SPRL}_i) \tag{3-3}$$

式中：KSPRL 为阶段评价关键子要素成熟度等级；SPRL 为评价子要素成熟度等级；ω 为各子要素的关联度。

综上所述，多子要素综合加权计算总评方法的具体步骤如下。

（1）确定产品各阶段的关键子要素。根据产品的研制、生产特点，将产品生命周期划分为三个阶段：产品初次研制、重复使用和验证、状态固化。各阶段工作重点内容不同，因此重点关注的内容和方面也不相同。各阶段确定的关键子要素具体内容如下：

① 产品初次研制阶段（产品成熟度 1～3 级）。

关键子要素：子要素 a_1，子要素 b_1，子要素 c_1，子要素，……，子要素 n_1。

② 产品重复使用和验证阶段（产品成熟度 4～5 级）。

关键子要素：子要素 a_2，子要素 b_2，子要素 c_2，子要素，……，子要素 n_2。

③ 产品状态固化阶段（产品成熟度 6～8 级）。

关键子要素：子要素 a_3，子要素 b_3，子要素 c_3，子要素，……，子要素 n_3。

（2）根据阶段划分判定产品属于哪一阶段，通过判定该阶段各关键子要素的成熟度等级，取最低等级确定产品的成熟度等级 PRL1。

（3）依据子要素关联矩阵确定各子要素的关联度。根据各子要素的定义和内涵，将子要素之间两两比较，两者之间若存在关联关系，则统计各子要素关联的其他子要素数量和所有子要素之间的总关联数量，通过两者之间的比值，进而求得各子要素的关联度。

（4）通过子要素的成熟度等级和关联度，按照式（3－3），通过加权的方法可以得到产品的成熟度等级 PRL2。

（5）比较两种方法得到的产品成熟度等级，按照式（3－1），较小的即为该产品的成熟度等级，两者之间的差为该产品短期快速提升产品成熟度等级的能力。

在实际工程应用中，也可以结合具体产品特点和工程总体需要，直接采用“短板法”作为产品成熟度等级的评判方法，即以全部子要素中等级最低的数值，作为该产品整体的成熟度等级。采用“短板法”的好处是更简单、高效，对于产品研制单位而言，更希望的是通过产品成熟度模型找到产品研制过程中的短板，从而更有针对性地实施改进，更加快速地提升产品成熟度。

产品成熟度评价工作以产品成熟度理论方法为指导，阐述产品成熟度提升目标、方向和具体过程的完整路线图及其所包含的全部要素。因此，产品成熟度评价贯穿于产品研制全过程，其结果可以为产品研制过程各项活动的策划和实施提供基本框架和指导，同时，也可以为量化评价各级产品研制进展情况和质量风险提供基本规则。

产品成熟度评价结果可以用于以下三个方面：

(1) 支持各级承研方在恰当的时机，依据规定的要求，按照适当的方式系统、全面、有序、规范地推进各项产品研制活动，从而确保产品高质量、高可靠要求的有效落实。

(2) 产品成熟度给出了不同研制阶段的成熟度等级要求，支持各级采购方和管理方在产品研制全过程、在不同的阶段节点，开展对应的评价工作，检查本阶段研制工作完成情况和识别存在的差距和不足，实施持续的产品质量风险量化评价活动，从而提升研制过程管理的精细化水平，并为工程风险权衡和管理决策提供有效支撑。

(3) 产品成熟度的评价结果为总体单位选用型谱化产品提供了权衡比较的依据，同类产品中，成熟度等级越高，其质量可靠性、生产稳定性相对更好，可以作为型号产品选型的重要参考。

在宇航产品化工程中的实践应用表明，产品成熟度理论能够有效支持宇航产品质量与可靠性的持续提升，为推进航天科研生产和质量管理模式转型升级发挥重要作用。与此同时，产品成熟度理论及配套方法工具也对其他领域的复杂系统开发有一定的借鉴和指导意义。

模型篇

第4章 单机产品成熟度

本章介绍了单机产品成熟度模型的提出背景，阐述了单机产品成熟度等级划分与定义、定级条件、评价要素设置与内涵、产品技术状态更改对产品成熟度等级的影响。

4.1 概述

按照宇航产品的结构层次划分，星箭产品主要分成系统、分系统和单机三级产品。在行业标准中，规定了宇航产品的硬件产品按照产品的结构层次划分，可分为系统、分系统（成套设备）、装置（设备，即单机）、组（整）件、部件和零件。其中对于装置（设备）的定义是："由一个或多个能独立工作的组合体和所需的组（整）件、部件以及零件连接而成或联合使用，能够完成某项使用功能"。综合上述可给出单机产品定义，即适用于多型号航天器或运载火箭，由所需组件、部件装配在一起，能够完成特定功能，并具有独立物理构型和明确外部接口的产品单元。

对于宇航产品来讲，组成系统产品的基础是单机产品，能否在单机产品研制阶段有效提升产品可靠性、稳定性是确保整星整箭质量可靠性，实现交付用户的宇航产品连续稳定运行的基础和关键。宇航产品传统研制模式更多的是依靠试验数据最终评价产品质量，不能从根本上对传统宇航产品质量可靠性保证模式实施改进，以满足用户对质量可靠性的客观要求。工程实践表明，由于宇航工程系统在任务要求、运行模式和运行环境等方面的特殊性，经历完整的"V"模型开发过程所形成的宇航产品尚不能达到令人满意的成熟度。宇航产品必须经历两次或更多次的"V"过程，通过反复迭代和深化完善才能实现成熟度提升。因此，基于传统的"V"开发过程，建立了宇航产品快速成熟模型，简称为"W"模型，如图4-1所示。

在上述"W"模型的两次"V"过程中，后一次"V"过程是在产品飞行数据检测和比对分析基础上，对前一次"V"过程结果的确认和完善，根据产品应用验证和改进完善程度，后一次"V"过程可重复多次，每一次重复都是三类关键特性再

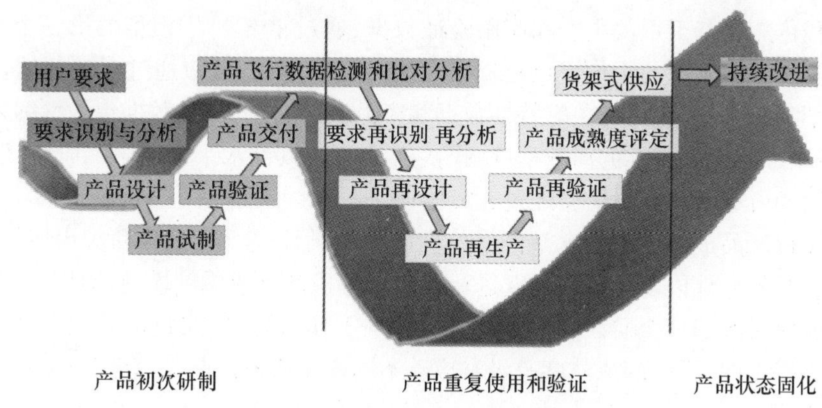

图 4－1　宇航产品的快速成熟模型——“W”模型

识别、再设计、再验证的过程,是设计、工艺和过程控制量化、细化和规范化的过程,每一次新的过程都将使产品成熟度在前一过程基础上得到提升,直至满足航天产品的高性能、高质量、高可靠要求。

单机产品实现快速成熟的过程可划分为产品初次研制、产品重复使用和验证、产品状态固化三个阶段。

1）产品初次研制

本阶段是从使用或采购要求提出到研制形成基本满足要求的实物产品的过程,是产品成熟过程的起步阶段,其工作内容涵盖了当前型号研制程序中的方案、初样和正(试)样阶段工作。本阶段对应于产品开发“W”模型的第一个“V”过程。本阶段的工作重点是产品的功能基线、研制(分配)基线和生产(产品)基线等三个重要基线的形成和确定,以及设计、工艺、过程控制三类关键特性的识别、控制与鉴定。

2）产品重复使用和验证

本阶段是产品完成初次研制后的重复生产、使用和验证过程,是型谱化产品实现成熟度提升必需的重复应用和三类关键特性的“再识别、再设计、再验证”阶段,对应于产品开发“W”模型的第二个“V”过程。依据应用验证情况,此过程可能反复多次。本阶段的工作重点是产品功能、性能和生产质量稳定性的保证,以及基于应用验证结果的基线、关键特性的完善和细化。在本阶段,所有新状态均需经过充分验证。

3）产品状态固化

本阶段是产品完成小批量生产和应用验证后的状态固化和持续改进过程,是产品进入货架供应模式并进一步提升其成熟度的阶段。进入本阶段时,产品已经达到了相当高的成熟度水平,可供型号直接选用。该阶段产品成熟度提升的过程仍然是基于重复生产和应用验证数据，通过重复“W”模型的第二个“V”过程实现。本阶段的工作重点是货架产品的成熟度提升，应通过成功数据包络分析不断完善、优化三类关键特性数据和产品基线，提升产品数据包的精细化程度，减小产品各项指标的离散程度，提高产品的一致性水平。与第二阶段相同，本阶段的所有新状态也需要经过充分验证。

单机产品成熟度的概念是依据单机产品的设计、生产、试验和应用情况，对其质量与可靠性以及可应用程度进行度量。单机产品成熟度模型正是基于产品快速成熟必经的三个阶段及所需开展的各项工作、达到的质量可靠性水平等必要条件提出的，不同的成熟度等级对应着不同研制阶段产品的综合状态，实现定量化表征。

单机产品成熟度在产品成熟度理论体系中处于核心地位，是其他产品成熟度模型研究的基础和样板，为构建软件、系统级产品及后续更多的产品成熟度模型提供了参照依据。本章内容主要介绍单机产品成熟度等级划分、评价要素、定级矩阵等内容，便于读者对单机产品成熟度模型有更进一步的认识与理解。

4.2 等级划分及定义

按照单机产品研制中产品初次研制、产品重复使用和验证、产品状态固化三个阶段划分原则，对照单机产品一般研制程序划分，初次研制阶段一般包括产品研制的模样、初样和正样状态，即“W”模型中的第一个“V”，产品重复使用和验证阶段、产品状态固化阶段对应产品正样状态，即“W”模型中的第二个“V”。同时，结合单机产品研制，考虑单机产品逐步成熟的过程，根据第三章所述产品成熟度模型的设计理论，将单机产品成熟度划分为 8 个等级，每个等级对应的产品状态分别为原理样机、工程样机、飞行产品、一次飞行考核、多次飞行考核、技术状态固化、小批试产和批量生产。单机产品研制产品状态与产品成熟度等级的对应关系如表 4 – 1 所列，单机产品成熟度等级名称、产品状态及等级标志如表 4 – 2 所列。

表 4 – 1　单机产品研制产品状态与产品成熟度等级的对应关系

产品研制阶段	宇航单机产品状态	产品成熟度等级
产品初次研制	原理样机	1 级
	工程样机	2 级
	飞行产品	3 级

（续）

产品研制阶段	宇航单机产品状态	产品成熟度等级
产品重复使用和验证	一次飞行考核	4 级
	多次飞行考核	5 级
产品状态固化	技术状态固化	6 级
	小批试产	7 级
	批量生产	8 级

表 4－2　单机产品成熟度等级名称、产品状态及等级标志

等级名称	产品状态	等 级 标 志
1 级	原理样机	已完成预先研究或技术攻关阶段的相关研制工作，但尚未按飞行条件进行地面考核，达到 1 级定级条件
2 级	工程样机	在原理样机产品的基础上，按飞行条件进行地面考核，功能和性能满足要求，达到 2 级定级条件
3 级	飞行产品	在工程样机产品的基础上，经系统测试和地面验证，达到 3 级定级条件，可以用于飞行
4 级	一次飞行考核	在飞行产品的基础上，经过 1 次实际飞行考核，满足飞行应用要求，达到 4 级定级条件
5 级	多次飞行考核	在一次飞行考核产品的基础上，又经过 2 次以上实际飞行考核，并完成寿命试验考核，满足飞行应用要求，达到 5 级定级条件
6 级	技术状态固化	在多次飞行考核产品的基础上，技术状态已经固化，满足可靠性指标要求，具备状态鉴定条件，达到 6 级定级条件
7 级	小批试产	在状态固化产品的基础上，经小批量生产验证，可以重复稳定生产，具备列装定型条件，达到 7 级定级条件
8 级	批量生产	在小批试产产品的基础上，完成批量生产，达到 8 级定级条件

经过研究，面向产品生命周期内成熟度进阶的专业化发展活动的基本模式如图 4－2 所示。

在此模型下，产品依据型谱规划的规格序列，研发人员按照原理样机研制、工程样机研制、飞行产品研制三个子阶段组织实施关键通用产品的研发活动。这三个子阶段的主要工作内容类似于目前型号产品研制中的方案、初样和正/试

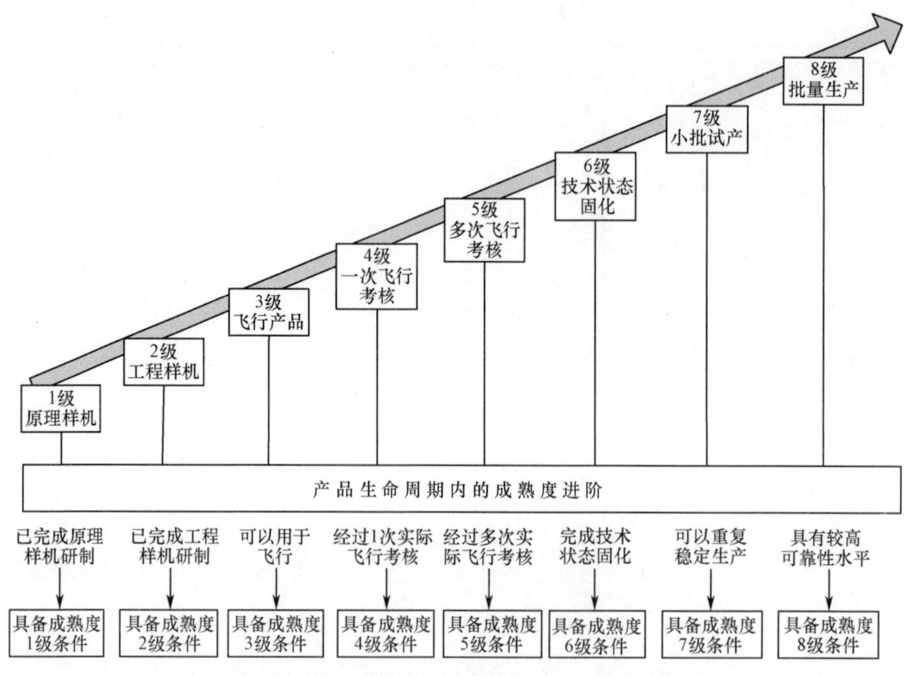

图 4-2　产品快速成熟过程的成熟度进阶模型图

样阶段，在此阶段清晰地表征产品研发工作的进展和产品的完备程度，产品成熟度等级分别规定了原理样机产品（1 级）、工程样机产品（2 级）、飞行产品（3 级）等三个等级。产品成熟度达到 3 级，标志着产品已基本完成了地面的研制和验证活动，可以参与飞行任务，实施飞行验证。

产品完成地面研制和验证，投入实际型号任务，开展飞行考核验证，并根据飞行验证结果实施产品改进与数据包完善，不断提升产品质量可靠性和可应用程度，为形成“性能优良、可靠性高、适应性强、质量稳定、经济性好”的货架产品创造条件。在本阶段，产品成熟度依据飞行考核的程度，划分为两个等级：一次飞行考核产品（4 级）和多次飞行考核产品（5 级）。产品成熟度达到 5 级，标志着产品已经过至少 3 次成功飞行试验考核。

产品完成多次飞行考核后，依据产品定型准则和相关规范，对产品实施全方位考核、验证，并最终由定型主管机构实施产品定型的审查和批准活动。产品完成定型标志着产品已经过全面的考核和验证证明符合规定要求，具备了作为“货架产品”提供型号选用和采购的条件。产品定型并不意味着产品改进完善活动的终止，在定型产品的应用过程中，各种薄弱环节和缺陷仍然有可能暴露出来。为支持定型产品的改进完善，在此阶段设置了三个产品成熟度等级，以标识定型产品的持续改进过程。这三个产品成熟度等级分别是技术状态固化产品(6 级)、小批试产产品(7 级)和批量生产产品(8 级)。

4.3　定级条件

单机产品的定级条件是结合单机产品研制工作重点,从三类关键特性的识别和细化,产品基线的确定与控制,数据包的建立与完善,发生问题归零的闭环管理,设计、生产、过程控制,关键人员能力的提高,相关管理制度的完善 7 个方面考虑确定的,便于初步判断所评单机产品成熟度提升目标等级及符合情况,每个等级的单机产品应该具备的具体条件如下。

1) 单机产品成熟度 1 级应具备的条件

(1) 完成原理样机研制。

(2) 经测试,功能和主要性能满足预定要求。

(3) 产品数据包中包含了功能和性能参数指标要求;初步识别了产品关键特性参数(含设计、工艺、过程控制关键特性),形成了清单;功能参数经过了原理性验证,形成了验证数据表。

(4) 通过相应级别的技术评审。

2) 单机产品成熟度 2 级应具备的条件

(1) 满足产品成熟度 1 级定级条件。

(2) 形成了产品规范。

(3) 完成工程样机研制,功能和性能满足产品规范要求。

(4) 通过规定的鉴定试验。

(5) 发生的质量问题已经完成归零。

(6) 产品数据包工作策划中形成了飞行产品研制过程数据(含产品基础数据、产品关键特性数据、产品功能和性能数据等)记录项、比对要求及表格格式;经地面验证的产品关键特性参数及检验方法形成了正式要求;形成了功能和性能参数的地面模拟飞行环境鉴定级实测数据。

(7) 通过相应级别的技术评审。

3) 单机产品成熟度 3 级应具备的条件

(1) 满足产品成熟度 2 级定级条件。

(2) 确定了技术状态基线。

(3) 完善了产品规范。

(4) 经系统联试,功能和性能满足飞行要求。

(5) 发生的质量问题已经完成归零。

（6）产品的设计、工艺、测试、试验等技术文件齐套。

（7）产品数据包中形成了飞行产品基础数据；形成了产品关键特性实测数据；形成了功能和性能参数的地面模拟飞行环境验收级实测数据以及所有其他地面测试数据。

（8）产品数据包中形成了飞行数据记录项要求及表格格式。

（9）通过相应级别的技术评审。

4）单机产品成熟度4级应具备的条件

（1）满足产品成熟度3级定级条件。

（2）已经过1次成功飞行试验考核，其中卫星单机单次飞行考核时间应不低于2年（设计寿命低于2年的按照实际设计寿命考核），考核期间工作正常。

（3）经在轨飞行，产品功能和性能得到飞行验证。

（4）发生的质量问题已经完成归零，不影响后续的飞行试验。

（5）产品数据包中的关键特性参数经飞行验证；记录产品功能和性能的飞行实测数据与地面实测数据进行了比对分析。

（6）产品生产和飞行数据表格格式经过实际应用和改进。

5）单机产品成熟度5级应具备的条件

（1）满足产品成熟度4级定级条件。

（2）已经过至少3次成功飞行试验考核，其中卫星单机单次飞行考核时间应不低于2年（设计寿命低于2年的按照实际设计寿命考核），考核期间工作正常。

（3）产品经过寿命试验考核，证明满足寿命指标要求。

（4）发生的质量问题已经完成归零，不影响后续的飞行试验。

（5）产品数据包中补充了多次飞行产品基础数据、产品关键特性的多次实测数据；积累了功能和性能的多次地面测试以及飞行实测数据，并对多次实测数据进行了比对分析。

（6）作为质量问题归零的措施，针对成熟度4级定级后出现的质量问题，补充、修改、完善了产品数据包中的相关数据。

6）单机产品成熟度6级应具备的条件

（1）满足产品成熟度5级定级条件。

（2）产品技术文件完善齐套，工艺和过程控制文件能保证产品重复生产，满足状态鉴定要求。

（3）产品经过质量分析，对所有在研、飞行相关质量问题的归零工作进行了复查。

（4）产品已通过环境适应性、极限能力、性能拉偏、寿命与可靠性等试验考核。

（5）产品数据包中对多次飞行的产品基础数据进行了分析和要求值的固化；对产品关键特性参数的多次实测数据进行了分析；对要求值和检验验证方法进行了固化；固化了功能和性能指标。

（6）产品数据包中补充了状态鉴定过程中进一步开展的试验验证形成的数据，形成最大环境适应性数据和极限能力数据。

（7）产品数据包中补充了产品研制、成熟度提升过程中所有更改、增加及验证结果数据。

（8）产品数据包中固化了产品生产及飞行数据记录项、比对要求及表格格式。

（9）确定了要建立成功数据包络线的参数；形成信息化的数据库，开始积累各项数据。

（10）利用已开展的地面和飞行考核数据，进行了产品可靠性评估。

（11）具备状态鉴定的条件。

7）单机产品成熟度 7 级应具备的条件

（1）满足产品成熟度 6 级定级条件。

（2）定型文件经小批量生产验证，能够保证产品一致、质量稳定。

（3）在状态固化产品基础上，又经过 3 次成功飞行试验考核，其中卫星单机单次飞行考核时间应不低于 2 年（设计寿命低于 2 年的按照实际设计寿命考核），考核期间工作正常。

（4）产品数据包中补充了飞行产品的基础数据、关键特性实测数据、功能和性能地面及飞行实测数据。

（5）根据重复生产和多次飞行考核数据记录、比对的实践情况，对固化的产品生产及飞行数据记录项、比对要求及表格格式进行了持续改进。

（6）统计历次飞行成功产品的关键参数实测值，并结合地面试验结果形成成功数据包络线。

（7）根据增加的地面和飞行考核数据，更新了产品可靠性评估结果。

（8）具备了列装定型的条件。

8）单机产品成熟度 8 级应具备的条件

（1）满足产品成熟度 7 级定级条件。

（2）在小批试产产品基础上，又经过 2 次以上成功飞行试验考核，其中卫星单机单次飞行考核时间应不低于 2 年（设计寿命低于 2 年的按照实际设计寿命考核），考核期间工作正常。

（3）产品数据包中补充了飞行产品的基础数据、关键特性实测数据、功能和性能地面及飞行实测数据。

(4) 根据积累的地面和飞行实测数据,细化完善产品数据包中的关键参数的数据包,进一步修订成功数据包络线。

4.4 评价要素

4.4.1 要素设置

根据第3章的产品成熟度模型的设计理论,单机产品成熟度评价要素设置采用方面、要素、子要素三个层次逐级递进的方式,共包括设计、生产、使用三个方面,产品设计输入的识别和审查、设计计划及其控制、设计输出及其验证、生产工艺管理、生产资源管理、生产活动管理、产品交付及交付后活动支持、产品使用数据的统计和分析8个要素,通过将8个要素进一步细化,形成了包括产品研制技术要求的识别和审查、产品设计输入的识别与确定、产品技术流程和计划流程及其控制等共23个子要素。具体子要素设置如表4-3所列。

4.4.2 要素内涵

1) 各方面内涵说明

(1) 设计。

设计过程是从使用需求转化为实体产品的先决步骤,设计过程的结果将详细定义预期产品的技术状态基线。设计表征和度量产品在设计方面的工作进展程度,其核心是产品设计结果所实现的固有能力的完备程度,以及其与预期任务对应的功能、性能、寿命、可靠性等各项技术要求的符合程度。相关要素划分为"产品设计输入的识别和审查""设计计划及其控制""设计输出及其验证"三项。

(2) 生产。

生产过程是在假定产品设计已满足要求的前提下,按照相关技术文件构建实物产品的过程。技术状态基线确定后,产品需要通过恰当的生产方式和过程予以实现,才能投入应用,而保证实现全部设计要求是这一过程的核心。对产品生产过程,应持续关注并逐步提高这一过程的可重复性和效益。生产表征和度量产品在生产方面的工作进展程度,其核心是产品生产要素的固有能力实现产品设计要求的完备程度,以及其与单件或重复生产过程中质量、成本和周期等方面要求的符合程度。相关要素划分为"生产工艺管理""生产资源管理""生产活动管理"三项。

表4-3 单机产品成熟度评价方面、要素、子要素设置

方面	1 设计													2 生产						3 使用			
要素	1-1 产品设计输入的识别和审查		1-2 设计计划及其控制				1-3 设计输出及其验证							2-1 生产工艺管理		2-2 生产资源管理		2-3 生产活动管理		3-1 产品交付及交付后活动支持		3-2 产品使用数据的统计和分析	
子要素	1-1-1	1-1-2	1-2-1	1-2-2	1-2-3	1-2-4	1-3-1	1-3-2	1-3-3	1-3-4	1-3-5	1-3-6	1-3-7	2-1-1	2-1-2	2-2-1	2-2-2	2-3-1	2-3-2	3-1-1	3-1-2	3-2-1	3-2-2
	产品研制技术要求的识别和审查	产品设计输入的识别与确定	产品技术流程和计划流程及其控制	通用质量特性保证工作计划及其控制	基础产品保证工作计划及其控制	软件开发及软件产品保证计划及其控制	关键特性和关键项目的识别和控制	产品的通用质量特性设计、分析与验证	不可测试项目的识别和控制	试验验证项目的实施及结果	质量问题归零	技术状态控制	设计输出符合性及文件齐套性	工艺文件制定及其更改控制	工艺选用及禁/限用工艺控制	人员、设备及环境要求的识别和保障	外购、外协项目控制	生产计划管理	生产质量管理	产品交付文件的制定和管理	产品故障预案制定	产品使用数据的策划和采集	产品使用数据的分析和利用

（3）使用。

产品交付使用时应向用户及相关操作人员提供足够充分、有效的操作、维护、处置说明，以避免由于使用错误造成的异常和故障，并向用户表述产品应用的预期风险。使用表征和度量产品在应用支持方面的工作进展程度，其核心是产品所确立的交付、使用相关环节保障措施的有效性和完备程度，以及其与预期约束条件和任务要求的符合程度。相关要素划分为“产品交付及交付后活动支持”“产品使用数据的统计和分析”两项。

2）要素及子要素内涵说明

（1）要素 1－1：产品设计输入的识别和审查。

产品设计输入表述了产品最终需实现的各项技术要求以及需满足的各种限制条件，是在对产品使用需求进行详细分析基础上，由产品承研单位和用户共同确认形成的，是产品所有研制活动的基本出发点和目标。

产品研制工作应以确保产品全面实现设计输入要求为最终目标。产品设计输入要求应全面、完整，以清晰、准确、规范、可度量的方式表述，经过恰当的方式确认并对其更改实施有效管理。产品设计输入要求的表述可以采用诸如研制技术要求、研制合同或其技术附件、技术协议、采购规范等多种形式。

在产品研制过程中，产品设计输入要求应是最先确定的。随着研制工作的进展，产品设计输入要求本身的正确性、完整性和充分性也应在反复验证的基础上不断完善。产品成熟度等级越高，产品设计输入要求应越完备。

本要素可进一步细分为“产品研制技术要求的识别和审查”和“产品设计输入的识别与确定”等两个子要素。

① 子要素 1－1－1：产品研制技术要求的识别和审查。

依据产品初始使用需求，通过针对产品及其应用系统开展任务过程分析、理论模型计算、系统仿真等相关活动，充分识别、确定产品需达到的各项技术要求以及需满足的约束条件，将相关内容按照规范的方式准确表达，并结合现有技术条件和工业基础确认其可行性后，形成产品研制技术要求，作为产品研制活动的基本输入。

产品研制技术要求应包含但不限于以下内容：

a. 产品的功能、性能要求；

b. 产品的环境适应性要求；

c. 产品的外部接口要求；

d. 产品的预期使用寿命、设计寿命，以及可靠性、维修性、安全性等相关要求；

e. 应执行的产品或技术规范，以及元器件、材料、机械零件、工艺及软件等基础保证要求；

f. 产品交付及交付后活动要求等。

产品研制技术要求可以用定性或定量方式表述,表述内容应准确、清晰、无歧义并可实施验证。必要时,应在相关文件中规定具体指标、要求以及对应的测量、检验、验证或评价方法。

对产品研制技术要求实施规范的审查、确认、批准和版本管理活动,以确保:

a. 所有使用需求,包括交付及交付后活动的要求已充分识别并恰当转化;

b. 所有关于要求的表述准确、清晰;

c. 所有要求的可实现性已得到充分考虑和论证;

d. 与要求相关的潜在风险已得到恰当的考虑;

e. 要求的任何更改均得到有效管理并正确传递。

产品研制技术要求文件的会签、审查、批准以及更改控制等活动,应形成相关记录。

② 子要素1-1-2:产品设计输入的识别与确定。

依据批准后的产品研制技术要求文件,通过实施并不断细化诸如产品寿命剖面或任务剖面分析、产品设计准则建立等相关活动,全面梳理、细化、确认产品需达到的各项技术要求以及需满足的约束条件,并将相关内容按照规范的方式准确表达,作为产品研制的输入。

本部分工作通常是在用户提出明确的产品研制技术要求之后,由产品承研方依据产品技术特点、自身专业成果积累和以往研制经验等组织开展实施。

本部分工作的成果是对产品研制技术要求的细化和补充,可以以研制技术方案、详细设计要求等多种形式体现。

承研方识别的产品设计输入应全面满足并进一步细化已确定的产品研制技术要求,同时,还可考虑补充设计裕度、容差和容错、降额、禁/限用设计元素等相关要求。

承研方细化的产品设计输入也应按照产品研制技术要求的相关规则编制,并按照子要素1-1-1的要求实施管理。

(2) 要素1-2:设计计划及其控制。

设计计划及其控制是产品研制工作的重要组成部分,其核心工作是通过各项工作的分解、细化和组织实施,确保产品设计工作有序实施,并使已确定的产品研制技术要求得到全面落实。对于高质量的产品而言,产品设计过程的策划和实施不仅要全面覆盖产品研制技术要求的内容,而且还应强化寿命、可靠性、维修性、安全性以及材料、元器件、通用零部件、软件、成品件等基础保证要求。产品研制工作策划应形成技术流程和计划流程,明确工作内容、工作要求、工作成果、进度安排等事项,并落实相应职责和保障资源。

结合产品设计、分析和验证活动，不断识别并反复确认产品的关键项目和关键特性，提出相关控制措施，以支持后续对产品质量和可靠性实施的有效保证。

在产品研制过程中，应对技术流程和计划流程的实施情况进行监督和评价，并根据实施效果进行必要调整，以确保所有计划安排能够得到有效落实，同时确保产品研制技术要求得到全面满足。产品设计活动主要集中在产品生命周期的前期，而在产品进入应用和改进阶段，通常不再执行完整的设计过程。但当发生重大问题需重新设计时，仍需进行设计更改过程的策划和实施。

产品设计过程通常需要经历若干阶段，在这些阶段中，设计工作策划和实施的系统性、规范性和稳定程度应随研制进展逐步提升。在产品生命周期的前期设计过程中，产品成熟度等级越高，产品设计过程策划和实施的规范性和稳定性越好、关键项目和关键特性识别越充分。

本要素可进一步细分为“产品技术流程和计划流程及其控制”“通用质量特性保证工作计划及其控制”“基础产品保证工作计划及其控制”“软件开发及软件产品保证计划及其控制”等四个子要素。

① 子要素 1 -2 -1:产品技术流程和计划流程及其控制。

依据识别确认的产品研制技术要求和产品设计输入，通过工作分解结构(WBS)等工具，对研制中需开展的各项工作实施系统策划并组织实施。应拟制相应的研制工作技术流程和计划流程，并经过恰当的评审和确认，明确工作内容、工作要求、工作成果、进度安排等事项，落实相应职责。应在研制的适当节点对技术流程和计划流程的执行情况进行监督和评价，以确保：

a. 所有产品研制技术要求和其他相关设计输入中规定的内容已在计划安排中得到充分体现；

b. 所有计划安排已按要求得到落实；

c. 所有需补充开展的工作已通过恰当的方式纳入计划；

d. 实际工作中任何与计划矛盾或不一致的问题已明确并得到解决。

在产品投入实际任务应用后，通常不再执行完整的设计过程，但当发生重大问题需重新设计时，应根据更改程度，进行设计更改过程策划，此时该产品的成熟度等级应降低至相应级别。

② 子要素 1 -2 -2:通用质量特性保证工作计划及其控制。

围绕产品的高质量、高可靠要求，应依据识别确认的产品研制技术要求、设计输入以及相关通用质量特性保证工作规范，策划并实施可靠性、维修性、安全性、环境适应性、测试性和保障性(以下简称通用质量特性)等设计保证工作。

编制相应的通用质量特性大纲和/或工作计划，经过恰当的评审和确认，以明确通用质量特性工作的相关要求，落实相应职责，并提供必要的资源保障。应在研制的适当节点对通用质量特性大纲和/或工作计划的执行情况进行监督、评价和必要的调整。

通用质量特性工作策划和执行应依据相关标准，并采用必要工具。

产品研制通用质量特性工作内容包含但不限于以下方面：

a. 通用质量特性管理；

b. 通用质量特性设计与分析；

c. 通用质量特性验证与评价。

按照国军标、航天行业标准等通用质量特性相关顶层标准和配套规范的要求，编制各研制阶段的通用质量特性大纲和/或工作计划，并遵照执行。

在产品投入实际任务应用后，通常不再进行完整的通用质量特性保证过程，但仍然需要采集相应使用阶段数据，对通用质量特性工作实施持续的更新和完善。

③ 子要素1-2-3：基础产品保证工作计划及其控制。

材料、元器件、通用零部件以及成品件是产品的基本组成单元，对它们的选用控制和保证是产品设计过程的重要工作内容。对应产品的高质量、高可靠要求，应在产品设计过程中，对材料、元器件、通用零部件等基础产品采取选用控制等基础保证措施。

基础产品选用控制工作包含但不限于以下内容：

a. 依据以往任务应用验证结果，编制并应用基础产品选用目录；

b. 针对产品设计，按照选用目录开展基础产品选用工作，并形成选用产品清单；

c. 针对所形成的设计结果，实施产品选用情况核查，依据选用目录，逐一核对选用对象的符合性；

d. 对于目录外选用情况，应予以记录和持续跟踪，并安排相应补充措施，以评价并有效规避应用风险。

对于产品中选用的具有继承性的成品件，应按照本产品的具体技术要求，对其适用性和成熟度实施充分验证后方可选用，相关验证记录应予以保留。

④ 子要素1-2-4：软件开发及软件产品保证计划及其控制。

对于工程应用的软件产品应按照软件开发、软件工程化及软件产品保证的相关要求，拟制相应工作计划，开展软件产品开发及软件产品保证工作。应按照军用软件开发文档通用要求和航天型号软件工程化管理要求等标准和规范对软件产品的开发过程实施策划和控制。

软件开发工作应至少涵盖以下内容：

a. 需求分析；

b. 概要设计；

c. 详细设计;

d. 软件实现;

e. 软件测试,包括模块测试、组装/集成测试、确认测试等;

f. 验收交付;

g. 运行维护等。

软件产品保证是指软件产品的质量保证工作,应按照军用软件配置管理和航天型号软件工程化管理要求等相关标准,开展软件产品的质量保证工作,确保开发或重复使用的软件符合产品生命周期的全部要求,并确保软件在使用环境中可靠、安全地运行。

软件产品保证工作至少应涵盖以下内容:

a. 编制软件开发计划、测试计划,并组织实施软件开发、测试和产品保证工作;

b. 建立软件开发和测试环境;

c. 编制相关文档;

d. 实施软件配置管理;

e. 组织阶段评审,配合系统联试和软件验收;

f. 负责软件的维护;

g. 组织软件开发、测试和管理人员的培训。

对于硬件产品中包含的嵌入式软件部分,除按照上述软件工程及软件产品保证相关标准开展工作外,还应结合产品硬件部分开展软—硬件系统联试以及更高级别的系统联试,以确保其质量。

(3) 要素1-3:设计输出及其验证。

产品设计输出既是产品设计过程形成的结果,也是产品生产过程的基本输入。产品设计过程的结果文件,描述了产品的工作原理、组成结构,记录了产品的技术状态基线,决定了产品的固有能力。设计输出应准确、完整、清晰、规范,同时应与已确定的产品研制技术要求和相关设计输入逐一对应并保持一致。产品设计输出应经过恰当的方式审查、确认,并对其更改实施有效管理。产品设计输出通常包含多份文档。

产品的设计输出通常是在本阶段全部研制工作完成后,经必要审查活动最终确认的,是产品全部设计工作成果的最终载体。产品设计输出随研制进展反复验证、不断完善,与产品研制技术要求的符合程度也不断提升。产品成熟度等级越高,产品设计输出越完备。

本要素可进一步细分为"关键特性和关键项目的识别和控制""产品的通用质量特性设计、分析与验证""不可测试项目的识别和控制""试验验证项目的实施及结果”“质量问题归零”“技术状态控制”“设计输出符合性及文件齐套性”7个子要素。

① 子要素1-3-1:关键特性和关键项目的识别和控制。

关键项目和关键特性是指对产品完成规定要求具有重大影响的项目和特性。其中,关键项目通常是指产品的组成元素,如部件、器件等,也可称为关键产品;关键特性通常是指产品的性能参数或要求。

依据产品研制技术要求、产品设计和分析结果、产品试验验证、质量问题以及相关工程经验等信息,综合单点故障清单、Ⅰ/Ⅱ类故障清单、特性分析等结果,梳理、确定产品设计中的关键项目和关键特性,并通过拟制关键项目和关键特性清单等形式予以明示。

对所识别的关键项目和关键特性,确定相关控制措施,以确保:

a. 所有关键项目和关键特性的相关信息和控制要求得到恰当的传递;

b. 所有关键项目和关键特性的相关控制要求得到有效落实;

c. 所有关键项目和关键特性均控制在规定范围内,并保持必要的裕度;

d. 所有关键项目和关键特性在后续阶段的相关风险(如偏离、超差情况)已得到识别,并制定了相应处置措施。

在产品设计、生产和任务应用过程,应利用相关数据,持续对关键项目和关键特性及其控制措施的有效性进行反复验证和完善。

② 子要素1-3-2:产品的通用质量特性设计、分析与验证。

按照通用质量特性大纲或工作计划的安排和相关标准,开展产品通用质量特性设计、分析与验证工作,编制相应技术文件和工程报告。产品的通用质量特性设计结果应完整表述产品开展的各项通用质量特性工作的成果,并与通用质量特性工作计划相符合。应按照通用质量特性等相关顶层标准和配套规范的要求,编制各研制阶段的通用质量特性工作结果文件。

产品研制各阶段的通用质量特性设计结果文件至少应涵盖以下内容:

a. 产品通用质量特性设计与分析,内容可包括:可靠性/维修性建模和预计、可靠性/维修性分配、FME(C)A、FTA、降额设计、通用质量特性设计准则、最坏情况分析、潜在分析、危险分析、容差分析等;

b. 产品通用质量特性验证与评价,内容可包括:通用质量特性试验验证、通用质量特性评估等。

产品通用质量特性设计、分析、验证与评价工作应与产品通用质量特性要求的相关内容逐一对应,并保持符合性。

③ 子要素1-3-3:不可测试项目的识别和控制。

依据产品研制技术要求、产品设计报告和产品试验验证结果,逐一核对产品相关技术要求和指标的验证及符合情况,并记录未被验证或难以测量的要求项目,汇总形成不可测试项目清单。

对于不可测试项目,应分析其在后续活动中的可测试性,评价可能造成的影响和风险程度,并制定相应的不可测试项目控制措施,确保其不构成最终产品执行任务的技术隐患。

④ 子要素 1-3-4:试验验证项目的实施及结果。

产品试验验证活动是保证产品实现各项技术要求的重要手段,应针对已确定的产品研制技术要求,策划并实施产品各项试验验证活动,以验证各项技术要求的实现程度。

产品试验验证活动应按照相关标准规范实施,通常包括以下内容:

a. 试验大纲及试验技术条件;

b. 试验计划;

c. 试验规程;

d. 试验记录;

e. 试验报告;

f. 试验评审记录。

除试验外,也可采用演示、仿真、分析等其他方式作为设计验证的补充。

对于试验或其他验证活动无法检测或证实的技术要求,应予以记录,并纳入"不可测试项目"实施控制(详见子要素 1-3-3)。

⑤ 子要素 1-3-5:质量问题归零。

详细记录产品设计过程发生的所有质量问题,并按照有关要求完成质量问题归零活动,确保问题得到根治。

在技术层面,按照以下原则完成质量问题的归零活动:

a. 定位准确:确定问题发生的准确部位;

b. 机理清楚:确定问题发生的根本原因;

c. 问题复现:验证定位、机理分析的正确性;

d. 措施有效:确保问题解决;

e. 举一反三:通报(反馈)相关信息使相关产品采取纠正或预防措施。

质量问题归零活动应形成并保留相应工作记录和报告。

⑥ 子要素 1-3-6:技术状态控制。

参照航天产品技术状态管理等标准、规范对设计结果实施管理。当发生设计更改时,应根据更改的影响程度确定相应的控制措施。对于影响产品技术状态基线的重大更改,可参照以下原则实施更改控制,并形成相应记录:

a. 论证充分:论证更改的必要性及更改对本产品、相关产品的影响;

b. 各方认可:论证后确定更改的项目要征得与更改项目相关各方的认可;

c. 试验验证:在原理分析和计算的基础上,对更改内容进行试验(物理试验或仿真试验)验证,以证明更改可行、可靠,试验验证结果要形成报告;

d. 审批完备:对确定更改的项目履行更改手续,如填写更改单,相关方会签,逐级审批,必要时可提高设计更改的审批级别;

e. 落实到位:把技术状态的更改内容及时反映到技术文件上,落实到产品上,做到文文一致,文实相符。

⑦ 子要素1-3-7:设计输出符合性及文件齐套性。

产品设计结果应与产品研制技术要求和其他设计输入的相关内容逐一对应,并保持符合性和设计工艺性。

按照产品研制策划安排和相关标准,记录产品设计过程的结果,编制相应技术文件和工程图样。

依据技术要求,结合试验验证结果,验证设计输出与设计输入的符合程度,包括设计输出的验证条件与产品真实应用条件或产品要求规定技术条件的符合程度或覆盖程度。产品设计输出与设计输入的符合性应以恰当的方式明确说明,并经过必要的审查或确认。

依据产品设计输出,考虑后续产品生产需求,分析度量各项设计结果的工艺性和可生产性。应结合设计工作同步开展工艺性分析和工艺设计工作,权衡设计结果,考虑生产工艺可实现程度,确保尽早发现设计的工艺性问题,避免研制后期由于工艺性问题引发的设计方案更改。在产品进入批产前,应考虑批产工艺对产品设计要求的实现程度,确保批产质量。

设计输出应完整表述产品工作原理、组成结构和固有能力,并规范记录产品的技术状态基线。应按照航天产品设计文件管理制度等相关标准和规范的要求,编制各研制阶段的设计结果文件。除研制和试验技术要求、各类工作计划以及工作记录外,产品研制各阶段的设计结果文件至少还应涵盖以下内容:

a. 设计报告、设计说明书、技术说明书以及相应专题设计分析报告、计算报告等;

b. 图样(如总图、部件图、装配图、电路图等);

c. 配套产品清单、汇总表或明细表(含关重件清单等);

d. 接口文件(如接口数据单等);

e. 产品设计工艺性审查;

f. 其他设计文件。

对形成的产品设计结果文件,应实施规范的审查、批准和版本管理活动。

开展规范的技术状态控制工作,以确保:

a. 设计输出已全面满足产品研制技术要求和相关设计输入的所有内容；

b. 设计输出具备可实现性，可作为后续研制活动的输入；

c. 产品设计的关键特性及相关风险已明确记录，并提出了控制措施；

d. 设计输出文件完整、规范、齐套。

(4) 要素 2-1：生产工艺管理。

工艺是“使各种原材料、半成品成为产品的方法和过程”，是实现从设计图样到实物产品这一过程的关键步骤。

产品生产工艺是针对产品设计方案，指导产品生产过程的基本依据，也是影响产品生产环节其他要素的基础要素。产品生产工艺的正确性和完善程度，直接影响着最终实物产品的技术指标，也影响着其质量与可靠性水平。此外，工艺的优化程度还影响着后续产品重复生产的效率、效益和一致性。产品生产工艺以配套工艺文件为载体，工艺文件应齐套、完整，并以清晰、准确、规范、可操作的方式表述产品的生产实现过程。产品工艺文件应经过恰当的方式评审、确认并对其更改实施有效管理。

为保证产品达到高质量、高可靠要求，在生产环节应识别并有效控制对基础工艺方法选用，而其中对禁/限用工艺的识别和控制尤为重要；同时，还应充分识别工艺关键技术，并在工艺技术攻关的基础上，通过相应的控制措施保证工艺的正确性和有效性。

随研制工作进展，产品生产工艺的正确性、完整性、可操作性和精细化程度应在反复验证的基础上不断完善。产品成熟度等级越高，产品生产工艺越完备，工艺选用控制越充分。

对于具有批量重复生产需求的产品，生产工艺随产品成熟度提升的方向除不断提升单件产品生产质量之外，还应关注对批生产的效率、效益和质量保证能力的提升。

本要素可进一步细分为“工艺文件制定及其更改控制”和“工艺选用及禁/限用工艺控制”两个子要素。

① 子要素 2-1-1：工艺文件制定及其更改控制。

依据产品设计，开展相应的工艺设计，编制工艺文件，以指导产品的生产实现过程。产品工艺文件应满足设计提出的相关要求，全面描述产品的生产过程及相关操作方法。应按照航天产品工艺文件管理制度等相关标准和规范的要求，编制各阶段产品的工艺文件。

产品工艺文件应包含但不限于以下内容：

a. 管理用工艺文件，如工艺文件目录、工艺路线表、关键工序明细表、专用工艺装备明细表、非标设备明细表、外协件明细表等；

b. 工艺总方案；

c. 工艺规程(含检验、试验、调试等规程)；

d. 材料及外购件消耗工艺定额文件；

e. 专用工装及非标仪器、设备等设计文件；

f. 其他工艺文件。

工艺文件编制应完整、齐套、规范，并贯彻“四可三不同”的原则，即工艺文件“可操作、可检测、可量化、可重复”，达到“在不同时间、不同地点，由不同人员实施”的情况下实现稳定重复生产的目标。

对所编制的工艺文件进行规范的审查、批准和版本管理活动，以确保：

a. 工艺文件所确立的产品生产过程和方法已全面满足产品设计规定的所有要求；

b. 工艺文件具备可操作性，并与现有生产条件匹配协调；

c. 产品生产过程的关键特性及相关风险已识别，并确定了恰当的控制措施；

d. 工艺文件完整、规范、齐套。

按照航天产品技术状态管理等标准、规范对工艺文件实施技术状态管理。当发生工艺设计更改时，可参照设计更改控制要求实施，并形成相应记录。

② 子要素 2-1-2：工艺选用及禁/限用工艺控制。

针对产品设计方案，按照适用、先进的原则，提出产品研制拟采取的工艺技术途径，对于已有成熟工艺无法满足的需求，应充分识别拟采用的新工艺项目，确定工艺关键技术攻关项目，并采取相应的控制措施。

工艺选用工作应包含但不限于以下内容：

a. 识别工艺关键项目及攻关措施、工艺试验项目；

b. 实施工艺技术攻关、工艺试验和工艺鉴定；

c. 在完成工艺技术攻关的基础上，解决产品研制中的其他工艺技术问题，并完成产品生产的工艺技术准备工作。

除工艺技术攻关项目外，在具体产品的生产工艺中，通常会采用许多已有的成熟工艺方法。对于这些成熟工艺方法，必须采取规范的选用控制措施，这是产品工艺质量保证的重要环节。

对应产品的高质量、高可靠要求，那些存在技术缺陷或可能导致事故隐患的在用工艺，应在编制产品工艺前予以识别和记录，并在产品工艺设计时限制或禁止其选用。

成熟工艺选用控制措施应包含但不限于以下内容：

a. 依据以往工程验证结果，识别并应用工艺选用目录和禁/限用工艺清单；

b. 针对产品工艺设计，按照工艺选用目录开展工艺选用工作；

c. 实施工艺选用情况核查，依据选用目录和禁/限用工艺清单，逐一核对是否存在目录外工艺和禁/限用工艺；

d. 对于目录外选用情况，应予以记录和持续跟踪，并安排相应补充措施，以评价并有效规避其应用风险。

(5) 要素 2 - 2：生产资源管理。

按照产品生产工艺的相关要求，策划、提供必要的生产资源并实现持续供应，是保证产品生产活动顺利实施的基本条件。

在确定生产工艺的基础上，配套生产资源一般涉及人员、设备、物料、环境设施等四方面（即人、机、料、环）。应从已确定的产品生产工艺中，确定相关的资源保障需求，并通过调配资源满足相关需求。

对于有高质量、重复生产需求的产品而言，生产资源保障应能够同时满足单件产品质量保证和重复投产的持续稳定供应等两方面需求。在产品研制中，特别需要强调的是对外购物料（含成品件）、外协工序（含专业技术服务活动）的持续供应风险控制，尤其是对于国外引进的外购、外协项目，应确保实现自主保障、风险可控。

生产资源需求的识别和保障措施应通过文件载体记录，并在生产现场落实。相关资源保障的符合性和有效性也可通过产品生产、检验的相关记录予以证实。

在产品研制各阶段，随产品生产工艺的不断完善，相关的资源需求也应不断细化、完善，其正确性及供应保障情况也将随后续产品生产、试验和应用等活动的实施，得到持续验证。产品成熟度等级越高，产品生产相关资源需求越明确，供应保障能力越充分。需说明的是，本要素是与生产组织或单位能力相关的要素，即对于相同技术状态产品，不同生产组织或单位在本要素可能具有不同的成熟度水平。

本要素可进一步细分为“人员、设备及环境要求的识别和保障”和“外购、外协项目控制”两个子要素。

① 子要素 2 - 2 - 1：人员、设备及环境要求的识别和保障。

依据已确定的产品生产工艺，识别人员（人）、设备（机）、环境设施（环）等基础资源的需求，并提供符合相关要求的资源保障条件，其中：

a. 人员指执行产品生产过程的所有人员，一般包括技术人员、管理人员和岗位操作人员等。相关人员的技能水平和能力应满足产品生产工艺对相关工作岗位的要求。必要时，对于特定岗位人员，如关键工序和特种工艺操作人员、专职试验和检验人员、调试人员等，应安排相应能力考核和资质认定活动，形成记录并定期核查，以确保其能力持续符合要求。

b. 设备指完成产品生产过程所需的全部设备，一般包括生产加工设备、仪器仪表、工装模具、计量器具、信息采集和处理设备等。设备能力应与产品生产工艺的相关要求保持一致,如生产加工精度要求等。应对相关设备进行规范管理、定期检查和维护,并在生产过程中及时确认设备的完好性,以确保其能够持续按要求完成产品生产过程的相应活动。

c. 环境设施指产品生产过程所需提供的生产环境条件,以及构建合格生产环境条件所需的配套基础设施。生产环境条件一般涉及振动条件、噪声条件、防静电条件、电磁条件、光学条件、洁净度条件、温湿度条件等,配套设施可包括场地建筑设施(如厂房、库房)、环境控制设施(如空调、风淋设施)、安全防护设施(如消防、防静电设施)、资源供给设施(如水、电、气供应设施)等。相关生产环境条件中的关键环境参数要求(如温、湿度要求)应在相关文件中予以明示,并及时监测和记录,以确保产品生产过程始终在规定的环境条件下实施。

人、机、环等基础资源的需求应以恰当的方式识别和明示,并通过必要的记录证实相关要求已得到满足。

② 子要素 2－2－2:外购、外协项目控制。

产品生产所需的基础材料、元器件、零部件、成品件等,一般统称为物料。生产物料通常以外购或外协的方式获得。此外,在产品生产过程中还可能包含其他外购、外协项目。

产品生产物料清单通常在设计和工艺文件中确定。产品生产过程使用的物料应与“材料及外购件消耗工艺定额文件”(见子要素 2－1－1)的要求相一致。应明确所需物料的技术要求,按照采购控制规范在合格供应商中实施采购,并开展严格的采购验证。应保留相关记录,以确保物料满足产品生产的相关要求。

对于源自国内厂商的外购、外协项目,应按照采购控制要求实施采购和验证,同时,应分析考察其持续稳定供应能力,评估供应链风险,并确定相应的风险控制措施。必要时,可在同一采购项目中确定两个以上的国内合格供应商,按比例交替采购,以规避供应链风险。

应尽可能避免使用国外引进的外购、外协项目,对于确需采用的国外引进外购、外协项目,应按以下优选顺序实施风险控制:

a. 在使用的同时,及早考虑对引进项目的国产化替代方案,并推进其试验、应用,不断降低国外引进的外购、外协项目的数额或比例,并最终实现全面国产化;

b. 探索引进替代方案,对同一引进项目确定两个以上的合格供应商,规避风险;

c. 实施采购风险预判，制定相应采购预测，实施必要的战略储备采购。

(6) 要素 2-3：生产活动管理。

在确定生产工艺、保障生产资源的基础上，必须通过规范、有序的组织管理活动，才能保证产品生产的质量、效益和效率符合规定要求。

产品生产活动的组织管理工作主要包括生产质量管理、生产计划管理等。实施生产活动组织管理应编制相应文件，以明确组织管理的工作内容、要求、职责和时间安排。生产活动实施时应形成相应记录，以证实相关工作按照规定要求完成。

对生产组织管理活动的有效性及时进行监督和评价，并持续改进，不断提高产品生产的质量、效益和效率。对于具有高质量要求的产品，生产组织管理活动首要关注的是质量管理，在质量、效益和效率三方面，以保证质量为中心实施资源配置和风险权衡。

在产品研制各阶段，随产品生产工艺和配套资源条件的不断完善，生产活动的组织管理措施也应不断细化、完善。而其有效性也应随后续产品生产、试验和应用等活动的实施，得到持续验证。产品成熟度等级越高，产品生产活动的组织管理措施越完备。需说明的是，与要素 2-2 相同，本要素也是与生产组织或单位能力相关的要素，即对于相同技术状态产品，不同生产组织或单位在本要素可能具有不同的成熟度水平。

本要素可进一步细分为“生产计划管理”和“生产质量管理”两个子要素。

① 子要素 2-3-1：生产计划管理。

在确保满足规定质量要求的前提下，通过诸如“工序负荷及能力分析”“生产流程和布局优化”“工时核算”等活动，对生产活动的计划和产能实施管理，并制定相应的生产计划，明确工作内容、工期、完成形式、时间节点及考核方式等内容。

生产计划管理可包含但不限于以下内容：

a. 确定产能和计划目标，并据此开展生产活动相关策划，如生产计划、协作配套计划及其他专题计划等；

b. 依据策划结果，组织实施相关生产活动，并采集相关信息；

c. 根据信息度量、评价预期产能和计划目标的实现情况，确定并实施后续改进措施，如生产流程和布局优化等。

生产计划和产能管理的相关活动必须以保障产品质量为前提，任何改进和优化活动的策划和实施，必须考虑其对产品质量可能的影响。

考核、记录并统计产品生产计划的完成情况，并将其作为评价生产计划管理活动有效性和成熟度的基本依据。

② 子要素2-3-2:生产质量管理。

以持续保证并不断提高生产质量,确保满足产品高质量要求为目标,依据已确定的产品设计和生产工艺,在现有资源配置的基础上,开展产品生产活动的相关组织管理活动。

生产质量管理活动应包含但不限于以下内容:

a. 生产过程质量保证工作的策划和落实,包括质量目标(如一次交验合格率、成品率、废品率等)及其对应人、机、料、法、环等方面质量保证措施的制定和实施。

b. 生产过程监督,主要针对产品设计和工艺提出的相关过程控制要求,以及已确定的人、机、料、法、环等方面质量保证措施,采用定期巡查或不定期抽查等多种方式核查其执行情况。

c. 产品检验和强制检验点控制,主要针对产品生产过程的关键环节和关键特性设置检验点,实施专门的产品(半成品)检验。应根据检验项目的关键和重要程度,确定采用自检、互检、巡检、专检等恰当的检验方式,核查产品和过程的符合性。对于风险大、控制要求高的环节和项目,可考虑补充采取最终用户现场监督、第三方检测等加严控制措施。

d. 不合格(含偏离、超差、让步接收等)控制,主要针对生产过程发生的不合格品或不合格项目,包括所有偏离、超差、让步接收等情况,预先确定相应的不合格处理程序,遵循识别、记录、分析、审理、处置的基本步骤,杜绝不合格品或不合格项目向下游流转,并视情采取必要的纠正措施和预防措施。

e. 生产过程数据采集、分析、评价和持续改进,应事先策划并安排必要资源实施生产过程数据和信息采集(如数据记录、影像记录等)。应按照预先安排的周期或频次,依据相关信息,对生产质量进行系统评价,包括对过程质量和产品质量两方面的分析和评价,并与预期的质量目标(见本要素中a.)进行对比,以识别差距,发现潜在问题和薄弱环节,并制定相应措施,实现持续改进。

f. 生产技术状态控制,主要针对在产品重复生产过程发生技术状态更改的情况,应参照航天产品技术状态管理等标准、规范对生产技术状态实施管理。当发生生产技术状态更改时,应根据更改的影响程度确定相应的控制措施。

考核、记录并统计产品生产的质量情况,如成品率、一次交验合格率等,作为评价生产质量管理活动有效性和成熟度的基本依据。

(7) 要素3-1:产品交付及交付后活动支持。

产品交付及交付后活动支持是保证产品高质量完成规定任务的必要条件,也是对产品后续交付、应用活动的重要指导。对产品交付、验收和使用操作过程的支持应以相关支持文件和操作手册为载体。产品研制单位应依据产品固有特性和使用要求，编制产品交付、验收以及使用操作支持文档。

为保证产品不因错误操作降低其质量和可靠性水平，应详细描述产品验收、交付及使用操作过程中各个过程和实施要求；同时，应识别产品验收、交付和使用过程可能发生的异常情况，并提供相应对策和预案。应准确描述相应过程中的具体实施方法，并根据需要，给出相关操作对人员能力、工具设备、物料供应、现场环境等方面的具体要求。产品交付、验收以及使用操作支持文档提出的相关要求应与现有条件和资源约束相适应。

产品研制过程中，产品验收、交付以及使用操作支持文档编制应与产品设计工作同步进行，并共同经历相关技术试验和验证。在产品研制初期，由于技术状态变化较大，通常不要求编制完整的产品验收、交付以及使用操作支持文档，只需对产品验收、交付以及使用操作过程进行初步的策划。但在产品研制中后期，随着产品设计的逐步验证、完善和固化，也要求产品验收、交付以及使用操作支持文档逐步细化、完善。产品成熟度等级越高，产品交付、验收以及使用操作支持文档应越完备。

本要素可进一步细分为“产品交付文件的制定和管理”和“产品故障预案制定”两个子要素。

① 子要素 3－1－1：产品交付文件的制定和管理。

依据产品固有特性和使用要求，编制产品验收、交付以及使用操作文件，描述产品验收、交付以及使用操作的正确步骤、方法和注意事项。

产品验收、交付和使用操作文件的编制应至少覆盖以下内容：

a. 产品主要用途、适用范围和应用限制条件（如接口条件、环境条件等）；

b. 主要功能、性能技术指标；

c. 产品验收、交付及使用操作程序和相关操作规程；

d. 产品验收、交付及使用操作中的潜在危险源及安全性事项，以及其他限制条件和注意事项；

e. 产品验收、交付及使用操作所需专用仪器、设备和辅助工具，以及特殊资源需求；

f. 用于产品符合性证明的交付数据包；

g. 其他需要的内容。

根据需要，应给出产品验收、交付和使用操作过程相关操作对人员能力、工具设备、物料供应、现场环境等方面的具体要求。

产品验收、交付和使用操作文件应经过恰当的评审、验证和确认，并参照航天产品技术状态管理等标准实施技术状态管理。

② 子要素3-1-2:产品故障预案制定。

结合产品设计特性,依据FMEA、质量问题归零等工作成果,以及产品试验、应用等过程的相关信息,识别、梳理产品在验收、交付和使用操作过程中可能发生的异常情况,应逐一描述异常情况及其处置措施。

产品故障预案制定应包含但不限于以下内容:

a. 可能发生异常情况的表现形式,以及可能产生的影响和后果;

b. 异常情况发生的可能原因以及相应的异常情况原因定位措施;

c. 异常情况相对应的消除或处置的措施以及相应的资源保障要求;

d. 异常情况信息采集和报告的补充要求以及其他与异常情况处置相关的要求。

产品异常情况的识别和相应处置措施的有效性应经过必要的验证和确认。所识别的异常情况和相应预案应形成文件,经过恰当的技术评审,并参照航天产品技术状态管理等标准实施技术状态管理。

(8) 要素3-2:产品使用数据的统计和分析。

产品使用数据是产品实现高质量、高可靠要求的重要输入。对于产品,特别是执行飞行任务的运载火箭和卫星型号相关产品,仅仅依靠地面研制、试验活动通常难以实现飞行及在轨应用条件下的高质量和高可靠,必须持续利用实际使用数据,对已完成的设计和生产结果进行反复验证和改进,才能最终使产品在任务条件下达到高质量、高可靠要求。因此,全面采集并有效应用实际任务数据,是产品实现高质量、高可靠要求的重要手段和基本途径。

产品使用数据采集的内容、方式、方法等应在产品研制早期开始策划,并以文件形式进行记录和传递。应在条件许可的情况下,最大限度采集应用数据,对其进行分析,并将分析结果应用于产品的验证和改进。

在产品研制过程中,产品使用数据的采集通常是在产品首次投入实际应用后开始的,但采集活动相关的策划及相应资源配置应同产品设计同步进行,并随研制进展不断完善。产品成熟度等级越高,产品使用数据的采集措施越完备;产品生存周期后期,产品成熟度越高,采集和利用的产品使用数据越丰富。

本要素可进一步细分为"产品使用数据的策划和采集"和"产品使用数据的分析和利用"等两个子要素。

① 子要素3-2-1:产品使用数据的策划和采集。

根据产品质量与可靠性提升的相关需求,策划开展产品使用数据的采集工作,包含但不限于以下内容:

a. 应在产品研制过程中同步策划产品使用数据的采集需求,并制定相应的数

据采集措施(如飞行数据采集要求文件、飞行数据采集装置和数据传输通道等);

b. 应将相关数据采集活动纳入产品使用操作程序,并与使用方沟通确认数据采集、存储和传递的方式及相关工作安排;

c. 应在执行实际任务之前,针对数据采集和传递工作与相关各方进一步沟通确认,在任务执行过程中或任务完成后(视任务持续时间长短确定)实施数据的采集和传递,并对所采集数据的有效性、完整性进行核查和确认;

d. 所采集的使用数据应分类、编目,妥善保管,以便查询和检索;

e. 应制定相应管理措施,在保证数据安全的基础上,支持对数据的查阅和调用。

产品使用数据采集、传递和管理的相关要求应形成文件。同时,应配备必要资源,确保随产品研制和应用进展,及时开展相关数据采集、存储和数据管理工作,并保证数据的持续积累。

② 子要素 3-2-2:产品使用数据的分析和利用。

采用诸如控制图、累计图、成功数据包络分析等多种技术和方法,对所采集的使用数据进行分析,验证产品设计、生产、使用操作等环节各项要求和措施的正确性、适应性和有效性,并识别其变化趋势,分析查找可实施进一步改进或优化的内容。

所进行的数据分析工作和相关改进措施建议应形成文件和记录,并经过恰当评审后方可实施,相应改进措施的效果应进行验证或评估。

由使用数据的分析导致的任何技术状态更改,应按照相应更改控制规定实施。使用数据分析应随数据采集量增加而持续更新。

4.5 单机产品成熟度定级

4.5.1 定级矩阵

在4.3节中给出的单机产品成熟度定级条件是从产品基线、质量问题归零、产品数据包等方面对每个成熟度等级提出的总体要求。定级矩阵是按照产品成熟度等级,依据每个等级的总体要求,给出各子要素在不同等级上细化的定级准则。其作为指导产品成熟度评价工作、确定成熟度评价结果的基本标准,依据所划分的产品成熟度等级,逐一描述产品成熟度评价要素及其子要素的基本定级准则,即形成以等级划分为横坐标、以评价要素(及子要素)为纵坐标的产品成熟度定级矩阵。定级矩阵是定级条件的升级细化,直接用于每个子要素的成熟度等级定级评价,具体如表4-4所列。

表4-4 单机产品成熟度评价要素定级矩阵表

等级名称			原理样机	工程样机	飞行产品	一次飞行考核	多次飞行考核	技术状态固化	小批试产	批量生产	定级要点
方面	要素	子要素	1级	2级	3级	4级	5级	6级	7级	8级	
1 设计	1-1 产品设计输入的识别和审查	1-1-1 产品研制技术要求的识别和审查	依据用户提出的任务需求和产品使用需求，对产品的研制技术要求，进行清晰、准确的表述并形成相关记录，并对要求的可实现性和相关潜在的风险进行了识别和审查。结合原理样机产品对所识别要求的可实现性进行了充分考虑和论证	在1级所识别产品研制技术要求基础上，结合产品工程样机对要求进行了补充和细化完善，进一步验证了要求的正确性和可实现性，相关更改均得到了有效管理并正确传递	结合本阶段的产品研制工作，对产品研制技术要求进行了补充和细化完善，进一步验证了要求的可实现性，提升了要求的可操作性。相关更改均经过了相应级别的审查	结合本阶段的实际任务考核情况，对产品研制技术要求进行了补充和细化完善，设计要求文档的更改控制活动形成了相应的记录并通过评审	结合本阶段的实际任务考核情况，对产品研制技术要求进行了补充和细化完善，设计要求文档的更改控制活动形成了相应的记录并通过评审	在多次任务考核的基础上，对产品的研制技术要求进行了评审和固化	小批量生产阶段，未对研制技术要求进行更改	未对研制技术要求进行更改	（1）所有使用需求，包括交付后已充分识别并恰当转化；（2）所有关于要求的表述准确、清晰；（3）所有要求的可实现性已得到充分考虑和论证；（4）与要求相关的潜在风险已得到恰当的考虑；（5）要求的任何更改均得到有效管理并正确传递

（续）

等级名称			原理样机	工程样机	飞行产品	一次飞行考核	多次飞行考核	技术状态固化	小批试产	批量生产	定级要点
方面	要素	子要素	1级	2级	3级	4级	5级	6级	7级	8级	
1 设计	1-1 产品设计输入的识别和审查	1-1-2 产品设计输入的识别与确定	开展了产品寿命剖面或任务剖面等相关分析活动，初步确定所识别和记录的设计要求能满足预期任务要求，可作为下一阶段研制的输入	以1级识别确定的设计要求作为输入，完成工程样机研制；通过工程样机（或结构件、电性件）的地面模拟任务环境鉴定试验，确认、补充、细化产品设计要求，并初步形成了产品规范，作为下一阶段的输入	以2级识别确定的设计要求作为输入，完成任务产品研制；任务产品经地面验收试验交付后，在高一级系统中验证（任务环境验收试验），对产品设计要求进行了确认、细化、量化，明确了技术状态基线，完善了产品规范	满足3级设计要求（满足任务要求）的产品，经过一次真实任务试验考核及寿命试验考核，其中卫星单机单次任务考核时间不低于2年（设计寿命低于2年的按照设计寿命考核），考核期间应工作正常，结合一次任务考核情况，确定一次真实任务后的产品全部设计要求	满足4级要求的产品，再经过至少2次真实任务考核，其中卫星单机单次任务考核时间不低于2年（设计寿命低于2年的按照设计寿命考核），考核期间应工作正常；结合多次任务验证情况，进行补充、修正，确定了多次任务后的产品设计要求	满足5级条件要求，包括环境适应性、极限能力、性能拉偏、寿命与可靠性等考核，充分验证了产品设计要求的完整性和有效性；完成了产品设计要求的细化量化工作，并固化其技术状态	满足6级条件要求，又经过3次成功任务考核，其中卫星单机产品单次考核时间应不低于2年（设计寿命低于2年的按照实际设计寿命考核），考核期间工作正常，未发生对设计要求更改的情况；其中至少经过1次实际飞行全寿命考核	满足7级条件要求，又经过2次以上成功任务考核，其中卫星单机产品单次飞行考核时间应不低于2年（设计寿命低于2年的按照实际设计寿命考核），考核期间工作正常，未发生对设计要求更改的情况	（1）开展了产品寿命剖面或任务剖面分析活动； （2）建立了产品设计准则； （3）细化、确认了产品需达到的各项技术要求以及需满足的约束条件； （4）与要求相关的潜在风险已得到恰当的考虑； （5）要求的任何更改均得到有效管理并正确传递

（续）

等级名称			原理样机	工程样机	飞行产品	一次飞行考核	多次飞行考核	技术状态固化	小批试产	批量生产	定级要点
方面	要素	子要素	1级	2级	3级	4级	5级	6级	7级	8级	
1 设计	1-2 设计计划及其控制	1-2-1 产品技术流程和计划流程及其控制	依据1级所识别的产品研制技术要求，对研制中需开展的各项工作进行了系统的策划，应拟制相应的研制工作技术流程和计划流程，并经过恰当的评审和确认，所有计划安排均按要求得到落实	依据2级所识别的产品研制技术要求，梳理了需要补充开展的工作，并经恰当的方式确认后，纳入技术流程和计划流程，所有计划安排均按要求得到落实	依据3级所识别的产品研制技术要求，梳理了需要补充开展的工作，并经恰当的方式确认后，纳入技术流程和计划流程，所有计划安排均按要求得到落实	经过一次任务考核，对产品的技术流程进行了验证，未发生更改	经过多次任务考核，对产品的技术流程进行了验证，未发生更改	在多次任务考核的基础上，对产品的技术流程进行了固化	小批量生产阶段，未对产品技术流程进行更改	未对产品技术流程进行更改	（1）计划安排对产品研制技术要求覆盖的全面程度； （2）所有计划安排的落实情况

（续）

等级名称			原理样机	工程样机	飞行产品	一次飞行考核	多次飞行考核	技术状态固化	小批试产	批量生产	定级要点
方面	要素	子要素	1级	2级	3级	4级	5级	6级	7级	8级	
1 设计	1－2 设计计划及其控制	1－2－2 通用质量特性保证工作计划及其控制	依据1级所识别确认的产品研制技术要求以及相关规范，策划并实施通用质量特性等设计保证工作；应编制相应的通用质量特性大纲或工作计划，并经过恰当的评审和确认，明确通用质量特性工作的相关要求，落实相应职责，并提供必要的资源保障。建立了可靠性模型，开展了可靠性分配、预计、故障树分析等工作	依据工作大纲，策划并实施了本阶段的通用质量特性工作，并经过可靠性评审。确定了可靠性关键项目，开展了FMEA分析、潜在电路分析、电子元器件和电路容差分析、电路最坏情况分析工作，进行了环境应力筛选、可靠性研制与增长试验等工作	依据工作大纲，策划并实施了本阶段的通用质量特性工作，并经过可靠性评审。确定了可靠性关键项目，进行了环境应力筛选、可靠性研制与增长试验、可靠性验证试验等工作。如发生设计更改，需重新开展可靠性建模、可靠性分配、预计、FMEA分析、故障树分析等工作	满足3级条件要求，结合一次任务验证情况，完善了产品通用质量特性相关保证活动，未因发生设计更改情况而需要重新开展可靠性建模、预计、分配、FMEA等工作项目	满足4级条件要求，结合多次任务验证情况，完善了产品通用质量特性相关保证活动，未因发生设计更改情况而需要重新开展可靠性建模、预计、分配、FMEA等工作项目	满足5级条件要求的产品，对产品通用质量特性保证工作项目进行了固化	小批量生产阶段，未对产品通用质量特性工作项目进行更改	未对产品通用质量特性工作项目进行更改	（1）应编制相应的通用质量特性大纲或工作计划，并经过恰当的评审和确认； （2）应在研制的适当节点对通用质量特性大纲或工作计划的执行情况进行监督和评价； （3）通用质量特性工作策划和执行应依据相关标准

（续）

等级名称			原理样机	工程样机	飞行产品	一次飞行考核	多次飞行考核	技术状态固化	小批试产	批量生产	定级要点
方面	要素	子要素	1 级	2 级	3 级	4 级	5 级	6 级	7 级	8 级	
1 设计	1－2 设计计划及其控制	1－2－3 基础产品保证工作计划及其控制	依据 1 级所识别的产品研制技术要求，结合以往任务应用验证结果，初步从基础产品（材料、元器件、通用零部件及成品件）选用目录中，确定了选用产品清单，并经过恰当的评审和确认，对目录外选用情况，制定了选用控制措施	依据 2 级所识别的产品研制技术要求，所选用的基础产品通过了工程样机的鉴定试验考核，证明满足本阶段设计要求；对目录外选用的控制情况进行了跟踪记录	依据 3 级所识别的产品研制技术要求，所选用的基础产品通过了任务产品的验收试验考核，证明满足本阶段设计要求；对目录外选用的控制情况进行了跟踪记录	满足 3 级条件要求，通过一次任务考核验证，未发生对已选用产品进行更改的情况	满足 4 级条件要求，通过多次任务考核验证，未发生对已选用产品进行更改的情况	满足 5 级条件要求，对基础产品保证工作进行了固化	小批量生产阶段，未发生对已选用产品进行更改的情况	未发生对已选用产品进行更改的情况	（1）以往任务应用验证结果； （2）根据基础产品选用目录，形成的选用产品清单； （3）产品选用情况核查； （4）对于目录外选用情况的记录和跟踪

（续）

等级名称			原理样机	工程样机	飞行产品	一次飞行考核	多次飞行考核	技术状态固化	小批试产	批量生产	定级要点
方面	要素	子要素	1级	2级	3级	4级	5级	6级	7级	8级	
1 设计	1-2 设计计划及其控制	1-2-4 软件开发及软件产品保证计划及其控制	形成初步的系统需求，包括软件配置项的功能分配；建立软件原型，包括软、硬件功能分配、运行环境、体系结构、信息流、通信和接口，制定了软件产品保证计划	执行从需求分析到提交初样软件各阶段的任务，完成软件产品基本型，开展了软件产品保证工作	对软件产品基本型进行补充和完善，提交试样（正样）软件产品，进入运行维护阶段，开展了软件产品保证工作	经过一次任务考核验证，记录并分析了运行情况及出现的质量问题，未发生更改情况	经过多次任务考核验证，记录并分析了运行情况及出现的质量问题，未发生更改情况	在多次任务考核验证的基础上，固化了软件产品保证相关工作，支持后续产品的使用和维护	小批量生产阶段，未对软件产品进行更改	未对软件产品进行更改	（1）对于工程应用的软件产品应按照软件开发、软件工程化及软件产品保证的相关要求，拟制相应工作计划，开展软件产品开发及软件产品保证工作； （2）对于硬件产品中包含的嵌入式软件部分，除按照软件工程及软件产品保证相关标准开展工作外，还应结合产品硬件部分开展软—硬件系统联试以及更高级别的系统联试

（续）

等级名称			原理样机	工程样机	飞行产品	一次飞行考核	多次飞行考核	技术状态固化	小批试产	批量生产	定级要点
方面	要素	子要素	1级	2级	3级	4级	5级	6级	7级	8级	
1 设计	1-3 设计输出及其验证	1-3-1 关键特性和关键项目的识别和控制	依据1级所识别的产品研制技术要求，基于原理样机初步识别了产品研制生产过程中的关键特性和关键项目，并初步确定了相应控制保证措施	依据2级所识别的产品研制技术要求、产品设计报告和试验验证结果，逐一核对产品相关技术要求和指标的验证及符合情况，基于工程样机识别了产品研制生产过程中的关键特性和关键项目并制定了相应控制保证措施	依据3级所识别的产品研制技术要求、产品设计报告和试验验证结果、综合单点故障清单、Ⅰ/Ⅱ类故障清单、特性分析等结果，基于任务产品识别了产品研制生产过程中的关键特性和关键项目并制定了相应控制保证措施	满足3级条件要求，通过一次任务考核，验证了关键特性和关键项目控制保证措施的有效性	满足4级条件要求，通过多次任务考核，验证了关键特性和关键项目控制保证措施的有效性	满足5级条件要求，在多次任务考核的基础上，对关键特性和关键项目的控制保证措施进行了固化	满足6级条件要求，通过小批量生产，验证了关键特性和关键项目控制保证措施的有效性，持续保障相关要求的执行	满足7级条件要求，通过批量生产，验证了关键特性和关键项目控制保证措施的有效性，持续保障相关要求的执行，并建立持续完善机制	（1）所有关键项目和关键特性的相关信息和控制要求得到恰当的传递； （2）所有关键项目和关键特性的相关控制要求得到有效落实； （3）所有关键项目和关键特性均控制在规定范围内，并保持必要的裕度； （4）所有关键项目和关键特性在后续阶段的相关风险（如偏离、超差情况）已得到识别，并制定了相应处置措施

（续）

等级名称			原理样机	工程样机	飞行产品	一次飞行考核	多次飞行考核	技术状态固化	小批试产	批量生产	定级要点
方面	要素	子要素	1级	2级	3级	4级	5级	6级	7级	8级	
1 设计	1-3 设计输出及其验证	1-3-2 产品的通用质量特性设计、分析与验证	依据1级产品的通用质量特性工作计划的安排和相关标准；开展了产品的通用质量特性工作，编制了相应的技术文件和工程报告	依据2级产品的通用质量特性工作计划安排和相关标准，开展了产品的通用质量特性设计、验证及评价工作，编制了相应的技术文件和工程报告	依据3级产品的通用质量特性工作计划安排和相关标准，结合本阶段相关的通用质量特性工作，编制了相应的通用质量特性工作结果文件	满足3级条件要求的产品，结合一次任务验证情况，完善了产品通用质量特性工作相应的分析、验证结果，未因发生设计更改情况而需要重新开展可靠性建模、预计、分配、FMEA等工作项目	满足4级条件要求的产品，结合多次任务验证情况，完善了产品通用质量特性工作相应的分析、验证结果，未因发生设计更改情况而需要重新开展可靠性建模、预计、分配、FMEA等工作项目	满足5级条件要求的产品，未因发生设计更改情况而需要重新开展可靠性建模、预计、分配、FMEA等工作项目	满足6级条件要求的产品小批量生产验证情况，完善了产品通用质量特性工作的相关分析、验证结果，未因发生设计更改情况而需要重新开展可靠性建模、预计、分配、FMEA等工作项目	满足7级条件要求的产品结合批量生产验证情况，完善了产品通用质量特性工作的相关分析验证结果，未因发生设计更改情况而需要重新开展可靠性建模、预计、分配、FMEA等工作项目	（1）产品通用质量特性设计，内容可包括：可靠性/维修性建模和预计、可靠性/维修性分配、FME(C)A、FTA、降额设计、通用质量特性设计准则、最坏情况分析、潜在分析、危险分析、容差分析等； （2）通用质量特性验证与评价，内容可包括：通用质量特性试验验证、通用质量特性评估等

（续）

等级名称			原理样机	工程样机	飞行产品	一次飞行考核	多次飞行考核	技术状态固化	小批试产	批量生产	定级要点
方面	要素	子要素	1级	2级	3级	4级	5级	6级	7级	8级	
1 设计	1－3 设计输出及其验证	1－3－3 不可测试项目的识别和控制	依据1级所识别的产品研制技术要求，基于原理样机初步识别了产品研制生产过程中的不可测试项目，并初步确定了相应控制保证措施	依据2级所识别的产品研制技术要求、产品设计报告和试验验证结果，逐一核对了产品相关技术要求和指标的验证及符合情况，基于工程样机进一步识别了产品的不可测试项目并制定了相应控制保证措施	依据3级所识别的产品研制技术要求、产品设计报告和试验验证结果，逐一核对了产品相关技术要求和指标的验证及符合情况，基于任务产品进一步识别了产品的不可测试项目并制定了相应控制保证措施	满足3级条件要求，通过一次任务考核，验证了所识别不可测试项目的充分性及相应控制保证措施的有效性	满足4级条件要求，通过多次任务考核，验证了所识别不可测试项目的充分性及相应控制保证措施的有效性	满足5级条件要求，在多次任务考核的基础上，对所识别的不可测试项目及相应的控制保证措施进行了固化	小批量生产阶段，所识别的不可测试项目及相应的控制措施未发生更改	所识别的不可测试项目及相应的控制措施未发生更改	（1）不可测试项目（含指标）的识别和记录； （2）不可测试项目的控制措施

（续）

等级名称			原理样机	工程样机	飞行产品	一次飞行考核	多次飞行考核	技术状态固化	小批试产	批量生产	定级要点
方面	要素	子要素	1级	2级	3级	4级	5级	6级	7级	8级	
1 设计	1－3 设计输出及其验证	1－3－4 试验验证项目的实施及结果	依据1级所识别的产品研制技术要求，开展产品试验验证项目的策划工作，制定了本阶段的试验计划、大纲及规程，开展了产品的原理性验证，形成了试验报告及记录	依据2级所识别的产品研制技术要求，开展产品试验验证项目的策划工作，制定了本阶段的试验计划、大纲及规程，开展了鉴定试验验证工作，形成了试验报告及记录	依据3级所识别的产品研制技术要求，开展产品试验验证项目的策划工作，制定了本阶段的试验计划、大纲及规程，开展了验收试验验证工作，形成了试验报告及记录	满足3级条件要求，依据4级所识别的产品研制技术要求，结合一次任务考核情况，对试验验证项目及条件进行了确认和完善	满足4级条件要求，依据5级所识别的产品研制技术要求，结合多次任务考核情况，对试验验证项目及条件进行了确认和完善	满足5级条件要求，依据6级所识别的产品研制技术要求，对试验验证项目及条件进行了技术状态固化	满足6级条件要求，依据7级所识别的产品研制技术要求，结合小批量生产验证，未发生对试验验证项目及条件的更改情况	满足7级条件要求，依据8级所识别的产品研制技术要求，结合批量生产验证，未发生对试验验证项目及条件的更改情况	（1）试验大纲及试验条件； （2）试验计划； （3）试验执行的标准或规范； （4）试验记录； （5）试验报告； （6）试验评审记录
		1－3－5 质量问题归零	依据1级所识别的产品研制技术要求，对原理样机的设计及试验验证工作中发生的所有质量问题开展了归零活动，制定了相应的纠正或预防措施，并经过相应的评审和确认	依据2级所识别的产品研制技术要求，对工程样机的设计及试验验证工作中发生的所有质量问题开展了归零活动，制定了相应的纠正或预防措施，并经过相应的评审和确认	依据3级所识别的产品研制技术要求，对任务产品的设计及试验验证工作中发生的所有质量问题开展了归零活动，制定了相应的纠正或预防措施，并经过相应的评审和确认	满足3级条件要求，依据4级所识别的产品研制技术要求，对一次任务考核中发生的所有质量问题开展了归零活动，制定了相应的纠正或预防措施，并经过相应的评审和确认	满足4级条件要求，依据5级所识别的产品研制技术要求，对多次任务考核中发生的所有质量问题开展了归零活动，制定了相应的纠正或预防措施，并经过相应的评审和确认	满足5级条件要求，依据6级所识别的产品研制技术要求，对多次任务考核中发生的所有质量问题开展了归零活动，制定了相应的纠正或预防措施，经过相应的评审和确认。并对设计结果进行了固化	满足6级条件要求，依据7级所识别的产品研制技术要求，对小批量生产验证中发生的所有质量问题开展了归零活动，制定了相应的纠正或预防措施，并经过相应的评审和确认	满足7级条件要求，依据8级所识别的产品研制技术要求，对批量生产验证中发生的所有质量问题开展了归零活动，制定了相应的纠正或预防措施，并经过相应的评审和确认	（1）质量问题发生的定位及原因； （2）问题的复现性； （3）解决措施的有效性及举一反三； （4）按问题的严重程度和后果、产品级别、管理层次分级进行

（续）

等级名称			原理样机	工程样机	飞行产品	一次飞行考核	多次飞行考核	技术状态固化	小批试产	批量生产	定级要点
方面	要素	子要素	1级	2级	3级	4级	5级	6级	7级	8级	
1 设计	1-3 设计输出及其验证	1-3-6 技术状态控制	依据1级所识别的产品研制技术要求，对本阶段设计结果的可实现性、要求符合性进行了确认和评审，能够支持下一阶段的研制工作，对产品设计的关键特性及相关风险进行了初步识别	依据2级所识别的产品研制技术要求，对本阶段设计结果的可实现性、要求符合性进行了确认和评审，能够支持下一阶段的研制工作，明确记录了产品设计的关键特性及相关风险，并提出了控制措施	依据3级所识别的产品研制技术要求，对本阶段设计结果的可实现性、要求符合性进行了确认和评审，能够满足实际任务需求，对记录产品设计关键特性及相关风险控制措施的有效性进行了确认。设计结果的技术状态更改均执行了相应的审批手续，留有记录	满足3级条件要求，技术状态受控，依据4级所识别的产品研制技术要求，结合一次任务考核，未发生重大技术状态更改（Ⅲ类）	满足4级条件要求，依据5级所识别的产品研制技术要求，结合多次任务考核，未发生重大技术状态更改（Ⅲ类）	满足5级条件要求，依据6级所识别的产品研制技术要求，结合多次任务考核，未发生Ⅲ类技术状态更改，Ⅱ类技术状态更改频次平均每个产品不大于1项，并对设计结果进行了固化	满足6级条件要求，依据7级所识别的产品研制技术要求，结合小批量生产验证，未发生Ⅲ类技术状态更改，Ⅱ类（含）以下技术状态更改频次平均每个产品不大于1项	满足7级条件要求，依据8级所识别的产品研制技术要求，结合批量生产验证，未发生设计结果技术状态更改的情况	（1）论证更改的必要性及更改对本产品、相关产品的影响； （2）论证后确定更改的项目，要征得与更改项目相关各方的认可； （3）在原理分析和计算的基础上，对更改内容进行试验验证，以证明更改可行、可靠，试验验证结果要形成报告； （4）对确定更改的项目履行更改手续，相关方会签，逐级审批，必要时，可提高设计更改的审批级别； （5）把技术状态的更改内容及时反映到技术文件上，落实到产品上，做到文文一致，文实相符

（续）

等级名称			原理样机	工程样机	飞行产品	一次飞行考核	多次飞行考核	技术状态固化	小批试产	批量生产	定级要点
方面	要素	子要素	1级	2级	3级	4级	5级	6级	7级	8级	
1 设计	1-3 设计输出及其验证	1-3-7 设计输出符合性及文件齐套性	依据1级所识别的产品研制技术要求，结合原理样机的设计及试验验证工作，形成了相应的设计结果，主要功能性能指标符合要求，并经过相应的评审和确认，能够支持下一阶段的研制工作	依据2级所识别的产品研制技术要求，结合工程样机的设计及试验验证工作，形成了相应的设计结果，产品的功能性能符合要求，并经过相应的评审和确认，能够支持下一阶段的研制工作	依据3级所识别的产品研制技术要求，结合任务产品的试验验证工作，形成了相应的设计结果，产品的各项功能性能符合要求，并经过相应的评审和确认，能够满足下一阶段的任务要求	满足3级条件要求，依据4级所识别的产品研制技术要求，结合一次任务考核，技术状态受控，未发生重大技术状态更改（Ⅲ类）	满足4级条件要求，依据5级所识别的产品研制技术要求，结合多次任务考核，技术状态受控，未发生重大技术状态更改（Ⅲ类）	满足5级条件要求，依据6级所识别的产品研制技术要求，结合多次任务考核，技术状态受控，未发生Ⅲ类技术状态更改，Ⅱ类技术状态更改频次平均每个产品不大于1项，并对设计结果进行了固化	满足6级条件要求，依据7级所识别的产品研制技术要求，结合小批量生产验证，未发生Ⅲ类技术状态更改，Ⅱ类（含）以下技术状态更改频次平均每个产品不大于1项	满足7级条件要求，依据8级所识别的产品研制技术要求，结合批量生产验证，未发生设计结果技术状态更改的情况	（1）各阶段的设计输出结果； （2）设计结果与研制技术要求的符合性； （3）设计输出文件完整、规范、齐套； （4）设计工艺性审查

（续）

等级名称			原理样机	工程样机	飞行产品	一次飞行考核	多次飞行考核	技术状态固化	小批试产	批量生产	定级要点
方面	要素	子要素	1级	2级	3级	4级	5级	6级	7级	8级	
2 生产	2-1 生产工艺管理	2-1-1 工艺文件制定及其更改控制	依据本阶段的产品设计结果，确定工艺文件的编制原则和要求，编制产品制造的可行性论证和实施方案，可支持下一阶段的研制生产工作	依据本阶段的产品设计结果，对设计文件进行了工艺性审查，确定了本阶段产品的工艺技术状态，制定了工艺总方案，编制了工艺技术准备计划，确定产品工艺分工及工艺路线，确定满足产品设计要求和保证质量的工艺措施，并经过审查和确认后，可支持下一阶段的研制生产工作	依据本阶段的产品设计结果，对设计文件进行了工艺性审查，确定了本阶段产品的工艺技术状态，对工艺总方案进行了修订，编制了本阶段的工艺技术准备计划，并经过审查和确认后，对本阶段形成的工艺文件、资料进行归档，可支持下一阶段任务要求	满足3级条件要求，技术状态受控，依据4级所识别的产品研制技术要求，结合一次任务考核，未发生重大技术状态更改（Ⅲ类）	满足4级条件要求，依据5级所识别的产品研制技术要求，结合多次任务考核，未发生重大技术状态更改（Ⅲ类）	满足5级条件要求，依据6级所识别的产品研制技术要求，结合多次任务考核，未发生Ⅲ类技术状态更改，Ⅱ类技术状态更改频次平均每个产品不大于1项，并对设计结果进行了固化	满足6级条件要求，依据7级所识别的产品研制技术要求，结合小批量生产验证，未发生Ⅲ类技术状态更改，Ⅱ类（含）以下技术状态更改频次平均每个产品不大于1项	满足7级条件要求，依据8级所识别的产品研制技术要求，结合批量生产验证，未发生设计结果技术状态更改的情况	（1）工艺文件编制的完整性、齐套性、规范性； （2）工艺文件对产品设计规定要求的满足程度； （3）工艺文件的可操作性

（续）

等级名称			原理样机	工程样机	飞行产品	一次飞行考核	多次飞行考核	技术状态固化	小批试产	批量生产	定级要点
方面	要素	子要素	1级	2级	3级	4级	5级	6级	7级	8级	
2 生产	2-1 生产工艺管理	2-1-2 工艺选用及禁/限用工艺控制	依据本阶段的产品设计结果，识别了关键工艺项目及其攻关措施，并通过了可行性论证评审，初步验证设计结果的工艺可行性，确定了对成熟工艺技术的选用方案，确定了拟采用的新工艺、新技术的项目和实施途径，并经过评审和确认后，可支持下一阶段的研制生产工作	依据本阶段的产品设计结果，对关键工艺技术项目，组织进行了工艺攻关、工艺试验，并通过了评审；确定了本阶段对成熟工艺的选用程度，确定了对产品特点、结构、精度要求的工艺分析及说明，开展对大型、复杂工装及非标准设备的设计评审，新工艺、新技术应用的评审，可支持下一阶段的研制生产工作	依据本阶段的产品设计结果，完成了工艺攻关工作，对重大工艺更改项目进行了试验验证和工艺评审；对成熟工艺选取的情况进行了确认和验证，对工艺选用目录外的选用情况进行了记录和持续跟踪，并安排相应的保障措施	满足3级条件要求，技术状态受控，依据4级所识别的产品研制技术要求，结合一次任务考核，未发生重大技术状态更改（Ⅲ类）	满足4级条件要求，依据5级所识别的产品研制技术要求，结合多次任务考核，未发生重大技术状态更改（Ⅲ类）	满足5级条件要求，依据6级所识别的产品研制技术要求，结合多次任务考核，未发生Ⅲ类技术状态更改，Ⅱ类技术状态更改频次平均每个产品不大于1项，并对设计结果进行了固化	满足6级条件要求，依据7级所识别的产品研制技术要求，结合小批量生产验证，未发生Ⅲ类技术状态更改，Ⅱ类（含）以下技术状态更改频次平均每个产品不大于1项	满足7级条件要求，依据8级所识别的产品研制技术要求，结合批量生产验证，未发生设计结果技术状态更改的情况	（1）对成熟工艺方法的选用； （2）对工艺关键项目的关键技术攻关及其风险控制； （3）对禁/限用工艺的控制

（续）

等级名称			原理样机	工程样机	飞行产品	一次飞行考核	多次飞行考核	技术状态固化	小批试产	批量生产	定级要点
方面	要素	子要素	1级	2级	3级	4级	5级	6级	7级	8级	
2 生产	2-2 生产资源管理	2-2-1 人员、设备及环境要求的识别和保障	依据本阶段确定的工艺方案，针对产品后续生产过程识别了对人员、设备、生产环境条件的要求，并论证其可行性。部分人员、设备及环境保障条件已结合原理样机研制进行了验证	依据本阶段确定的工艺方案，针对工程样机产品生产过程，识别了对人员、设备、生产环境条件要求，并经工程样机产品生产验证满足相关要求。基于工程样机产品状态和后续生产过程，论证了现有人员、设备及环境条件的满足程度及改进方案	全部人员、设备及环境条件经本阶段产品生产验证满足相关要求。基于本阶段产品状态和后续工作要求，论证了现有人员、设备及环境条件的满足程度及改进方案	经一次任务考核产品的任务考核验证，证明对人员、设备及环境条件要求的识别情况及保障条件满足相关要求	经多次任务考核产品的任务考核验证，证明对人员、设备及环境条件要求的识别情况及保障条件满足相关要求	基于多次任务考核产品的技术状态对人员、设备及环境条件进行确认，并经重复生产验证满足相关要求，在此基础上对人员、设备及环境条件要求及其保障条件进行固化。基于产品后续工作要求，论证了现有人员、设备及环境条件的满足程度及改进方案	基于已固化的产品状态，对生产基础资源条件进行确认，并经小批量生产验证满足相关要求。基于产品后续精细化生产要求，论证了现有人员、设备及环境条件的满足程度及改进方案	基于经小批量生产验证的产品状态，对人员、设备及环境条件进行确认，并经精细化生产验证满足相关要求	（1）人员、设备、环境等基础资源的需求及其保障条件； （2）对人员、设备及环境条件需求的记录及其满足条件的证实

（续）

等级名称			原理样机	工程样机	飞行产品	一次飞行考核	多次飞行考核	技术状态固化	小批试产	批量生产	定级要点
方面	要素	子要素	1级	2级	3级	4级	5级	6级	7级	8级	
2 生产	2-2 生产资源管理	2-2-2 外购、外协项目控制	分析确定了外购、外协项目清单，并在实验室环境下通过原理样机进行了技术验证，能够满足相关要求。预研制阶段应通过方案的比较分析和关键技术攻关项目，降低国外引进和外购项目的数量，如必须依靠引进，应对其可行性进行论证	结合验证结果和后续生产阶段，明确了针对外购、外协项目及其供应商的能力要求，并对潜在的供应商进行了能力评估和资质审查，初步确定了供应商目录。经工程样机产品生产过程验证，外购、外协项目及其供应商的能力能够满足相关要求。结合本阶段研制生产情况以及后续生产阶段要求，进一步明确和完善了外购、外协项目的要求，并提出了改进方案	经任务产品生产过程验证，外购、外协项目及其供应商的能力能够满足相关要求。结合本阶段研制生产情况以及后续生产阶段要求，进一步明确和完善了外购、外协项目以及供应商的能力要求，并提出了改进方案	经一次任务考核产品的任务考核验证，证明外购、外协项目的能力满足相关要求，并提出了改进方案	经多次任务考核产品的任务考核验证，证明外购、外协项目的能力满足相关要求，并提出了改进方案	经多次任务考核验证，并经重复生产验证，确认了外购、外协项目及其供应商的能力满足相关要求，关键技术攻关项目已通过工程验证，进一步降低了国外引进项目的数量，在此基础上固化了外购、外协项目及供应商的能力要求	经小批量生产对供应商的能力进行验证，如交货情况、产品稳定性、后勤保障能力等。基于已固化的产品技术状态对外购、外协项目进行确认，并经小批量生产验证满足相关要求。基于后续工作要求，论证了外购、外协项目的保障能力，并提出了改进方案，基本实现无需国外引进项目	经精细化生产对外购、外协项目及供应商的能力进行验证，要求交货稳定可靠，后勤保障有力，价格降低。外购、外协项目及供应商的能力经精细化生产验证持续满足质量、周期、成本控制的改进要求	（1）国内外购、外协项目的替代方案及其供应链风险分析、验证； （2）国外外购、外协项目的风险控制措施及其国产化替代方案

（续）

等级名称			原理样机	工程样机	飞行产品	一次飞行考核	多次飞行考核	技术状态固化	小批试产	批量生产	定级要点
方面	要素	子要素	1级	2级	3级	4级	5级	6级	7级	8级	
2 生产	2－3 生产活动管理	2－3－1 生产计划管理	针对原理样机产品，初步预计了生产能力和生产效率	经工程样机产品生产验证了现有生产能力和生产效率能够满足产品生产制造的相关要求。制定了生产计划，结合工程样机产品生产阶段验证结果及后续生产阶段产能和效率的要求，制定了有效发挥生产能力，提高生产效率的改进方案	经正/试样产品生产验证，实施了计划管理工作，现有生产能力和生产效率能够满足生产制造的相关要求。结合任务产品生产过程验证结果及后续生产阶段产能和效率的要求，制定了发挥生产能力，提高生产效率的改进方案	结合一次任务考核产品的任务考核验证，确定了产能、效率能够满足产品研制生产阶段的相关要求，并结合一次任务考核产品的生产验证结果及后续生产阶段产能、效率的要求，制定了有效发挥生产能力，提高生产效率的改进方案	结合多次任务考核产品的任务考核验证，确定了产能、效率能够满足产品研制生产阶段的相关要求，并结合一次任务考核产品的生产验证结果及后续生产阶段产能、效率的要求，制定了有效发挥生产能力，提高生产效率的改进方案	基于多次任务考核验证现有生产能力和生产效率能够满足生产的相关要求，以此为基础，完成了产品生产过程技术状态的固化工作。结合验证的实际效果及后续生产阶段产能、效率的要求，制定了有效发挥生产能力，提高生产效率的改进方案	基于已固化的产品技术状态，并经小批量生产验证，确认了现有生产能力和生产效率能够满足生产的相关要求，结合验证的实际效果及后续精细化生产质量、效率、周期的要求，制定了进一步改进生产组织和管理优化方案	随着生产过程的持续改进（如流程优化、产量提升、效率提高、材料设备国产化替代等），在精细化产品生产阶段，对现有生产能力和生产效率进行了确认，并经精细化生产验证满足相关要求	（1）产能和计划目标的确立； （2）策划及相关工作的实施； （3）信息度量、评价预期产能和计划目标的实现情况

（续）

等级名称			原理样机	工程样机	飞行产品	一次飞行考核	多次飞行考核	技术状态固化	小批试产	批量生产	定级要点
方面	要素	子要素	1级	2级	3级	4级	5级	6级	7级	8级	
2 生产	2-3 生产活动管理	2-3-2 生产质量管理	在实验室环境下，针对原理样机产品研制过程，验证了检验点设置的合理性和有效性	经工程样机产品研制生产过程，验证了检验点设置的合理性和有效性。结合工程样机研制生产过程及后续生产阶段质量控制要求，对检验点的设置进行策划和完善，结合工程研制，开展了质量信息采集分析工作	经任务产品研制生产过程，验证了检验点的设置的合理性和有效性。针对任务产品研制生产过程及后续生产阶段质量控制要求，对检验点的设置进行策划和完善，按照策划要求开展了质量信息采集、分析工作，建立了不合格品控制机制，制定了相应的纠正措施和预防措施	经一次任务考核产品的任务考核验证，证明生产过程质量保证工作的策划和落实到位，生产过程监督有效，产品检验和强制检验点控制满足质量控制的相关要求	经多次任务考核产品的任务考核验证，证明面向质量的生产管理工作满足质量控制的相关要求	基于多次任务考核验证的产品技术状态对生产管理各项工作进行了确认，并经重复生产验证满足质量控制的相关要求，并完成了固化	基于已固化的产品技术状态对生产管理工作进行了确认，并经小批量生产验证满足质量控制的相关要求。针对小批量生产阶段出现的问题，以及后续精细化生产的质量、成本、周期要求，进一步对生产管理进行了更新完善	在精细化生产阶段，对生产管理进行了确认，并经生产验证满足质量控制的相关要求	（1）生产过程质量保证工作的策划和落实； （2）生产过程监督； （3）产品检验和强制检验点控制； （4）不合格品控制； （5）生产过程数据采集、分析、评价和持续改进； （6）生产技术状态控制

（续）

等级名称			原理样机	工程样机	飞行产品	一次飞行考核	多次飞行考核	技术状态固化	小批试产	批量生产	定级要点
方面	要素	子要素	1级	2级	3级	4级	5级	6级	7级	8级	
3 使用	3-1 产品交付及交付后活动支持	3-1-1 产品交付文件的制定和管理	针对原理样机产品的研制工作，确定了产品主要用途、适用范围和应用限制条件，初步策划了产品交付验收要求	针对工程样机产品的研制工作，识别了产品交付、验收及使用操作所需专用仪器、设备和辅助工具，初步确定了产品交付验收要求	针对任务产品的研制工作，确定了产品交付验收要求。编制了产品交付、验收及使用操作程序和相关操作规程	结合一次任务考核产品的任务考核验证，对产品的交付验收要求进行了验证。结合验证要求，对产品的交付验收要求进行了修正	结合多次任务考核产品的任务考核验证，对产品的交付验收要求进行了验证。结合验证要求，对产品的交付验收要求进行了修正	基于多次任务考核验证的产品技术状态对现有交付验收规范进行了确认，并经重复生产验证满足相关要求，完成固化工作	在技术状态固化的基础上，持续保障相关要求的执行，并建立持续完善机制	在小批量生产的基础上持续保障相关要求的执行，并建立持续完善机制	（1）产品主要用途、适用范围和应用限制条件； （2）产品验收、交付及使用操作程序和相关操作规范； （3）产品验收、交付及使用操作中的潜在危险源及安全性事项； （4）产品验收、交付及使用操作所需专业仪器、设备和辅助工具； （5）用于产品符合性证明的交付数据包

（续）

等级名称			原理样机	工程样机	飞行产品	一次飞行考核	多次飞行考核	技术状态固化	小批试产	批量生产	定级要点
方面	要素	子要素	1级	2级	3级	4级	5级	6级	7级	8级	
3 使用	3-1 产品交付及交付后活动支持	3-1-2 产品故障预案制定	针对原理样机产品的研制工作，初步了解了产品故障模式	针对工程样机产品的研制工作，初步分析确定了产品的使用异常情况	针对任务产品的研制工作，分析确定了产品的使用异常情况	结合一次任务考核产品的任务考核验证，对已明确的产品使用的异常情况进行了验证，未发生重大的超出明确范围的异常情况。结合验证结果及后续工作阶段的要求，对产品的使用异常情况进行了补充和修正	结合多次任务考核产品的任务考核验证，对已明确的产品使用的异常情况进行了验证，未发生重大的超出明确范围的异常情况。结合验证结果及后续工作阶段的要求，对产品的使用异常情况进行了补充和修正	基于多次任务考核验证的产品状态，对现有使用异常情况进行了确认，并经重复生产验证满足相关要求，完成固化工作	在技术状态固化的基础上，经过小批生产持续验证使用异常情况，并结合验证结果保障相关要求，对产品的使用异常情况进行了补充和修正	在小批量生产的基础上经过重复生产持续验证使用异常情况，并结合验证结果保障相关要求，对产品的使用异常情况进行了补充和修正	（1）可能发生异常情况的表现形式，以及可能产生的影响和后果； （2）异常情况发生的可能原因及原因定位的响应措施； （3）异常情况相对应的消除或处置的措施及相应的资源保障要求； （4）异常情况信息采集和报告的补充要求及其他与异常情况处置相关的要求

（续）

等级名称			原理样机	工程样机	飞行产品	一次飞行考核	多次飞行考核	技术状态固化	小批试产	批量生产	定级要点
方面	要素	子要素	1 级	2 级	3 级	4 级	5 级	6 级	7 级	8 级	
3 使用	3－1 产品交付及交付后活动支持	3－2－1 产品使用数据的策划和采集	依据产品主要用途及适用范围，初步梳理了应用验证数据采集的项目	结合本阶段研制工作，对后续应用验证数据采集的项目和要求及采集工作的实施方案进行了修改和完善	结合本阶段研制工作，对后续应用验证数据采集的项目和要求以及采集工作的实施方案进行了修改和完善，确定了产品应用数据采集的工作方式和渠道，制定了相应的数据采集管理措施	结合一次任务考核验证，对已明确的产品应用验证数据进行了采集，证明了应用数据采集的项目合理可行，渠道畅通，工作实施落实到位，可支持后续数据采集工作。并结合验证结果及后续工作阶段的要求，对产品应用验证数据的采集要求进行了补充和修正	结合多次任务考核验证，对已明确的产品应用验证数据进行了采集，证明了应用数据采集的项目合理可行，渠道畅通，工作实施落实到位，可支持后续数据采集工作。并结合验证结果及后续工作阶段的要求，对产品应用验证数据的采集要求进行了补充和修正	满足 5 级的条件要求，基于多次任务考核验证的产品状态，对现有产品应用数据采集情况进行了确认，并经重复生产验证满足相关要求，完成固化工作	满足 6 级的条件要求，在技术状态固化的基础上经过小批生产持续验证产品应用验证数据的采集情况，并结合验证结果保障相关要求，对产品的应用验证数据要求进行了补充和修正	满足 7 级的条件要求，在小批量生产的基础上，经过重复生产持续验证应用验证数据的采集情况，并结合验证结果保障相关要求，对产品的应用验证数据采集情况进行了补充和修正	（1）应用验证数据的采集措施； （2）应用验证数据采集工作的实施； （3）应用验证数据采集结果的分类与管理

（续）

等级名称			原理样机	工程样机	飞行产品	一次飞行考核	多次飞行考核	技术状态固化	小批试产	批量生产	定级要点
方面	要素	子要素	1级	2级	3级	4级	5级	6级	7级	8级	
3 使用	3-2 产品使用数据的统计和分析	3-2-2 产品使用数据的分析和利用	初步确定了对后续数据项目的分析方法	结合本阶段研制工作，对后续数据项目的分析方法和利用方式进行了完善	结合本阶段研制工作，验证了产品设计、生产、使用操作等环节各项要求和措施的正确性、适用性和有效性	结合一次任务考核验证，验证了产品设计、生产、使用操作等环节各项要求和措施的正确性、适用性和有效性，并利用应用验证数据开展了相关分析工作，提出了改进完善建议	结合多次任务考核验证，验证了产品设计、生产、使用操作等环节各项要求和措施的正确性、适用性和有效性，并利用应用验证数据开展了相关分析工作，提出了改进完善建议	满足5级的条件要求，基于多次任务考核验证的产品状态，对现有产品应用数据分析结果进行了确认，各项改进措施有效，落实到位，完成固化工作	满足6级的条件要求，在技术状态固化的基础上经过小批生产持续验证产品应用验证数据分析和利用情况，并结合验证结果保障相关要求，对后续产品的应用验证数据分析、利用方案进行了完善	满足7级的条件要求，在小批量生产的基础上，经过重复生产持续验证产品应用验证数据的分析、利用情况，并结合验证结果保障相关要求，建立了应用验证数据、分析、利用、改进完善的机制	（1）应用验证数据的分析方法及结果； （2）利用应用验证数据分析结果，提出的相关改进措施建议的记录

4.5.2　证明材料

通过多年探索和总结单机产品成熟度评价实践经验，为了便于被评产品的研制单位做好评价前准备，本部分给出了单机产品成熟度评价时，研制单位需要提供的证明材料参考，被评单位准备材料时可结合产品配套文件实际，不限于表中的证明材料，如表 4－5 所列。

表 4－5　单机产品证明材料参考

序号	方面	对应要素	对应子要素	证明材料参考
1	1 设计	1－1 产品设计输入的识别和审查	1－1－1 产品研制技术要求的识别和审查	(1) 研制任务书或研制技术要求； (2) 研制任务书或研制技术要求的审查证明
2			1－1－2 产品设计输入的识别与确定	(1) 产品规范； (2) 产品设计报告； (3) 产品规范的审查证明
3		1－2 设计计划及其控制	1－2－1 产品技术流程和计划流程及其控制	(1) 产品研制技术流程； (2) 产品研制计划流程； (3) 产品研制技术流程和产品研制计划流程的审查证明
4			1－2－2 通用质量特性保证工作计划及其控制	(1) 产品保证大纲(可靠性、维修性、安全性)； (2) 产品保证计划； (3) 产品保证大纲和产品保证计划的审查证明
5			1－2－3 基础产品保证工作计划及其控制	(1) 材料、元器件、零部件选用目录； (2) 选用产品(材料、元器件、零部件)清单； (3) 材料、元器件、零部件保证大纲； (4) 目录外产品相关文件(若选用目录外产品)
6			1－2－4 软件开发及软件产品保证计划及其控制	如产品包含软件，应至少有下文件： (1) 软件研制任务书； (2) 软件开发计划； (3) 软件设计说明； (4) 软件产品保证计划； (5) 软件产品保证大纲； (6) 软件测试报告； (7) 软件研制总结报告
7		1－3 设计输出及其验证	1－3－1 关键特性和关键项目的识别和控制	(1) 关键特性分析报告； (2) 关键检验点清单； (3) 关键工序清单； (4) 关键件、重要件汇总表； (5) 关键特性分析报告的审查证明

（续）

序号	方面	对应要素	对应子要素	证明材料参考
8	1 设计	1-3 设计输出 及其验证	1-3-2 产品的通用质量特性设计、分析与验证	(1) 可靠性、安全性设计、分析报告； (2) 可靠性、安全性设计、分析报告的审查证明； (3) 可靠性评估报告
9			1-3-3 不可测试项目的识别和控制	(1) 测试覆盖性分析报告； (2) 测试方案/细则； (3) 不可测试项目清单； (4) 测试覆盖性检查报告/测试记录
10			1-3-4 试验验证项目的实施及结果	(1) 产品试验大纲； (2) 产品试验(测试)报告； (3) 产品试验大纲审查证明； (4) 产品试验(测试)报告审查证明
11			1-3-5 质量问题归零	(1) 质量问题归零报告(若有质量问题)； (2) 质量问题归零报告审查证明(若有质量问题)
12			1-3-6 技术状态控制	(1) 技术状态更改论证报告； (2) 技术状态更改申请单； (3) 技术状态更改单或相关记录； (4) 已固化的技术状态文件清单； (5) 技术状态更改论证报告审查证明
13			1-3-7 设计输出符合性及文件齐套性	(1) 产品设计报告； (2) 产品图样； (3) 接口文件； (4) 产品研制总结报告； (5) 质量工作总结报告； (6) 产品技术风险分析报告； (7) 技术说明书； (8) 使用说明书； (9) 产品文件配套表或汇总表； (10) 设计工艺性审查结论
14	2 生产	2-1 生产工艺管理	2-1-1 工艺文件制定及其更改控制	(1) 工艺文件目录； (2) 关键工序明细表； (3) 专用工艺装备明细表； (4) 非标设备明细表； (5) 外购、外协件明细表； (6) 工艺总方案及审查证明； (7) 工艺规程(含检验、试验、调试等)； (8) 工艺选用目录及审查证明； (9) 工艺总结报告； (10) 工艺更改单

（续）

序号	方面	对应要素	对应子要素	证明材料参考
15	2 生产	2-1 生产工艺管理	2-1-2 工艺选用及禁/限用工艺控制	(1) 工艺选用目录； (2) 禁/限用工艺清单(若有)
16		2-2 生产资源管理	2-2-1 人员、设备及环境要求的识别和保障	(1) 人员名单、培训记录； (2) 设备清单； (3) 设备操作规程； (4) 设备维修、保养、校准记录； (5) 生产环境控制要求及控制记录
17			2-2-2 外购、外协项目控制	(1) 外购、外协项目清单； (2) 外购、外协项目验收记录； (3) 合格供方名录
18		2-3 生产活动管理	2-3-1 生产计划管理	生产计划进度表
19			2-3-2 生产质量管理	(1) 关键/强制检验点清单； (2) 生产过程更改相关证明材料； (3) 生产过程数据包(主要包括机加、电装、装配、固封、测试、试验、软件等文件)
20	3 使用	3-1 产品交付及交付后活动支持	3-1-1 产品交付文件的制定和管理	(1) 产品交付文件清单； (2) 产品使用说明书； (3) 产品证明书和履历书； (4) 产品交付验收要求
21			3-1-2 产品故障预案制定	(1) 产品发射(在轨)故障预案； (2) 产品发射(在轨)故障记录及处理情况等相关文件
22		3-2 产品使用数据的统计和分析	3-2-1 产品使用数据的策划和采集	(1) 产品使用数据方案及相关要求； (2) 产品在轨数据记录文件(至少 3 次飞行数据)
23			3-2-2 产品使用数据的分析和利用	(1) 产品发射(在轨)数据分析相关要求及方法的相关文件； (2) 产品发射(在轨)数据分析记录的相关文件

4.5.3　技术状态更改与产品成熟度等级变化矩阵表

当单机产品完成产品成熟度定级后，会被赋予相应的产品成熟度等级，单机产品的技术状态更改会对单机产品成熟度的等级产生影响。因此，需要分析和明确技术状态更改与产品成熟度等级变化的对应关系，便于研制单位明确变化后的成熟度等级，以及后续的产品成熟度提升目标和内容。

技术状态更改是宇航产品在研制、生产过程中，对已正式确认的现行技术状态文件和产品实物所作的更改，应参照航天产品技术状态管理等相关标准、规范实施管理。宇航产品技术状态文件包括合同、任务书、大纲、规范、设计文件和工艺文件等。技术状态更改分为三类，如表4－6所列。

表4－6　单机产品技术状态更改类别和范围界定

类别	定义	范围界定
Ⅰ类更改	不涉及产品实物状态变更的更改	不涉及产品功能特性和物理特性的文件性更改。如：文字错误、增加视图、统一标注、改变阶段标记等
Ⅱ类更改	涉及产品技术状态变更的一般更改	涉及产品功能特性和物理特性的一般更改。如：提高使用性能，改善表面状态，改变非协调尺寸，不涉及接口特性、电磁兼容性、可靠性、安全性、维修性和不影响相关产品正常工作的一般性更改
Ⅲ类更改	涉及产品技术状态变更的重大更改，或对进度、经费有较大影响的更改	涉及产品功能特性和物理特性的重大更改。如：任务书或合同要求的更改，设计方案、性能指标、接口特性、电磁兼容性、热特性、协调尺寸、外形尺寸、质量、重心、可靠性、安全性和维修性等的更改

关于产品工程更改对成熟度等级的影响，应从以下三个方面进行分析。

1）技术状态更改的原因

(1) 产品因质量问题归零引发的技术状态变化；

(2) 产品的设计完善；

(3) 产品组成部分更换，如代料、更换器部件等；

(4) 产品使用环境条件要求的提高。

2）变化措施的被验证程度

(1) 采用的变化措施没有经过应用验证，存在新技术、新材料、新工艺、新状态、新环境、新设备、新单位、新岗位、新人员等“九新”情况；

(2) 采用的变化措施经过验证，如在同等条件或更高条件下经过应用验证等。

3）变化对产品功能性能的影响程度

(1) 不涉及产品功能特性和物理特性的文件性更改(Ⅰ类更改)；

(2) 涉及产品功能特性和物理特性的一般更改(Ⅱ类更改)；

(3) 涉及产品功能特性和物理特性的重大更改(Ⅲ类更改)。

产品发生技术状态更改后的成熟度等级变更应与变化的原因、变化的程度相关，即与发生的是几类更改相关。技术状态更改与成熟度等级的对应关系如表 4－7 所列，具体说明如下：

（1）Ⅰ类更改因不涉及实物产品，所以不影响成熟度等级；

（2）Ⅱ类更改因不涉及产品关键特性的更改，所以仅需要按照技术状态控制的要求完成相应的地面验证，满足相应等级的条件，即可保持原有的成熟度等级；

（3）Ⅲ类更改因涉及产品关键特性的更改，即便是更改措施经过验证，因产品成熟度等级标准中将单机作为一个整体来考虑，所以对于此类更改，应以更改后技术状态的整机地面验证和飞行验证情况为准，从产品成熟度 3 级开始认定，更改前产品验证情况在后续等级评定中不做累积。

表 4－7　单机产品技术状态更改类别与产品成熟度等级变化示意

技术状态更改前产品成熟度等级	技术状态更改后产品成熟度等级					
	Ⅰ类更改	Ⅱ类更改	Ⅲ类更改			
		完成地面相应验证试验	完成地面相应验证试验	通过 1 次飞行验证	通过 3 次飞行验证	技术状态得到固化
1 级	1 级	—	—	—	—	—
2 级	2 级	2 级	2 级	—	—	—
3 级	3 级	3 级	3 级	—	—	—
4 级	4 级	4 级	3 级	4 级	—	—
5 级	5 级	5 级	3 级	4 级	5 级	—
6 级	6 级	6 级	3 级	4 级	5 级	6 级

第5章　软件产品成熟度

本章介绍了软件产品成熟度模型的提出背景，重点针对软件产品成熟度等级划分与定义、定级条件、评价要素设置与内涵、产品技术状态更改对产品成熟度等级的影响进行阐述。

5.1　概述

伴随航天型号向信息化、集成化、智能化方向发展，软件已逐渐成为航天型号研制中最为重要的部分之一，在航天型号中发挥着越来越重要的作用，是影响项目进度、系统整体质量，决定任务成败的关键因素。近几年，宇航型号软件产品研制出现了以下新特点。

1）宇航型号软件问题频发

据相关统计，航天软件产品交付出厂后在总装、系统联试、基地测控对接试验、在轨飞行等阶段出现问题较多，宇航型号中软件问题大概占总质量问题的10%左右。

2）航天软件各项标准及工程化管理要求执行情况无法监控

为加强航天型号软件管理，航天管理机关陆续发布了上百份与软件相关的标准，但标准执行情况无法准确评价。另外，尽管软件工程化管理要求的呼声很高，但是对于如何深入开展软件工程化，也需要简便易操作的评价手段。

3）宇航单机产品成熟度技术的应用，促进了宇航型号软件产品成熟度的发展需求

宇航单机产品成熟度技术的率先推出及工程实践的发展，有力地促进了宇航单机产品质量的稳定提升和产品化进程，对其他领域的产品成熟度技术的发展起到了引领作用。宇航单机产品成熟度模型中，“软件开发及软件产品保证计划及其控制”作为一个子要素用于对单机嵌入式软件进行评价，该子要素关注软件是否制定了工作计划、开展了软件开发与产品保证工作，以及是否按照各类标准开展工作、与硬件及参与系统的联试等内容。

将软件作为单机模型的一个要素，虽然可以在软件技术与管理方面发现问

题,但单机产品成熟度模型本身未对嵌入式软件提出深入、具体的评价要求,软件专家无法在现场全面、深入、具体给出嵌入式软件的薄弱环节和风险。同时,软件作为一种特殊产品,有相对独立完整的开发周期,将全寿命周期的软件研制工作内容作为单机产品成熟度一个子要素进行评价,全面性和完整性上都存在一定的局限性,难以全面、深入查找薄弱环节和风险,也无法充分体现或深入完整评价软件产品的成熟程度。

4)航天软件产品化工作的逐步推进也需要评价手段

随着航天科研生产和质量管理模式转型升级,软件产品化工作也随同硬件单机产品化工作在逐步推进。一些在特定领域工程中产生的可被重复使用的软件工作产品,包括可重用配置项、可重用框架和可重用构件,以及相应的程序、文档、测试脚本、数据等逐步被各研制单位存储进入受控库。

随着宇航软件产品化工作的推进,一些单位需要建设编制软件产品型谱,并将已经成熟的、可重用的软件产品纳入货架产品。对纳入货架产品的软件开展产品成熟度定级评价,可让软件型谱用户对货架产品的成熟水平有更客观的了解,也可促进宇航软件货架产品按等级梯度逐级、良性、规范发展。

基于以上四点主要原因,在宇航单机产品成熟度技术的基础上提出了宇航型号软件产品成熟度的概念。宇航型号软件产品成熟度是指依据宇航型号软件产品管理、设计、测试和应用情况,对其功能性、可靠性、安全性、维护性和完备性等成熟程度的度量,是全寿命周期的度量,适用于在宇航型号配套表中有独立软件代号的产品,包括:①嵌入式软件,通常有两类,即 CPU 类型软件和 FPGA 产品(含 CPLD 等可编程逻辑器件产品),FPGA 产品是指满足特定应用场景、实现指定功能的 FPGA 配套的逻辑设计;②指挥控制类软件、地面测控类软件等非嵌入式软件,其他软件可参照执行。

宇航软件产品成熟度模型也是由方面、要素、子要素构成,但内容按照宇航软件产品的研制流程设定,其方面包括“管理、设计、测试与应用”四项,与单机成熟度模型“设计、生产、使用”三个方面不同,去掉了“生产”方面,增加了“管理”方面。软件是逻辑产品而非物理产品,其生产过程与硬件产品完全不同,也不存在批生产稳定性的问题,所以去掉了“生产”方面,另外,关于承制软件的组织与职责、软件的工程环境保证、节点的评审与审查、技术状态管理与数据包管理等基本工作要点和控制要点贯穿于整个软件研制过程,将其单独放在任一方面都不太合适,且软件产品为无形实物,为了强调软件研制过程中管理的重要性,故单独将“管理”作为软件产品成熟度模型的一个方面。

宇航型号软件产品成熟度定级评价的核心在于将各种软件相关的标准规范,尤其是将软件工程化管理要求相关的标准进行拆分,按各环节进行等级划分,依据不同软件特点、不同规模、不同安全关键等级的软件产品给出每级软件产品在不同研制阶段应该达到的最低的具体条件要求。

值得指出的是,宇航软件产品成熟度模型与基于 CMMI(能力成熟度模型集成,也称为软件能力成熟度集成模型)形成的军用软件研制能力成熟度模型有较大区别。前者的评价对象是产品,评价的关注焦点是单一软件产品过程和软件产品质量的薄弱环节和风险;而后者的评价对象是组织,关注的是组织的整体成熟度,单一软件过程的完备程度不是主要的关注点。

本章主要从软件产品成熟度等级划分及定义、定级条件、评价要素和子要素设置、定级矩阵、技术状态更改与产品成熟度等级变化关系等几方面进行软件产品成熟度模型介绍。

5.2 等级划分及定义

与宇航单机产品不同,宇航型号软件产品没有批量生产验证的环节,宇航软件产品成熟度划分为 6 级。宇航型号软件产品成熟度各级对应的产品状态与宇航单机产品成熟度各级对应的产品状态对照见表 5-1。

表 5-1 产品成熟度等级命名

等级名称	宇航单机产品状态	宇航软件产品状态
1 级	原理样机	原型产品
2 级	工程样机	工程产品
3 级	飞行产品	任务产品
4 级	一次飞行考核	一次任务考核
5 级	多次飞行考核	多次任务考核
6 级	技术状态固化	成熟产品
7 级	小批试产	—
8 级	批量生产	—

与宇航单机的成熟度等级对应的产品状态不同,因通常软件产品不称为“样机”,在最初方案阶段或软件最初的设计开发阶段,称为“原型”,所以宇航型号软件产品成熟度 1 级对应的产品状态为“原型产品”,2 级对应的产品状态为“工程产品”;又因宇航型号软件产品中包括地面设备的软件产品,宇航单机产品成熟度中不包含地面设备产品,所以宇航型号软件产品成熟度 3 级、4 级、5 级对应的产品状态由“飞行”改为了“任务”,分别为“任务产品”“一次任务考核”和“多次任务考核”;软件产品经过多次飞行试验考核后,技术状态已经固化、趋

于稳定,无批量生产的考验,所以其 6 级对应的产品定义为“成熟产品”。

宇航型号软件产品成熟度等级名称、产品状态及等级标志如表 5 – 2 所列。

表 5 – 2 宇航软件产品成熟度等级名称、产品状态及等级标志

等级名称	产品状态	等级标志
1 级	原型产品	建立了软件原型,确定了软件功能、性能、运行环境、信息流、通信和接口,并初步验证
2 级	工程产品	任务明确,完善了软件需求规格说明和设计,进行了文档评审、代码审查、开发方测试及地面试验等工作,功能、性能、接口满足要求,开发文档齐全,管理规范
3 级	任务产品	在工程产品的基础上,进一步完善了任务要求和需求规格说明,优化了设计与编码,通过了各级系统的测试和相关试验,可参与飞行或可参与发射及任务保障
4 级	一次任务考核	在任务产品的基础上,通过了至少 1 次成功飞行/发射试验考核,验证了产品的性能和使用要求
5 级	多次任务考核	在一次任务考核产品的基础上,通过了至少 3 次成功飞行/发射试验考核
6 级	成熟产品	在多次任务考核产品的基础上,通过了任务提出方对产品最终状态的全面评价、认定审核

需要说明的是,在某一研制阶段产生的软件产品并不意味着它已经达到了该等级或它只能是该阶段所对应要求的等级,而应该评价后才能确定该软件产品属于什么等级。举例来说,若一个硬件产品已经到了正样阶段,其嵌入式软件经过需求变更后,其各方面的工作并未同步跟进时,该嵌入式软件产品也有可能只是达到了 2 级工程产品的条件;或者在宇航型号的正样阶段,其所选用的软件产品也有可能已经达到了 5 级多次任务考核产品的条件。

5.3 定级条件

宇航型号软件产品成熟度各等级从管理、设计、测试、应用、数据包等方面分别提出了应具备的条件要求,条件要求中分别考虑了 CPU 类型软件和 FPGA 产品的不同要求,以及不同软件安全关键等级的不同要求(CPU 类型软件和 FPGA 产品安全关键等级划分见附录 A)。软件产品的成熟度等级与软件的安全关键等级无关,A、B 级软件和 C、D 级软件都可以达到成熟产品,只是对于 A、B 级软件而言,每级产品的要求应与 C、D 级产品不同,应该更加严格,尤其是可靠性与

安全性上的要求。各级定级条件具体如下。

1）软件产品成熟度1级应具备的条件

（1）开展了软件质量保证策划。

（2）根据初步的系统需求，确定了软件产品的安全关键等级及安全关键功能，描述了软件功能、性能、运行环境、信息流、通信和接口要求。

（3）完成了原型设计，通过了功能、性能与接口、运行环境测试。

（4）能够在原型机或数学仿真环境中运行，通过了数学仿真、半实物仿真或等效环境下的原理性试验。

2）软件产品成熟度2级应具备的条件

（1）制定了开发计划和质量保证计划，软件产品按照计划执行了质量保证工作，并在主要软件研制节点开展了评审工作。

（2）制定了配置管理计划，建立了配置管理基线，程序及相关文档进行了版本控制。

（3）软件研制任务书完整、准确，完全覆盖系统设计要求，软件需求规格说明与软件研制任务书双向可追踪。

（4）针对软件需求规格说明中的全部要求进行了设计和实现，软件设计文档和软件需求规格说明双向可追踪、软件测试和软件设计文档双向可追踪。

（5）安全关键等级为A、B级的软件产品开展了软件危险分析，明确了安全关键的软件危险事件与原因，并对外部输入可能的失效或异常情况进行了正确的处理。

（6）安全关键等级为A、B级的软件产品可靠性、安全性工作要求明确，开展了可靠性、安全性分析与设计工作，失效可能导致I级危险事件的A级FPGA产品开展了需求可靠性与安全性分析。

（7）软件产品完成了单元测试、配置项测试和分系统测试。单元测试要覆盖和验证单元的功能、性能要求；配置项测试应全面覆盖需求说明文档中的所有要求；分系统测试应通过各级系统的测试和相关试验。各种测试和试验覆盖全部软件功能、性能与系统的接口关系；各种测试覆盖率应满足相关标准要求，若未达到覆盖率要求，则应对未覆盖部分逐一进行分析和确认；测试/验证中发现的问题都进行了更改，并通过了回归测试/验证。

（8）能在真实的硬件环境中运行，通过了半实物仿真或等效环境试验，试验覆盖全部软件功能和性能需求，试验中发现的问题都进行了更改，并通过了试验验证。

（9）按照工程化管理标准要求建立了完整的产品数据包（产品数据包内容可参考5.5.2节对应成熟度级别产品需提供的证明材料，下同）。

3）软件产品成熟度3级应具备的条件

（1）软件研制任务书、需求规格说明与设计文档在工程产品的基础上进行了完善，软件产品的可靠性、安全性工作要求与型号软件系统的危险分析结果、软件安全关键等级定义一致。

（2）软件需求规格说明完整、准确、一致、可验证。

（3）软件设计进一步优化，满足设计准则和设计约束条件的要求，满足安全设计要求，并明确标识了全部安全关键元素。

（4）必要时，安全关键等级为A级的软件产品完成了代码安全性分析工作，加严的情况下，安全关键等级为A级的软件产品均应完成代码安全性分析工作。

（5）安全关键等级为A、B级的软件产品及重点型号的安全关键等级为C级的飞行软件产品通过了独立第三方测试。安全关键等级为A、B级的软件产品，语句、分支、需求、目标码测试覆盖率均应为100%，FPGA产品的功能、性能、接口、语句、分支等验证覆盖率均应达到100%，若未达到覆盖率要求，则应对未覆盖部分逐一进行分析和确认。测试/验证中发现的问题都进行了更改，并通过了回归测试/验证。

（6）通过了各级系统的测试和相关试验，各种测试和试验覆盖全部软件功能、性能和接口需求，试验中发现的问题都进行了更改，并通过了试验验证。

（7）软件使用说明或操作说明完整、准确、规范。

（8）软件产品数据包一致、准确、完整、可追溯。

（9）可参与飞行或可参与发射及任务保障。

4）软件产品成熟度4级应具备的条件

（1）通过了至少1次成功飞行/发射试验考核，其中航天器上软件产品单次飞行考核时间应不低于2年（设计寿命低于2年的按照实际设计寿命考核。这里采用2年的期限是参考了宇航单机的成熟度定级条件中对于寿命考核的时间要求，宇航单机产品成熟度要求2年是依据硬件产品失效满足浴盆曲线的规律，硬件单机在2年后有较长一段时间失效率会很低。按道理软件也应该依据软件的失效规律确定一个寿命考核时间，因该方向还需深入研究、科学验证，所以这里暂时采用2年），全面验证了软件产品的性能和使用要求。

（2）在飞行/发射试验中软件产品未出现重大或严重质量问题。

（3）若在飞行/发射试验中软件产品出现过轻微或一般问题，完成了归零及相应的验证试验。

（4）采集了软件产品考核期间的运行数据，并对运行数据进行了分析与处理。

（5）产品数据包补充了飞行考核期间的相关内容。

5）软件产品成熟度5级应具备的条件

（1）经过至少3次成功飞行/发射试验考核，其中航天器上软件产品单次飞行考核时间一般应不低于2年。

（2）在飞行/发射试验中软件产品未出现重大或严重质量问题。

（3）若在飞行/发射试验中软件产品出现过轻微或一般问题，完成了归零及相应的验证试验。

（4）软件产品数据包补充了多次考核期间的相关内容。

6）软件产品成熟度6级应具备的条件

（1）通过了任务提出方的全面评定、认定审核。

（2）软件产品数据包规范、准确、完备。

（3）软件产品状态固化。

5.4 评价要素

5.4.1 要素设置

宇航型号软件产品成熟度等级评价的方面、要素与子要素内容设置如表5-3所列，共包括4个方面、8个要素、16个子要素。方面设置上，包括管理、设计、测试和应用，要素设置上，除“管理”方面对应的要素外，其余要素是按照瀑布型开发模式顺序确定的控制环节，包括资源配置、质量管理、配置管理、输入确认、软件设计、测试验证、确认测试和交付运行。在子要素设置上，因FPGA新研产品的技术流程包括任务分析、需求分析、概要设计、详细设计、代码实现、功能验证、综合布局布线、时序验证、设计确认、第三方验证、验收交付和运行维护等阶段，所以在测试验证与确认测试要素时，针对CPU类型的软件与FPGA产品的研制流程真实情况与特点，分别设置了不同的子要素。

表5-3 宇航型号软件产品成熟度评价方面、要素、子要素设置

序号	要素序号	子要素序号	要素		
			方面	要素	子要素
1	1-1	1-1-1	管理	资源配置	组织职责与工程环境保证
2	1-2	1-2-1		质量管理	工作策划
3		1-2-2			评审与审查
4		1-2-3			软件问题处理与质量问题归零
5	1-3	1-3-1		配置管理	技术状态与数据包管理

（续）

<table>
<tr><th rowspan="2">序号</th><th rowspan="2">要素序号</th><th rowspan="2">子要素序号</th><th colspan="4">要素</th></tr>
<tr><th>方面</th><th>要素</th><th colspan="2">子要素</th></tr>
<tr><td>6</td><td rowspan="2">2－1</td><td>2－1－1</td><td rowspan="4">设计</td><td rowspan="2">输入确认</td><td colspan="2">任务书确认</td></tr>
<tr><td>7</td><td>2－1－2</td><td colspan="2">需求分析</td></tr>
<tr><td>8</td><td rowspan="2">2－2</td><td>2－2－1</td><td rowspan="2">软件设计</td><td colspan="2">概要、详细设计</td></tr>
<tr><td>9</td><td>2－2－2</td><td colspan="2">编码实现</td></tr>
<tr><td rowspan="2">10</td><td rowspan="4">3－1</td><td rowspan="2">3－1－1</td><td rowspan="8">测试</td><td rowspan="4">测试验证</td><td>CPU 类型软件产品</td><td>单元测试</td></tr>
<tr><td>FPGA 产品</td><td>功能、时序验证</td></tr>
<tr><td rowspan="2">11</td><td rowspan="2">3－1－2</td><td>CPU 类型软件产品</td><td>配置项测试</td></tr>
<tr><td>FPGA 产品</td><td>设计确认</td></tr>
<tr><td rowspan="2">12</td><td rowspan="4">3－2</td><td rowspan="2">3－2－1</td><td rowspan="4">确认测试</td><td>CPU 类型软件产品</td><td>第三方评测</td></tr>
<tr><td>FPGA 产品</td><td>第三方验证</td></tr>
<tr><td>13</td><td>3－2－2</td><td colspan="2">分系统联试（软件验收测试）</td></tr>
<tr><td>14</td><td>3－2－3</td><td colspan="2">任务验证</td></tr>
<tr><td>15</td><td rowspan="2">4－1</td><td>4－1－1</td><td rowspan="2">应用</td><td rowspan="2">交付运行</td><td colspan="2">交付与安装/固化</td></tr>
<tr><td>16</td><td>4－1－2</td><td colspan="2">运行维护与数据分析</td></tr>
<tr><td colspan="7">注：在子要素一栏，若未标明适用的软件类型，则表示该子要素同时适用于 CPU 类型软件产品和 FPGA 产品</td></tr>
</table>

5.4.2　要素内涵

1）各方面内涵说明

（1）管理。

管理方面体现了软件产品在策划、任务下达、需求分析、软件设计、编码实现、测试、分析验证、运行维护等全寿命周期中，遵循软件工程化管理要求需要的各类资源、开展的质量保证活动、配置管理活动的保障程度。相关要素划分为“资源配置”“质量管理”“配置管理”三项。

（2）设计。

设计方面体现了软件产品的功能、性能、接口、环境等满足任务要求的程度，逻辑结构、复杂性、规范性等设计的优劣程度，软件的可靠性安全性设计水平，是直接决定其软件质量优劣的基础。相关要素划分为“输入确认”“软件设计”两项。

（3）测试。

测试方面体现了软件产品在各种测试、试验过程中的充分性、合理性和规范性。相关要素划分为“测试验证”“确认测试”两项。

（4）应用。

应用方面体现了软件产品交付安装过程的规范、符合用户预期约束或满足任务要求的程度，在运行中的维护保障程度，以及运行后各种表现的数据分析利用程度。相关要素为“交付运行”。

2）要素及子要素内涵说明

（1）要素1－1：资源配置。

资源配置考核的是软件研制过程中各类资源，包括人员职责、开发环境、运行环境等的保障程度。其子要素为“组织职责与工程环境保证”。

① 子要素1－1－1：组织职责与工程环境保证。

软件研制过程中软件交办方、承制方、评测机构等各方人员应提前在各类计划中明确职责，在软件研制过程中真正履行职责，如交办方应有专人跟踪、按工作阶段及时更新任务书要求等。

工程环境是指软件工程工作所需的一组自动工具、固件和硬件的集合，应用于软件项目管理、需求管理、配置管理、质量管理和需求分析、设计、实现、测试、装入及运行维护等全过程，CPU类型软件的工程环境可包含（但不局限于）CASE工具、编辑程序、汇编程序、链接程序、装入程序、操作系统、调试程序、模拟器、仿真器、测试工具、文档编制工具和数据库管理系统等；FPGA产品的工程环境包括EDA平台、IP核、设计确认环境等。软件产品研制过程中应保证工程环境的顺利搭建与正常运行。

该子要素主要度量软件产品开发相关的各方是否职责明确，是否履行职责，以及软件产品研制过程中工程环境的保证情况。

（2）要素1－2：质量管理。

质量管理考核的是软件研制过程中各种策划工作与落实情况、各阶段与各节点里程碑的评审与审查工作、软件出现问题后的处理工作，其子要素分为“工作策划”“评审与审查”“软件问题处理与质量问题归零”。

① 子要素1－2－1：工作策划。

对于大型的、关键的型号软件系统，承制方应做好顶层策划与协调，制定型号软件产品保证大纲。对于其他软件产品，应根据研制任务书和保证大纲的要求，制定并实施开发计划、保证计划、配置管理计划、测试/验证计划，并组织实施研制、测试/验证和产品保证工作。

该子要素主要度量软件产品研制中各项工作计划遵循宇航型号软件产品保证要求和宇航型号FPGA产品工程化管理要求的开展与执行情况。

② 子要素1－2－2：评审与审查。

软件产品研制各阶段或各里程碑节点应有相应的评审与审查。评审包括正式评审和内部评审。正式评审由评审小组通过正式会议评价在软件产品生存周期内有关阶段的技术和管理活动及有关文件;内部评审由项目负责人组织,内部评审应按正式评审要求进行,详细填写内部评审有关表格,负责人签字。审查的目的是检查和标识软件产品的缺陷。

该子要素主要度量软件产品相关评审与审查工作是否按照宇航型号软件产品和 FPGA 产品评审与审查的要求开展。

③ 子要素 1 – 2 – 3:软件问题处理与质量问题归零。

软件产品研制过程中都有可能出现问题,对受控软件产品的更改应填写问题报告单和更改单,分析更改的影响域,并履行规定的审批手续,更改后的软件产品应进行回归测试;对软件产品交付后出现的质量问题按航天产品质量问题归零实施要求进行技术归零和管理归零。

该子要素主要度量对软件产品问题处理与质量问题归零的处理情况。

(3) 要素 1 – 3:配置管理。

配置管理考核的是软件研制过程中配置管理的规范程度,对于技术状态的控制和数据包的管理情况,确保对软件配置进行有效的版本控制和更改控制,确保某阶段的软件产品配套文档、程序代码等内容技术状态一致,数据包内容全面。其子要素为“技术状态与数据包管理”。

① 子要素 1 – 3 – 1:技术状态与数据包管理。

为保证软件产品研制任务书、需求规格说明、设计、测试版本控制一致,避免出现多版本情况,需要对软件产品实施严格的技术状态控制,做好配置标识、控制、状态纪实、审计和发放。应建立开发库、受控库和产品库。对于软件产品的基线及纳入不同“库”的产品应有相应的管理措施。文档应与实物及实际软件产品研制情况一一对应,各文档应有明确的标识与签署,最终的软件产品需要形成完整的数据包,技术状态一致。

该子要素主要度量软件产品研制过程技术状态、软件三库、数据包管理情况。

(4) 要素 2 – 1:输入确认。

输入确认主要考核软件任务书、需求分析说明编制的规范程度,该部分是软件研制的输入,是确保软件优质研发的前提基础。其子要素为“任务书确认”和“需求分析”。

① 子要素 2 – 1 – 1:任务书确认。

软件产品研制任务书需要进一步明确软件功能、性能、输入输出、数据处理、接口与固件、设计约束、可靠性安全性和维护性、质量保证、验收和交付、进度和控制节点等要求,对于 A、B 级软件产品还应开展软件危险分析,明确与软件相关的安全关键的系统工作模式与关键任务,以及与软件产品相关的危险事件与原因。

FPGA 产品研制任务书应明确 FPGA 产品的功能、接口、性能、工作条件、降额要求、安全关键等级、设计约束、芯片选型、开发环境及管理要求等。A 级 FPGA 产品应开展 FPGA 产品危险分析;必要时,B 级 FPGA 产品也应开展 FPGA 产品危险分析。

该子要素主要度量软件产品研制任务书的编写的全面性、规范性与合理性。

② 子要素 2-1-2:需求分析。

软件需求分析工作应细化分解研制任务书指标要求,CPU 类型软件产品应进一步明确软件功能、性能、实时性、接口、数据、可靠性与安全性等方面的需求。A、B 级软件应开展软件需求可靠性与安全性分析(含软硬件接口分析),明确安全关键的软件运行模式、功能、输入、输出,以及相关的软件危险事件与原因。FPGA 产品应确定 FPGA 产品所需用到的协议和算法以及 IP 核的使用和复用要求,所有引脚分配使用要求、接口和信号描述,以及复位后接口信号状态;确定 FPGA 产品设计方框图,包括外部数据流和控制流;确定降额要求,包括时钟频率和 FPGA 可编程资源使用;确定 FPGA 产品故障安全要求;确定抗单粒子翻转设计要求等。

该子要素主要度量软件需求规格说明、接口需求规格说明对于研制任务书的覆盖性。

(5) 要素 2-2:软件设计。

软件设计主要考核依据软件需求而开展的软件体系结构设计,功能、性能与接口设计,数据结构或算法原理设计的合理性与正确性,以及代码编译、符合编码标准与代码审查情况。其子要素分为“概要、详细设计”和“编码实现”。

① 子要素 2-2-1:概要、详细设计。

应依据需求分析工作内容,逐项分解软件需求。软件产品应进行体系结构设计,给出各部件的功能和性能描述、数据接口描述,定义全局变量及外部文件;必要时设计该软件的数据结构和数据库,给出所需的模型及所采用的算法原理;并将软件部件逐项细化,形成若干软件单元,详细规定软件单元之间的接口,软件单元之间的数据流或控制流,确定软件单元内算法及数据结构,满足设计准则和设计约束条件和要求,满足安全性设计要求等。对于成熟度水平较高的软件产品需要开展软件设计可靠性与安全性验证。FPGA 产品应定义模块的功能及接口,完成每个模块的功能、接口和原理设计,尽可能进行模块或 IP 核复用,同时进行初步资源估算,定义所有外部信号和模块之间的互连关系,完成内部模块间协议设计,完成时钟域划分以及制定时钟产生策略,识别异步接口信号和跨时钟域信号。

该子要素主要度量概要、详细设计是否覆盖需求，各项设计描述是否清晰、合理，是否满足各项设计准则与要求。

② 子要素 2－2－2：编码实现。

应依据软件设计说明以及相应的软件代码编制规范进行编程。软件产品在规定的编译环境中进行编译、排除错误，软件未引入新的不安全因素，且具有保护机制，不存在运行错误、内存泄露错误。必要时，A 级软件应开展软件代码安全性分析，验证在软件代码中正确实现了安全设计，且没有弱化任何安全控制或安全处理，没有制造任何新的危险。FPGA 产品完成了 FPGA 源代码，编码规则符合硬件描述语言编程规定，并应对资源和运行速度进行平衡，对于关键路径应考虑流水线设计。

该子要素主要度量程序编码的规范性和安全性。

（6）要素 3－1：测试验证。

对于 CPU 类型软件产品，测试验证主要考核软件单元测试、配置项测试过程中是否按相关要求开展软件测试工作，制定测试计划、分析测试需求，建立相应的测试环境，设计测试用例，按测试规程实施各阶段的测试工作，做好测试记录等。其子要素分为“单元测试”与“配置项测试”。

对于 FPGA 产品，测试验证主要考核 FPGA 产品的功能验证、时序验证等在仿真环境下的设计验证，以及在真实环境下的设计确认。其子要素分为“功能、时序验证”与“设计确认”。

① CPU 类型软件产品的子要素 3－1－1：单元测试。

软件产品应依据测试计划对软件单元源代码进行静态分析与代码审查，对软件设计文档规定的软件单元的功能、性能、逻辑等逐项进行测试，测试覆盖性满足相关要求，分析测试结果，对全部测试问题和缺陷进行处理和跟踪闭环。

该子要素主要度量单元测试的类型和测试的覆盖性是否符合要求。

② CPU 类型软件产品的子要素 3－1－2：配置项测试。

软件产品配置项测试内容为软件需求规格说明中明确和隐含的需求（包括功能、性能、接口、余量、边界、质量要求等），测试方式为原型机或真实的处理器与计算机上运行测试，测试覆盖性满足相关要求，对全部测试问题和缺陷进行处理和跟踪闭环。

该子要素主要度量配置项测试的类型和测试的覆盖性是否符合要求。

③ FPGA 产品子要素 3－1－1：功能、时序验证。

FPGA 产品的功能验证包括：设计代码规则检查，编码规则符合硬件描述语言编程规定;人工走查,检查重点应包括可靠性设计、抗单粒子翻转效应设计等;在 EDA 平台下完成功能仿真,对 FPGA 设计的功能及其可靠性安全性进行验证。其功能、性能、接口、语句、分支等验证覆盖率应达到 100% 。FPGA 产品的时序验证是指根据验证计划对 FPGA 设计的时序要求进行检查,对跨时钟域路径进行检查和分析,检查 FPGA 产品的时钟余量是否满足要求以验证 FPGA 产品是否符合设计依据。应进行时序仿真和功能仿真结果的一致性比较,确保布局布线后的门级网表和 RTL 代码逻辑等价性,避免工具引入错误。

该子要素主要度量 FPGA 产品功能验证与时序验证的验证内容与覆盖性是否符合要求。

④ FPGA 产品子要素 3 - 1 - 2:设计确认。

FPGA 产品的设计确认是指对测试用 FPGA 编程或对测试用 FPGA 的配置芯片编程,以 FPGA 产品所属目标单机或系统为测试主体,参照 FPGA 产品使用说明,在板级或单机产品级进行功能确认或采用其他设计确认手段确认设计功能,根据实际需要确认 FPGA 器件的电性能、接口波形等参数是否和任务书一致。FPGA 产品的功能、性能、接口测试覆盖率应达到 100% 。

该子要素主要度量 FPGA 产品设计确认的工作内容和测试充分性。

(7) 要素 3 - 2:确认测试。

确认测试主要指第三方和用户方对软件开展的测试,主要考核软件测试的客观性和充分性,以及在参与分系统联试(验收测试)、参与实际任务时在真实运行状况下的表现。该要素的子要素分为"第三方评测/验证(FPGA 产品为第三方验证,下同)""分系统联试(软件验收测试)"与"任务验证"。

① CPU 类型软件产品子要素 3 - 2 - 1:第三方评测。

A、B 级软件产品和重点型号的 C 级飞行软件产品要求从初样阶段开始必须委托独立的第三方评测机构进行配置项测试,并通过正式评审,第三方评测结论作为产品验收交付的重要依据。只有经集团公司授权或认可的软件评测机构方可承担航天型号软件的第三方评测工作。测试包括功能、性能、接口、余量、边界、质量要求等测试,安全关键等级 A、B 级的软件产品需求、语句、分支、目标码测试覆盖率应达到 100% 的要求,对全部测试问题进行处理和闭环。

该子要素主要度量 CPU 类型的 A、B 级软件产品和重点型号的 C 级飞行软件产品第三方评测类型和测试的覆盖性是否符合要求。

② FPGA 产品子要素 3 - 2 - 1:第三方验证。

A、B 级新研 FPGA 产品需要开展第三方验证,工作内容包括第三方验证需求、第三方仿真验证计划、第三方编码规则检查、第三方人工走查、第三方功能验证和时序验证等。当第一个提交验证版本的验证工作完成后，如果 FPGA 产品进行了设计修改和版本升级，则应对 FPGA 产品进行回归验证。当全部提交验证版本的验证工作完成后，进行验证总结，给出验证结论。

该子要素主要度量 A、B 级新研 FPGA 产品第三方验证工作内容是否符合要求。

③ 子要素 3－2－2：分系统联试（软件验收测试）。

软件在真实的系统环境中进行地面试验验证，验证软件设计的正确性及与系统环境的匹配程度，试验种类包括功能性试验、冗余试验、匹配试验等。

该子要素主要度量各分系统联试的类型和测试的覆盖性是否符合要求。

④ 子要素 3－2－3：任务验证。

任务验证是指软件安装到宇航型号后随型号上天进行飞行试验或进入在轨运行阶段的实际试验验证，或软件安装到地面测、发、控系统后支持宇航型号发射的实际任务验证。

该子要素主要度量软件的飞行或发射过程，以及支持飞行与发射活动中的表现。

（8）要素 4－1：交付运行。

交付运行主要考核软件产品在交付验收、安装使用以及运行中的表现，软件的生产与安装过程的可操作性、规范性、简易性，软件使用的友好性，以及软件在后期的维护与软件运行数据的分析力度等，体现了一款软件的易用性与适用性。其要素分为“交付与安装/固化”“运行维护与数据分析”。

① 子要素 4－1－1：交付与安装/固化。

软件产品的交付与安装/固化包括软件产品交付前的验收、从产品库中检出、刻录进介质、安装或灌入固化到硬件系统的过程，该过程要求规范、可操作性强。软件产品的使用是指使用说明是否具体、明确、可阅读性强，便于用户操作使用。软件产品证明书与质量履历书应编写规范。

该子要素主要度量软件产品交付与使用的完整和规范程度。

② 子要素 4－1－2：运行维护与数据分析。

软件产品的运行维护指参与任务时维护过程的策划、执行、控制等方面的情况。数据分析指分析该软件产品的应用质量状况，是产品研发过程和应用过程闭环管理的体现，若软件产品在飞行/发射中出现质量问题，通过分析可发现存在的薄弱环节，提升其质量水平，否则可表明该软件产品具有高成熟度等级水平。

该子要素主要考核软件交付运行后后期维护的能力与运行数据的分析利用情况。

5.5 软件产品成熟度定级

与硬件不同,宇航软件产品和 FPGA 产品分为不同的研制类型,具体分类见附录 B。不同的研制类型其对应的软件产品成熟度定级要求不同,具体如下:

(1) 对于新研类型的软件产品和 FPGA 产品,均应严格按照软件产品成熟度模型的全要素进行成熟度等级评价。

(2) 对于沿用、仅修订装订参数类型的软件产品,以及沿用类型 FPGA 产品,若之前版本已经定级,可继承使用之前的成熟度等级,不必重复定级评价;若之前版本从未定级,本次定级可适当裁剪"工作策划"子要素。

(3) 对于适应性修改类型的软件产品和继承的 FPGA 产品,若之前版本已经定级,其等级值的判定参见 5.5.3 节技术状态更改与产品成熟度等级变化,若之前版本从未定级,本次定级时,关于"工作策划"子要素可变更为"对软件产品或 FPGA 产品进行修改工作的计划内容"的定级。

对于需要开展软件产品成熟度定级的软件产品或 FPGA 产品,若规模较小,在实际工作流程中一些工作内容可合并开展,比如概要设计可与详细设计合并,其输出的文档可合并,但是在定级时还是要遵循该子要素的检查要点。

5.5.1 定级矩阵

为了提高操作性,对应 5.3 节定级条件中各级的具体要求,表 5 - 4 细化了不同等级下对应各子要素的检查要点,即评价要素定级矩阵,该矩阵中无论是 CPU 类型软件产品还是 FPGA 产品,都是 16 个子要素对应 6 个等级,共有 16 × 6 = 96 项评价准则,表中未特别注明的内容同时适用于 CPU 类型软件产品和 FPGA 产品。

该定级矩阵中具体的检查要点设置遵从以下原则:

(1) 应与现有标准规范协调匹配、不冲突;

(2) 检查要点要求的工作内容是在现行标准规范及技术文件要求的工作内容的基础上按照等级要求进行划分,不额外增加工作要求,不增加软件研制单位的负担;

(3) 检查要点必须有依据,子要素间不重叠、不交叉、可检查、易操作;

(4) 检查内容全面完整;

(5) 高成熟度等级的检查要点是在低等级检查要点的基础上的提升。

表5-4 宇航软件产品成熟度评价要素定级矩阵表

要素			原型产品	工程产品	任务产品	一次任务考核	多次任务考核	成熟产品
方面	要素	子要素	1级	2级	3级	4级	5级	6级
1 管理	1-1 资源配置	1-1-1 组织职责与工程环境保证	（1）交办方编制了研制任务书； （2）承制方各项开发工作均已落实到位； （3）明确了软件产品运行环境	（1）交办方完善了研制任务书； （2）承制方策划人员、需求人员、设计开发人员、测试人员、质量保证人员、配置管理人员职责明确； （3）质量保证人员审查、会签了文档，实施了问题报告制度，监督措施落实；开展了相关人员培训。 CPU类型软件产品： 明确了开发与运行环境、程序设计语言、编译器、模拟器与仿真器、测试环境等； FPGA产品： 明确了EDA平台、IP核、设计确认环境等	（1）交办方同步更新了研制任务书，对于A级、B级和必要时的C级软件产品提出了第三方评测/验证的技术要求； （2）交办方参加了需求规格说明和配置项测试的正式评审； （3）交办方组织并开展了软件产品验收和系统测试； （4）承制方策划人员、需求分析人员、设计开发人员、测试人员、质量保证人员、配置管理人员、运行维护人员职责明确； （5）对于A级、B级和必要时的C级软件产品，第三方评测机构向研制方提交了评测/验证相关文档，并按要求保证通过了评审； （6）质量管理人员审查、会签了软件产品文档，实施了软件问题报告制度，监督措施落实；开展了相关人员培训； （7）质量管理人员监督了软件配置管理和各配置管理项的更改，记录、保管并跟踪软件产品质量记录； （8）质量管理人员分析了质量数据，给出了改进措施并监督落实； （9）软件产品的开发环境、编译环境、测试/验证环境、运行环境已确定	（1）结合实际任务考核情况，对软件产品的组织职责与工程环境保证进行了验证； （2）按照运行维护策划，若软件产品在任务考核中发生轻微或一般问题，已有专人负责处理； （3）软件产品的工程环境固化不变	（1）结合多次实际任务考核情况，对软件产品的组织职责与工程环境保证进行了验证； （2）按照运行维护策划，若软件产品在任务考核中发生轻微或一般问题，已有专人负责处理； （3）软件产品的工程环境固化不变	（1）固化了各方职责； （2）固化了软件产品的工程环境

（续）

要素			原型产品	工程产品	任务产品	一次任务考核	多次任务考核	成熟产品
方面	要素	子要素	1级	2级	3级	4级	5级	6级
1 管理	1-2 质量管理	1-2-1 工作策划	制定了质量保证策划	（1）制定了软件产品保证大纲、开发计划、质量（产品）保证计划、配置管理计划、各种测试/验证计划、运行维护策划等内容； （2）各项计划包含工作内容、时间节点、主要质量控制节点、人员保证、工具环境等内容； （3）各项工作均按计划进行	（1）若在工程产品的基础上有需求或设计上的更改，则需重新按照工作要求，制定开发计划、各种测试/验证计划等； （2）对于A、B级和必要时的C级软件产品，对需要开展测试/验证工作和第三方评测/验证工作及相关评审要求给出了明确的工作进度、工作人员、采用的方法以及完成的形式等； （3）各项工作均按计划进行	（1）结合实际任务考核情况，对软件的各项工作策划内容进行了验证； （2）若软件产品在飞行中或飞行后需要进行Ⅰ类、Ⅱ类更改，软件按照运行维护策划完成了相应工作	（1）结合多次实际任务考核情况，对软件的各项工作策划内容进行了验证； （2）若软件产品在飞行中或飞行后需要进行Ⅰ类、Ⅱ类更改，软件按照运行维护策划完成相应工作	固化了各项策划工作文档技术状态

（续）

要素			原型产品	工程产品	任务产品	一次任务考核	多次任务考核	成熟产品
方面	要素	子要素	1级	2级	3级	4级	5级	6级
1 管理	1-2 质量管理	1-2-2 评审与审查	研制任务书通过了评审	CPU 类型软件产品： （1）研制任务书、需求规格说明、开发计划、质量保证计划和配置管理计划、概要设计、详细设计、单元测试计划、单元测试报告、配置项测试计划、配置项测试报告通过了评审； （2）若软件产品经过修改进行了回归测试，回归测试通过了评审； （3）验收测试计划、测试报告通过了评审； （4）通过了软件验收评审 FPGA 产品： （1）研制任务书、需求规格说明、仿真验证报告、设计确认报告通过了正式评审； （2）A、B 级 FPGA 产品的危险分析报告通过了正式评审； （3）开发计划、概要设计说明、验证计划、详细设计说明通过了内部评审	CPU 类型软件产品： （1）若软件产品在工程产品的基础上有修改，修改内容涉及的相关文档通过了评审； （2）若软件产品经过修改进行了回归测试，回归测试通过了评审； （3）若软件产品开展了第三方评测，则第三方评测的需求、说明、报告通过了评审； （4）验收测试计划、测试报告通过了评审； （5）通过了软件验收评审。 FPGA 产品： （1）若 FPGA 软件产品在工程产品的基础上有修改，仿真验证报告、设计确认报告通过了正式评审； （2）A、B 级 FPGA 产品第三方的一系列内容，含验证需求、仿真验证计划、仿真验证文档、时序分析文档、验证总结文档、验证结论通过了正式评审； （3）A、B 级 FPGA 产品的第三方验证任务书通过了内部评审	（1）若软件产品经过任务考核需要进行Ⅰ类、Ⅱ类更改，设计更改及影响域分析报告通过了评审； （2）根据软件更改及影响域分析报告确定的测试验证要求开展的相应级别的回归测试/验证通过了评审	（1）若软件产品经过多次任务考核需要进行Ⅰ类、Ⅱ类更改，设计更改及影响域分析报告通过了评审； （2）根据软件更改及影响域分析报告确定的测试验证要求开展的相应级别的回归测试/验证通过了评审	无要求

（续）

要素			原型产品	工程产品	任务产品	一次任务考核	多次任务考核	成熟产品
方面	要素	子要素	1级	2级	3级	4级	5级	6级
1 管理	1-2 质量管理	1-2-3 软件问题处理与质量问题归零	无相关要求	（1）针对发生的质量问题，按要求进行了软件更改申请和更改； （2）针对发生的质量问题，按“五条”规定进行了归零； （3）针对进行的更改，进行了回归测试	（1）针对发生的质量问题，按要求进行了软件更改申请和更改； （2）针对发生的质量问题，按“双五条”标准进行了归零； （3）对各阶段评审与验证中提出的遗留问题的更改进行了追踪； （4）对软件安全关键项目验证中出现的问题进行了更改追踪； （5）对交付后出现的质量问题进行了更改追踪； （6）针对进行的更改，进行了回归测试	（1）在飞行/发射试验中软件产品未出现重大或严重质量问题； （2）若软件产品在任务考核中出现了轻微或一般问题，按归零“五条”规定完成了质量问题归零	（1）在飞行/发射试验中软件产品未出现重大或严重质量问题； （2）若软件产品在多次任务考核中出现了轻微或一般问题，按归零“双五条”标准完成了质量问题归零，并已完成归零和举一反三	出现过的全部问题均已被解决
	1-3 配置管理	1-3-1 技术状态与数据包管理	编制了产品数据包清单	（1）开展了配置管理，建立了配置管理基线，程序及相关文档进行了版本控制； （2）产品数据包完整； （3）产品数据包中各种文档签署完整； （4）建立了软件产品“开发库”“受控库”“产品库”，实施了出入库管理； （5）受控软件产品出现问题后均有问题报告单和技术更改单，并有措施落实记录	（1）产品数据包中各种文档技术状态一致； （2）产品数据包各种文档描述准确； （3）产品数据包中各种文档签署完整、可追溯； （4）若软件产品发生更改，相应的文档已相应变更，文档与软件产品技术状态一致； （5）建立、日常维护和管理“开发库”“受控库”“产品库”，对纳入受控库和产品库的配置管理项的更改，尤其是对基线的更改，履行了更改审批手续； （6）受控软件产品的质量问题都有问题报告单和技术更改单，并有措施落实记录； （7）配置管理已完成功能审计和物理审计	（1）结合一次实际任务考核情况，对软件产品的数据包内容与技术状态进行了验证； （2）若软件产品在飞行中或飞行后发生了Ⅰ类或Ⅱ类更改，都应履行软件更改手续与出入库手续，若有相关文档更新，配置管理应更新，数据包清单也应相应更新	（1）结合多次实际任务考核情况，对软件产品的数据包内容与技术状态进行了验证； （2）若软件产品在飞行中或飞行后发生了Ⅰ类或Ⅱ类更改，都应履行软件更改手续与出入库手续，若有相关文档更新，配置管理应更新，数据包清单也应相应更新	（1）产品数据包清单上的各种文档技术状态固化，签署完整； （2）技术更改内容已全部完善到相应文档中

（续）

要素			原型产品	工程产品	任务产品	一次任务考核	多次任务考核	成熟产品
方面	要素	子要素	1级	2级	3级	4级	5级	6级
2设计	2-1输入确认	2-1-1任务书确认	（1）确定了软件产品功能、性能、接口及运行环境要求； （2）确定了软件产品的安全关键等级，和安全关键功能	进一步明确软件产品运行环境、功能、性能、输入输出、数据处理、接口与固件、设计约束、可靠性安全性和维护性、质量保证、验收和交付、进度和控制节点等要求。 CPU类型软件产品： A、B级软件产品开展了软件危险分析，明确了与软件相关的安全关键的系统工作模式与关键任务，以及与软件相关的危险事件与原因 FPGA产品： （1）确定了功能、接口、性能、工作条件、降额要求、安全关键等级、设计约束、芯片选型、开发环境及管理要求等； （2）A级FPGA产品开展了FPGA产品危险分析； （3）必要时，B级FPGA产品也应开展FPGA产品危险分析	在工程产品的基础上完善了软件运行环境要求、功能与性能要求、输入输出要求、数据处理要求。 CPU类型软件产品： （1）研制任务书内容包括分条描述所有功能（任务）、工作模式、容错要求、特殊要求及应急措施等； （2）完善了接口与固件要求、设计约束； （3）完善了可靠性安全性和维护性要求； （4）完善了质量保证要求、验收和交付要求、进度和控制节点要求。 FPGA产品： （1）进一步明确了工作条件、降额要求、安全关键等级、设计约束、芯片选型、开发环境及管理要求	（1）结合一次实际任务考核情况，对研制任务书进行了验证； （2）若软件产品在飞行/发射试验中发生的轻微或一般质量问题与研制任务书有关，应编制相应的技术更改单	（1）结合多次实际任务考核情况，对研制任务书进行了验证； （2）若软件产品在飞行/发射试验中发生的轻微或一般质量问题与研制任务书有关，应编制相应的技术更改单	所有有关研制任务书的技术更改单内容已全部完善到研制任务书中，固化了技术状态

（续）

要素			原型产品	工程产品	任务产品	一次任务考核	多次任务考核	成熟产品
方面	要素	子要素	1级	2级	3级	4级	5级	6级
2设计	2-1输入确认	2-1-2需求分析	描述了软件功能、性能、运行环境、通信和接口等要求	（1）研制任务书中的功能、性能、实时性、接口、数据和可靠性与安全性等技术指标要求进一步被细化； （2）需求规格说明与研制任务书双向可追踪。 CPU类型软件产品： （1）软件安全性需求、相关的危险事件和原因全部被明确标识，描述了安全关键功能的执行条件和禁止执行条件； （2）说明了硬件环境、软件实现方面的约束； （3）分析了软件处理的时间、存储空间和I/O通道等所需的资源； （4）识别了软件研制过程中与产品规模、复杂程度、用户特性、过程定义、环境、技术难度、进度、人员及经验等相关的风险因素，制定了风险应对措施，并提供了相应资源； （5）A、B级软件产品开展了软件危险分析，明确了安全关键的软件危险事件与原因，并对外部输入可能的失效或异常情况进行了正确的处理； （6）A、B级软件开展了需求可靠性与安全性分析（含软硬件接口分析），明确了安全关键的软件运行模式、功能、输入、输出。 FPGA产品： （1）确定了FPGA产品所需用到的协议和算法以及IP核的使用和复用要求，所有引脚分配使用要求、接口和信号描述以及复位后接口信号状态； （2）确定了FPGA产品设计方框图，包括外部数据流和控制流； （3）确定了降额要求，包括时钟频率和FPGA可编程资源使用； （4）确定了FPGA产品故障安全要求； （5）确定了抗单粒子翻转设计要求等	（1）研制任务书中的功能、性能、实时性、接口、数据和可靠性与安全性等技术指标要求进一步被细化； （2）需求与研制任务书双向可追踪； （3）A、B级软件产品需求更改后，根据更改影响范围，更新了可靠性与安全性分析内容与分析结论	（1）结合一次实际任务考核情况，对软件需求规格说明进行了验证； （2）若软件产品在实际任务考核中发生了轻微或一般质量问题需要进行Ⅰ类或Ⅱ类更改，对于Ⅱ类更改开展了软件更改可行性及影响域分析	（1）结合多次实际任务考核情况，对软件需求分析进行了验证； （2）若软件产品在实际任务考核中发生了轻微或一般质量问题需要进行Ⅰ类或Ⅱ类更改，对于Ⅱ类更改开展了软件更改可行性及影响域分析	所有有关需求规格说明的技术更改单内容已全部完善到需求规格说明中，固化了技术状态

（续）

要素			原型产品	工程产品	任务产品	一次任务考核	多次任务考核	成熟产品
方面	要素	子要素	1级	2级	3级	4级	5级	6级
2 设计	2-2 软件设计	2-2-1 概要、详细设计	完成了原型设计，含软件产品的功能、性能、通信与接口设计等	设计与需求间相互可追踪。 CPU类型软件产品： （1）完善了体系结构设计； （2）描述了各软件部件的功能和性能、数据接口设计，定义了全局变量及外部文件； （3）对于需要处理数据的软件，设计了数据结构和数据库，说明了所需的模型及所采用的算法原理； （4）软件部件逐项细化，形成若干软件单元，详细规定了软件单元之间的接口，软件单元之间的数据流或控制流，确定了软件单元内算法及数据结构； （5）接口通信设计、异常保护设计、中断设计描述清晰； （6）A、B级软件产品在容错、冗余、防错、余量等可靠性与安全性方面的设计得以完善，明确标识了全部的安全关键元素； （7）满足设计准则和设计约束条件的要求。 FPGA产品： （1）定义了模块的功能及接口，完成了每个模块的功能、接口和原理设计，进行了初步资源估算； （2）定义了所有外部信号和模块之间的互连关系； （3）完成了内部模块间协议设计； （4）完成了时钟域划分以及制定时钟产生策略，识别了异步接口信号和跨时钟域信号； （5）对各个模块逐步细化、分解并描述，实现了概要设计的功能模块； （6）描述了所用到的EDA工具以及其版本； （7）明确了接口例化设计； （8）考虑了适当防错、容错措施和可靠性设计，包括采用同步设计、异步接口信号和跨时钟域信号进行处理、关键控制输出信号使用寄存器输出、保证时钟信号的稳定等	（1）设计与需求间相互可追踪； （2）若需求规格说明在工程产品的基础上有更改，则根据更改完善了相关内容设计	（1）结合一次实际任务考核情况，对软件设计进行了验证； （2）若软件产品在实际任务考核中发生了轻微或一般质量问题需要进行Ⅰ类或Ⅱ类更改，Ⅱ类更改编制了软件设计更改及影响域分析报告	（1）结合多次实际任务考核情况，对软件设计进行了验证； （2）若软件产品在实际任务考核中发生了轻微或一般质量问题需要进行Ⅰ类或Ⅱ类更改，Ⅱ类更改编制了软件设计更改及影响域分析报告	所有有关软件设计的技术更改单内容已全部完善到软件设计报告，固化了其技术状态

（续）

要素			原型产品	工程产品	任务产品	一次任务考核	多次任务考核	成熟产品
方面	要素	子要素	1级	2级	3级	4级	5级	6级
2设计	2－2软件设计	2－2－2编码实现	按照需求和设计要求完成了源代码。 CPU类型软件产品： （1）通过了编译。 FPGA产品： （1）完成了综合布局布线	CPU类型软件产品： （1）完善了源代码，在规定的环境中通过了编译； （2）软件未引入新的不安全因素，且具有保护机制，不存在运行错误、内存泄漏错误； （3）代码符合编码标准，进行了适当的解释说明（代码注释率不低于20%），变量命名遵循统一的规范。 FPGA产品： （1）完善了FPGA源代码，完成了布局布线； （2）编码规则符合硬件描述语言编程规定，源代码注释的行数不少于总行数的20%	CPU类型软件产品： （1）完善了源代码，在规定的环境中通过了编译； （2）完善的源代码软件未引入新的不安全因素，且具有保护机制，不存在运行错误、内存泄漏错误； （3）完善后的代码符合编码标准，进行了适当的解释说明（代码注释率不低于20%），变量命名遵循统一的规范； （4）必要时，A级软件开展了代码安全性分析。 FPGA产品： （1）完善了FPGA源代码，完成了布局布线； （2）编码规则符合硬件描述语言编程规定，源代码注释的行数不少于总行数的20%	（1）结合一次任务验证情况，对软件编码进行了验证； （2）若软件产品在实际任务考核中发生了轻微或一般质量问题需要进行Ⅰ类或Ⅱ类更改，其中Ⅱ类更改已按要求更改了源代码	（1）结合多次实际任务考核情况，对软件编码进行了验证； （2）若软件产品在实际任务考核中发生了轻微或一般质量问题需要进行Ⅰ类或Ⅱ类更改，Ⅱ类更改已按要求更改了源代码	固化了软件源代码

（续）

要素			原型产品	工程产品	任务产品	一次任务考核	多次任务考核	成熟产品
方面	要素	子要素	1级	2级	3级	4级	5级	6级
3 测试	3－1 测试验证	3－1－1 CPU类型软件产品：单元测试	无要求	（1）开展了静态分析（含控制流分析、数据流分析、接口分析、表达式分析，对其数据、缓冲区、变量、内存、中断、函数、指针等内容进行检查）； （2）开展了代码审查（对文档的符合性、需求的符合性、可靠性与安全性准则的符合性、编码规范的符合性、编码结构的合理性等进行检查）； （3）单元测试用例与详细设计双向可追踪； （4）依据测试计划对软件单元开展了功能、性能、逻辑测试，覆盖和验证单元的功能、性能要求； （5）安全关键等级为A、B级的软件产品语句、分支覆盖率均为100%，用高级语言编制的A、B级软件，修正的条件判定覆盖（MC/DC）测试达100%； （6）测试中发现的问题都进行了处理并通过了回归测试，对缺陷进行了处理	（1）完善了单元测试用例； （2）单元测试用例与详细设计双向可追踪； （3）对完善后的源代码重新开展了静态分析、代码审查； （4）对修改完善的软件单元开展了功能、性能、逻辑测试，覆盖和验证单元的功能、性能要求； （5）安全关键等级为A、B级的软件产品语句、分支覆盖率均为100%；用高级语言编制的A、B级软件，修正的条件判定覆盖（MC/DC）测试达100%； （6）测试中发现的问题都进行了处理并通过了回归测试，对缺陷进行了处理	（1）结合一次任务验证情况，对软件单元测试进行了验证； （2）若软件产品在实际任务考核中发生了轻微或一般质量问题需要进行Ⅰ类或Ⅱ类更改，其中Ⅱ类更改涉及的相关内容通过了回归测试	（1）结合多次任务验证情况，对软件单元测试进行了验证； （2）若软件产品在实际任务考核中发生了轻微或一般质量问题需要进行Ⅰ类或Ⅱ类更改，其中Ⅱ类更改涉及的相关内容通过了回归测试	固化了软件单元测试用例集及测试报告技术状态

（续）

要素			原型产品	工程产品	任务产品	一次任务考核	多次任务考核	成熟产品
方面	要素	子要素	1 级	2 级	3 级	4 级	5 级	6 级
3 测试	3－1 测试验证	3－1－2 CPU 类型软件产品：配置项测试	（1）通过了功能、性能、接口与运行环境测试； （2）能够在原型机或数学仿真环境中运行； （3）通过了数学仿真、半实物仿真或等效环境下的原理性试验	（1）软件配置项测试用例与软件需求规格说明双向可追踪； （2）软件在真实的硬件环境中运行，依据测试计划验证了软件满足需求规格说明要求，全部软件安全功能需求及相关的设计措施通过了测试； （3）测试内容至少含静态分析、功能测试、性能测试、接口测试、余量测试、边界测试、安全性测试等内容； （4）对用高级语言编制的 A、B 级嵌入式软件，要对配置项目标码进行结构分析和测试，测试覆盖率应达到 100%； （5）对于全部测试问题和缺陷进行了处理和回归测试	（1）完善了软件配置项测试用例； （2）软件配置项测试用例与软件需求规格说明双向可追踪； （3）依据完善后的软件配置项测试用例，重新开展了相关的配置项测试； （4）对用高级语言编制的 A、B 级嵌入式软件，要对配置项目标码进行结构分析和测试覆盖率应达到 100%； （5）对于全部测试问题和缺陷进行了处理和回归测试	（1）结合一次任务验证情况，对软件配置项测试进行了验证； （2）若软件产品在实际任务考核中发生了轻微或一般质量问题需要进行 Ⅰ 类或 Ⅱ 类更改，其中 Ⅱ 类更改涉及的相关内容通过了配置项回归测试	（1）结合多次任务验证情况，对软件配置项测试进行了验证； （2）若软件产品在实际任务考核中发生了轻微或一般质量问题需要进行 Ⅰ 类或 Ⅱ 类更改，其中 Ⅱ 类更改涉及的相关内容通过了配置项回归测试	固化了软件配置项测试用例集及测试报告技术状态

（续）

要素			原型产品	工程产品	任务产品	一次任务考核	多次任务考核	成熟产品
方面	要素	子要素	1 级	2 级	3 级	4 级	5 级	6 级
3 测试	3－1 测试验证	3－1－3 FPGA 产品：功能、时序验证	无要求	（1）通过了设计代码规则检查，编码规则符合硬件描述语言编程规定； （2）完成了人工走查，检查重点应包括可靠性设计、抗单粒子翻转效应设计等； （3）在 EDA 平台下完成了功能仿真； （4）对 FPGA 设计的功能及其可靠性安全性进行了验证； （5）其功能、性能、接口、语句、分支等验证覆盖率满足 100% 的要求； （6）根据验证计划对 FPGA 设计的时序要求进行了检查； （7）对跨时钟域路径进行了检查和分析； （8）检查了 FPGA 产品的时钟余量是否满足要求以验证 FPGA 产品是否符合设计依据； （9）通过了时序仿真结果比对或逻辑等价性检查，确保布局布线后的门级网表功能正确性，避免工具引入错误	（1）针对完善的 FPGA 产品设计与编码，重新开展了功能验证与时序验证； （2）通过了设计代码规则检查、人工走查、EDA 平台下功能仿真、功能及其可靠性安全性验证； （3）其功能、性能、接口、语句、分支等验证覆盖率满足 100% 的要求； （4）通过了时序要求检查、跨时钟域路径检查与分析、时钟余量检查； （5）通过了时序仿真结果比对或逻辑等价性检查，确保布局布线后的门级网表功能正确性，避免工具引入错误； （6）对验证中发现的问题进行了处理，并通过了回归补充验证	（1）结合一次任务验证情况，对设计验证内容进行了验证； （2）若 FPGA 产品在实际任务考核中发生了轻微或一般质量问题需要进行Ⅰ类或Ⅱ类更改，其中Ⅱ类更改涉及的相关内容通过了回归补充验证	（1）结合多次任务验证情况，对仿真测试内容进行了验证； （2）若 FPGA 产品在实际任务考核中发生了轻微或一般质量问题需要进行Ⅰ类或Ⅱ类更改，其中Ⅱ类更改涉及的相关内容通过了回归补充验证	固化了仿真验证报告技术状态

（续）

要素			原型产品	工程产品	任务产品	一次任务考核	多次任务考核	成熟产品
方面	要素	子要素	1 级	2 级	3 级	4 级	5 级	6 级
3 测试	3－1 测试验证	3－1－4 FPGA 产品：设计确认	无要求	（1）对测试用 FPGA 编程或对测试用 FPGA 的配置芯片进行了编程； （2）以 FPGA 产品所属目标单机或系统为测试主体，参照 FPGA 产品使用说明，在板级或单机产品级或分系统级进行了功能确认或采用其它设计确认手段确认了设计功能； （3）根据实际需要确认 FPGA 器件的电性能、接口波形等参数和任务书一致； （4）FPGA 产品的功能、性能、接口测试覆盖率达到 100%	（1）针对完善的 FPGA 产品设计与编码，重新开展了设计确认； （2）对测试用 FPGA 编程或对测试用 FPGA 的配置芯片进行了编程； （3）以 FPGA 产品所属目标单机或系统为测试主体，参照 FPGA 产品使用说明，在板级或单机产品级或分系统级进行了功能确认或采用其他设计确认手段确认了设计功能； （4）根据实际需要确认 FPGA 器件的电性能、接口波形等参数和任务书一致； （5）FPGA 产品的功能、性能、接口测试覆盖率达到 100%	（1）结合一次任务验证情况，对设计确认内容进行了验证； （2）若 FPGA 产品在实际任务考核中发生了轻微或一般质量问题需要进行Ⅰ类或Ⅱ类更改，其中Ⅱ类更改涉及的相关内容通过了设计确认	（1）结合多次任务验证情况，对代码走查内容进行了验证； （2）若 FPGA 产品在实际任务考核中发生了轻微或一般质量问题需要进行Ⅰ类或Ⅱ类更改，其中Ⅱ类更改涉及的相关内容通过了设计确认	固化了设计确认报告技术状态。

（续）

方面	要素	子要素	原型产品	工程产品	任务产品	一次任务考核	多次任务考核	成熟产品
			1级	2级	3级	4级	5级	6级
3 测试	3-2 确认测试	3-2-1 CPU类型软件产品：第三方评测	无要求	无要求	（1）A、B级软件及必要时C级的飞行软件产品需要通过独立第三方评测； （2）评测用例与软件需求双向可追踪； （3）评测方案、测试环境、测试结果符合要求； （4）评测内容包括功能测试、性能测试、接口与余量测试、强度测试、异常测试等； （5）安全关键等级为A、B级的软件产品第三方评测还应达到语句、分支覆盖率均为100%的要求； （6）对用高级语言编制的A、B级嵌入式软件，要对配置项目标码进行结构分析和测试，测试的语句、分支覆盖率应达到100%； （7）对于测试条件限制覆盖不到的语句、分支，必须逐一进行分析和确认，并提供分析报告； （8）评测中发现的全部问题已做了正确的处理并通过了回归测试	（1）结合一次任务验证情况，对第三方评测结果进行了验证； （2）若A、B级软件在实际任务考核中发生了轻微或一般质量问题需要进行Ⅰ类或Ⅱ类更改，其中Ⅱ类更改涉及的相关内容通过了第三方回归测试	（1）结合多次任务验证情况，对软件第三方确认测试进行了验证； （2）若A、B级软件在实际任务考核中发生了轻微或一般质量问题需要进行Ⅰ类或Ⅱ类更改，其中Ⅱ类更改涉及的相关内容通过了第三方回归测试	固化了第三方评测测试用例集及测试报告技术状态
		3-2-2 FPGA产品：第三方验证	无要求	无要求	（1）A、B级FPGA产品需要开展独立第三方验证； （2）第三方验证需求、第三方仿真验证计划合理、充分； （3）完成了第三方编码规则检查； （4）完成了第三方人工走查； （5）完成了第三方功能验证和时序验证； （6）如果FPGA产品进行了设计修改和版本升级，FPGA产品进行了回归验证； （7）对多个版本验证进行了总结，形成了验证结论	（1）结合一次任务验证情况，对第三方验证结果进行了验证； （2）若A、B级FPGA产品在实际任务考核中发生了轻微或一般质量问题需要进行Ⅰ类或Ⅱ类更改，其中Ⅱ类更改涉及的相关内容通过了第三方回归验证	（1）结合多次任务验证情况，对软件第三方确认测试进行了验证； （2）若A、B级FPGA产品在实际任务考核中发生了轻微或一般质量问题需要进行Ⅰ类或Ⅱ类更改，其中Ⅱ类更改涉及的相关内容通过了第三方回归验证	固化了第三方验证需求、仿真验证计划、仿真验证文档、时序分析文档、验证总结文档等技术状态

（续）

要素			原型产品	工程产品	任务产品	一次任务考核	多次任务考核	成熟产品
方面	要素	子要素	1级	2级	3级	4级	5级	6级
3 测试	3－2 确认测试	3－2－3 分系统联试（软件验收测试）	通过了分系统联试验证	（1）软件产品在处理器和计算机上等真实的硬件环境中运行，通过了半实物仿真或等效环境试验，试验覆盖全部软件功能和性能需求； （2）试验中发现的发现的问题都进行了更改，并通过了试验验证	（1）软件验收测试用例与研制任务书双向可追踪； （2）通过了各级系统的测试和相关试验，各种测试和试验覆盖全部软件功能、性能与系统的接口关系，功能、性能与系统接口测试覆盖率达100%； （3）安全关键需求得到测试并落实； （4）验证了软件使用说明的正确性与适用性； （5）测试中发现的错误和缺陷都进行了更改，修改后通过了回归测试	（1）结合一次任务验证情况，对分系统联试（软件验收测试）进行了验证； （2）若软件产品在实际任务考核中发生了轻微或一般质量问题需要进行Ⅰ类或Ⅱ类更改，其中Ⅱ类更改涉及的相关内容通过了分系统联试（软件验收测试）	（1）结合多次任务验证情况，对分系统联试（软件验收测试）进行了验证； （2）若软件产品在多次实际任务考核中发生了轻微或一般质量问题需要进行Ⅰ类或Ⅱ更改，其中Ⅱ类更改涉及的相关内容	固化了软件分系统测试用例集及测试分析报告、验收测试报告等技术状态
		3－2－4 任务验证	无要求	无要求	无要求	（1）软件经过了一次成功飞行/发射试验，其中航天器上软件产品单次飞行考核时间应不低于2年（设计寿命低于2年的按照实际设计寿命考核）； （2）全面验证了软件产品的性能和使用要求	（1）软件经过了至少3次成功飞行/发射试验，其中航天器上软件产品单次飞行考核时间一般应不低于2年（设计寿命低于2年的按照实际设计寿命考核）	可成功执行飞行/发射飞行任务

（续）

要素			原型产品	工程产品	任务产品	一次任务考核	多次任务考核	成熟产品
方面	要素	子要素	1 级	2 级	3 级	4 级	5 级	6 级
4 应用	4－1 交付运行	4－1－1 交付与安装/固化	描述了使用方法	（1）固化、生产用的母盘（片）由产品库提供，复制、固化前对设备进行检查，固化、生产后做好检验、包装和标记； （2）保证软件产品固化、生产设备和存储介质完好； （3）编写了使用说明	（1）对于有任务书或合同要求的，交付清单、交付材料符合要求； （2）产品质量履历书、产品证明书填写符合相关规定； （3）使用说明书、操作手册完整、规范、可操作性强； （4）软件产品固化、生产在质量管理监督下，指定专人按操作规程在指定（或专用）设备上进行，记录了固化、生产过程； （5）固化、生产用的母盘（片）由产品库提供，复制、固化前对设备进行了检查，固化、生产后做好检验、包装和标记； （6）保证软件产品固化、生产设备和存储介质完好	（1）结合一次任务验证情况，对交付与安装/固化与落焊环节进行了验证； （2）若软件产品在实际任务考核中发生了轻微或一般质量问题需要进行Ⅰ类或Ⅱ类更改，若涉及交付材料，需更新交付材料	（1）结合多次任务验证情况，对交付与安装/固化与落焊环节进行了验证； （2）若软件产品在实际任务考核中发生了轻微或一般质量问题需要进行Ⅰ类或Ⅱ类更改，若涉及交付材料，需更新交付材料	（1）固化了软件产品的载体，固化、生产的操作规程； （2）软件产品固化、生产设备和存储介质都有明确的质量保证措施； （3）软件产品交付材料技术状态固化
		4－1－2 运行维护与数据分析	无要求	无要求	（1）策划了软件运行维护方案，给出了软件在运行过程中遇到故障的处理方案； （2）必要时，设计了软件产品参与飞行/发射试验可以反馈的指标数据采集要求	（1）结合任务验证情况，对软件运行维护方案进行了验证或优化； （2）若软件产品在实际任务考核中发生了轻微或一般质量问题，软件按照运行维护策划方案进行了维护； （3）对任务运行情况进行了分析	（1）结合多次任务验证情况，对软件运行维护方案进行了验证或优化； （2）若软件产品在实际任务考核中发生了轻微或一般质量问题，软件按照运行维护策划方案进行了维护； （3）对多次任务运行情况进行了分析	（1）固化了软件产品运行维护策划方案； （2）对历次任务运行情况进行了分析

5.5.2 证明材料

宇航软件产品成熟度等级越高，等级评价时需要提供的证明材料也越规范完善，表 5－5 给出了各级定级评价时对应各子要素所需要提供的参考证明材料。这里的证明材料综合了宇航软件产品研制单位现行的数据包要求及相关标准要求。

表 5－5　软件产品证明材料参考

序号	方面	要素	子要素	证明材料	1 级	2 级	3 级	4 级	5 级	6 级
1	1 管理	1－1 资源配置	1－1－1 组织职责与工程环境保证	研制任务书	△	△	△	△	△	△
2				产品保证大纲	—	△	△	△	△	△
3				开发计划	●	●	●	●	●	●
4				质量（产品）保证计划						
5				配置管理计划						
6				单元测试计划	—	△	△	△	△	△
7				配置项测试计划	—	△	△	△	△	△
8				验证计划*	—	△	△	△	△	△
9				第三方配置项测试计划	—	—	◎	◎	◎	◎
10				第三方仿真验证计划*	—	—	◎	◎	◎	◎
11				分系统联试（软件验收测试）计划	—	△	△	△	△	△
12				运行维护策划方案	—	—	◎	◎	◎	◎
13				相关人员培训记录	—	○	○	○	○	○
14				研制总结报告	△	△	△	△	△	△
15		1－2 质量管理	1－2－1 工作策划	产品保证大纲	—	△	△	△	△	△
16				开发计划	●	●	●	●	●	●
17				质量保证计划						
18				配置管理计划						
19				单元测试计划	—	△	△	△	△	△
20				配置项测试计划	—	△	△	△	△	△
21				验证计划*	—	△	△	△	△	△
22				第三方配置项测试计划	—	—	◎	◎	◎	◎
23				第三方仿真验证计划*	—	—	◎	◎	◎	◎
24				回归验证计划*	—	○	○	○	○	○

（续）

序号	方面	要素	子要素	证明材料	1级	2级	3级	4级	5级	6级
25	1 管理	1-2 质量管理	1-2-1 工作策划	分系统联试（软件验收测试）计划	—	△	△	△	△	△
26				运行维护策划方案	—	—	◎	◎	◎	◎
27				研制总结报告	△	△	△	△	△	△
28			1-2-2 评审与审查	研制任务书评审结论	—	△	△	△	△	△
29				危险分析报告评审结论	—	◎	◎	◎	◎	◎
30				设计更改及影响域分析报告评审结论	○	○	○	○	○	○
31				需求规格说明评审结论	△	△	△	△	△	△
32				需求可靠性与安全性分析报告评审结论	—	◎	◎	◎	◎	◎
33				详细设计评审结论	—	△	△	△	△	△
34				单元测试计划、用例集评审结论	—	△	△	△	△	△
35				单元测试评审结论	—	△	△	△	△	△
36				配置项测试计划、用例集评审结论	—	△	△	△	△	△
37				配置项测试评审结论	—	△	△	△	△	△
38				回归测试评审结论	—	○	○	○	○	○
39				第三方代码审查报告	—	—	◎	◎	◎	◎
40				第三方代码审查评审结论	—	—	◎	◎	◎	◎
41				第三方配置项测试需求评审结论	—	—	◎	◎	◎	◎
42				第三方配置项测试说明评审结论	—	—	◎	◎	◎	◎
43				第三方配置项测试报告评审结论	—	—	◎	◎	◎	◎
44				仿真验证报告评审结论*	—	△	△	△	△	△
45				设计确认报告评审结论*	—	△	△	△	△	△
46				第三方验证需求评审结论*	—	—	◎	◎	◎	◎
47				第三方验证评审结论*	—	—	◎	◎	◎	◎
48				第三方仿真验证文档评审结论*	—	—	◎	◎	◎	◎
49				第三方时序分析文档评审结论*	—	—	◎	◎	◎	◎
50				第三方验证总结文档评审结论*	—	—	◎	◎	◎	◎
51				第三方验证结论评审结论*	—	—	◎	◎	◎	◎
52				验收评审意见	—	—	△	△	△	△
53				质量问题归零报告评审结论	—	○	○	○	○	○
54				研制总结报告评审结论	△	△	△	△	△	△

（续）

序号	方面	要素	子要素	证明材料	1级	2级	3级	4级	5级	6级
55	1 管理	1-2 质量管理	1-2-3 软件问题处理与质量问题归零	问题报告单	—	○	○	○	○	○
56				更改申请单及更改单	—	○	○	○	○	○
57				回归测试报告	—	○	○	○	○	○
58				质量问题归零报告	—	○	○	○	○	○
59		1-3 配置管理	1-3-1 技术状态与数据包管理	更改申请单及更改单	—	○	○	○	○	○
60				入库申请单	—	△	△	△	△	△
61				出库申请单	—	△	△	△	△	△
62				配置审计报告（配置状态报告）	—	○	○	○	○	○
63				研制总结报告	△	△	△	△	△	△
64				产品数据包清单	△	△	△	△	△	△
65	2 设计	2-1 输入确认	2-1-1 任务书确认	软件研制任务书	△	△	△	△	△	△
66				软件危险分析报告	—	○	○	○	○	○
67			2-1-2 需求分析	需求规格说明（含接口需求规格说明）	△	△	△	△	△	△
68				需求可靠性与安全性分析报告	—	◎	◎	◎	◎	◎
69				沿用可行性分析报告	○	○	○	○	○	○
70				补充验证报告 *	○	○	○	○	○	○
71				（设计）更改影响域分析报告 *	○	○	○	○	○	○
72				更改安全性分析报告	—	◎	◎	◎	◎	◎
73		2-2 软件设计	2-2-1 概要、详细设计	概要设计说明	●	●	●	●	●	●
74				接口设计说明						
75				详细设计说明						
76			2-2-2 编码实现	源代码文档	△	△	△	△	△	△
77				代码安全性分析报告	—	◎	◎	◎	◎	◎
78	3 测试	3-1 测试验证	3-1-1 单元测试	单元测试用例集	△	△	△	△	△	△
79				静态分析报告	—	△	△	△	△	△
80				代码审查报告	—	△	△	△	△	△
81				单元测试报告	—	△	△	△	△	△
82				单元测试回归测试文档	—	○	○	○	○	○
83			3-1-2 配置项测试	配置项测试用例集	—	△	△	△	△	△
84				配置项测试报告	△	△	△	△	△	△

（续）

序号	方面	要素	子要素	证明材料	1 级	2 级	3 级	4 级	5 级	6 级
85	3 测试	3－1 测试验证	3－1－1 功能、时序验证*	仿真验证报告*	△	△	△	△	△	△
86			3－1－2 设计确认*	设计确认报告*	△	△	△	△	△	△
87		3－2 确认测试	3－2－1 第三方评测/验证	第三方配置项测试任务书/委托单	—	—	◎	◎	◎	◎
88				第三方配置项测试用例集	—	—	◎	◎	◎	◎
89				第三方配置项测试报告	—	—	◎	◎	◎	◎
90				第三方回归测试报告	—	—	◎	◎	◎	◎
91				第三方验证任务书*	—	—	◎	◎	◎	◎
92				第三方验证需求*	—	—	◎	◎	◎	◎
93				第三方人工走查文档*	—	—	◎	◎	◎	◎
94				第三方仿真验证文档*	—	—	◎	◎	◎	◎
95				第三方时序分析文档*	—	—	◎	◎	◎	◎
96				第三方验证总结文档*	—	—	◎	◎	◎	◎
97				第三方验证结论*	—	—	◎	◎	◎	◎
98				第三方回归验证文档*	—	—	◎	◎	◎	◎
99			3－2－2 分系统联试（软件验收测试）	分系统联试（软件验收测试）报告	—	△	△	△	△	△
100			3－2－3 任务验证	问题报告单	—	—	○	○	○	—
101				更改申请及更改单	—	—	○	○	○	—
102				质量问题归零报告	—	—	○	○	○	—
103	4 应用	4－1 交付运行	4－1－1 交付与安装/固化	交付清单	—	—	△	△	△	△
104				验收申请报告	—	—	○	○	○	○
105				验收报告	—	—	△	△	△	△
106				产品证明书	—	△	△	△	△	△
107				质量履历书	—	△	△	△	△	△
108				研制总结报告	△	△	△	△	△	△
109				使用说明	—	△	△	△	△	△
110				操作手册	—	○	○	○	○	○

（续）

序号	方面	要素	子要素	证明材料	1级	2级	3级	4级	5级	6级
111	4 应用	4－1 交付运行	4－1－2 运行维护与数据分析	固化记录单	—	—	○	○	○	○
112				数据包清单	△	△	△	△	△	△
113				运行维护策划方案	—	◎	◎	◎	◎	◎
114				运行维护记录	—	—	—	○	○	○
115				运行分析报告/飞行结果分析报告	—	—	—	△	△	△

注：1.“*”表示只适用于FPGA产品，未标“*”表示适用于所有类型软件产品；
2.“△”表示必须有的文档，“●”表示可合并的文档，“◎”表示根据软件安全关键等级而定的文档，“○”表示根据需要而定的文档，“—”表示不需要的文档

5.5.3 技术状态更改与产品成熟度等级变化矩阵表

相对于宇航单机产品技术状态更改类别的定义及范围界定，宇航型号软件产品技术状态更改类别的定义与范围界定有所不同，具体内容如表5－6所列。

表5－6 宇航型号软件产品技术状态更改类别和范围界定

类别	定义	范围界定
Ⅰ类更改	不涉及软件功能、性能和结构的更改	指不涉及产品功能、性能和结构的文档更改，如：修正文字错误、增加视图、改变阶段标记等
Ⅱ类更改	涉及软件配置项本身功能、性能或结构的一般更改	指涉及产品功能、性能或结构的一般更改，如：提高使用性能，不涉及接口特性、可靠性、安全性、维护性和不影响相关产品正常工作的一般性更改
Ⅲ类更改	涉及软件配置项本身功能、性能或结构的重大更改，或影响软件配置项外部其他软件配置项或硬件的重大更改	指涉及产品功能、性能或结构的重大更改，如：任务书或合同要求的重大更改，设计方案、性能指标、接口特性、可靠性、安全性和维护性等的重大更改

宇航型号软件产品更改后，根据其更改类别按相关要求开展相应的验证试验等工作，其更改前后成熟度等级变化与单机类似，具体内容如表5－7所列。

宇航型号软件产品更改类别与成熟度等级变化关系如下：

（1）Ⅰ类更改只涉及文档内容的更改，原成熟度等级不变；

（2）Ⅱ类更改不涉及产品关键特性的更改，更改后通过地面相应验证试验，仍满足相应等级的条件，可保持原成熟度等级不变；

（3）Ⅲ类更改涉及产品关键特性的更改，更改后通过地面相应验证试验，最

高只能从产品成熟度3级开始认定,更改后的产品验证不能继承更改前的产品验证。

表5-7 软件产品技术状态更改类别与产品成熟度等级变化示意

<table>
<tr><th rowspan="3">技术状态更改前产品成熟度等级</th><th colspan="6">技术状态更改后产品成熟度等级</th></tr>
<tr><th rowspan="2">Ⅰ类更改</th><th>Ⅱ类更改</th><th colspan="4">Ⅲ类更改</th></tr>
<tr><th>通过地面相应验证试验</th><th>通过地面相应验证试验</th><th>通过1次飞行验证</th><th>通过3次飞行验证</th><th>技术状态固化</th></tr>
<tr><td>1级</td><td>1级</td><td>—</td><td>—</td><td>—</td><td>—</td><td>—</td></tr>
<tr><td>2级</td><td>2级</td><td>2级</td><td>2级</td><td>—</td><td>—</td><td>—</td></tr>
<tr><td>3级</td><td>3级</td><td>3级</td><td>3级</td><td>—</td><td>—</td><td>—</td></tr>
<tr><td>4级</td><td>4级</td><td>4级</td><td>3级</td><td>4级</td><td>—</td><td>—</td></tr>
<tr><td>5级</td><td>5级</td><td>5级</td><td>3级</td><td>4级</td><td>5级</td><td>—</td></tr>
<tr><td>6级</td><td>6级</td><td>6级</td><td>3级</td><td>4级</td><td>5级</td><td>6级</td></tr>
</table>

第 6 章　系统级产品成熟度

本章介绍了系统级产品成熟度模型的提出背景，重点针对系统级产品成熟度等级划分与定义、定级条件、评价要素设置与内涵、产品技术状态更改对产品成熟度等级的影响进行阐述。

6.1　概述

卫星平台与运载火箭等系统级产品生产周期长，研制成本高，可靠性和安全性要求高。由于专业性强、针对性的评价模型研究较晚，系统级产品成熟度评价工作相对滞后。卫星与运载的小批量生产形势对产业化建设提出了更高的要求，迫切需要通过产品成熟度的培育和提升工作，持续提升卫星平台和运载火箭产品质量与可靠性，推动卫星平台和运载火箭等系统级产品的研制效率不断提高。

对于系统级产品而言，研制工作涉及系统、分系统、单机、直属件、零部件等许多产品层次，评价权重相对更加复杂，单机尤其是关键单机产品的产品成熟度对系统级产品成熟度有着直接影响。如何从宇航产品研制实际出发，在系统层面准确地度量成熟度，综合考虑不同层次产品对于系统成熟度的影响，对于有效识别、量化度量型号研制风险和质量水平有重大意义。

系统级产品成熟度模型从系统设计、配套管理、总装总测和应用管理四大方面开展。系统设计过程核心是指设计结果所实现的固有能力的完备程度，以及该能力与预期任务对应的功能、性能、寿命、可靠性等各项技术要求的符合程度。系统设计又包括“设计输入的识别和审查”“设计过程及其控制”“设计输出及其验证”等内容。配套管理是将建立的系统分配基线有效落实到配套产品的设计、生产、试验和验收交付的过程中，其核心是配套产品质量满足总体要求，是系统进行集成和验证的前提条件。配套管理又包括“配套单机产品控制”。总装总测用于表征和度量在总装总测方面开展技术准备和管理完善的程度，其核心是指总装总测要素的固有能力实现系统整体设计要求的完备程度，以及该能力与单次或重复生产过程中质量、成本和周期等方面要求的符合程度。总装总测又包括“总装”“综合测试”和“大型试验”。应用管理核心是指所确立的交付、使用相关环节保障措施的有效性和完备程度，以及相关措施与预期约束条件和任务要求的符合程度。应用管理又包括“任务支持”“使用数据的统计和分析”。

需要说明的是，本章中的系统级产品成熟度指的是针对宇航产品结构层次中的系统级产品，包括运载器、上面级和卫星公用平台等。系统级产品成熟度模型适用于宇航系统级产品的成熟度定级，其他系统和分系统产品的成熟度定级可参照使用。本章从系统级产品成熟度等级划分与定义、定级条件、评价要素和子要素等方面予以说明。

6.2　等级划分及定义

从型号研制工作的验证程度出发，宇航系统级产品成熟度等级对应的产品状态分别为原理验证、工程验证、生产验证、首飞验证、多次飞行、状态鉴定和批量生产。按照上述递进关系，将宇航系统级产品成熟度等级划分为逐级递进的7个等级，如表6－1所列。

表6－1　系统级产品成熟度等级名称、产品状态及等级标志

等级名称	产品状态	等级标志
1级	原理验证	已完成预先研究或技术攻关阶段的相关研制工作，经模拟仿真总体方案可行，但尚未按任务条件进行地面考核，达到1级定级条件
2级	工程验证	在原理验证级的基础上，完成型号或平台的初样研制，并按任务条件完成功能、性能和接口的地面考核，满足验证要求，达到2级定级条件
3级	生产验证	在工程验证级的基础上，完成型号或平台的正样研制，并按实际任务条件完成系统测试和地面考核，可以执行任务，满足验收要求，达到3级定级条件
4级	首飞验证	在生产验证级的基础上，卫星类产品向客户完成在轨的移交，运载火箭类产品完成飞行任务，并成功完成1次实际任务考核，满足任务要求，达到4级定级条件
5级	多次飞行	在首飞验证级的基础上，又连续成功完成2次实际任务考核，满足任务要求和规定的寿命指标要求，达到5级定级条件
6级	状态鉴定	在多次飞行级的基础上，完成技术状态固化工作，满足规定的可靠性指标要求，可进行小批量生产，达到6级定级条件

（续）

等级名称	产品状态	等级标志
7 级	批量生产	在状态鉴定级的基础上，经小批量生产，并再次连续成功完成 3 次实际任务考核，质量与可靠性一致，可以重复稳定生产，达到 7 级定级条件
注："实际任务考核"即航天器每次在轨任务考核时间不低于 2 年，设计寿命低于 2 年的按照实际设计寿命考核；运载火箭以发射次数计算		

1 级、2 级和 3 级从研制工作要求细化、验证的程度、型号研制中各项工作的落实情况，识别工程风险与不确定性；4 级和 5 级通过对技术状态更改情况的判定，分析更改对型号可靠性、安全性等的影响；6 级通过对型号的技术状态固化情况和货架式供应能力的判定，确定型号研制和使用中的工作弱项；7 级通过小批量生产，型号的质量可靠性水平已经达到很高水平。宇航系统级产品成熟度等级与型号研制流程的对应关系如图 6 - 1 所示。

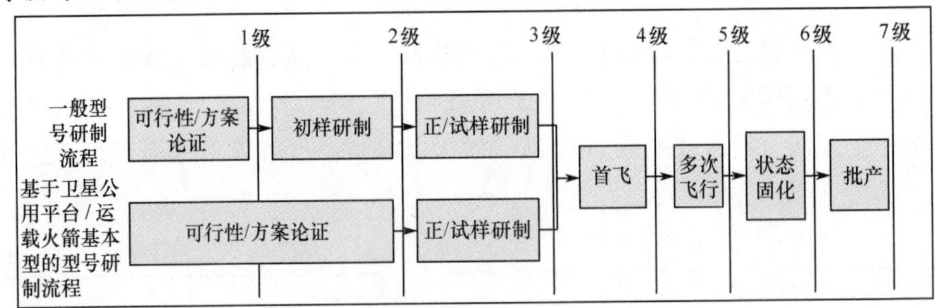

图 6 - 1　系统级产品成熟度等级与型号研制流程的对应关系

6.3　定级条件

系统级产品的定级条件是结合系统级产品研制工作重点，从三类关键特性的识别和细化、产品基线的确定与控制、数据包的建立与完善、发生问题归零的闭环管理、设计、生产、过程控制、关键人员能力的提高、相关管理制度的完善 6 个方面考虑确定的，便于初步判断所评系统级产品提升目标等级及符合情况，每个等级的系统级产品应该具备的具体条件如下。

1）系统级产品成熟度 1 级应具备的条件

（1）初步确定了系统级产品性能指标。

（2）完成了系统级产品的总体设计，关键技术已解决。

（3）确立了系统级产品相应的技术状态基线。

（4）初步明确了系统级产品内、外部接口，初步规划了系统级产品对有效载荷的适应性，完成了接口类文件。

（5）系统级产品配套单机中产品成熟度等级达到1级（含）以上的比例达到100%。

（6）初步策划和定义了系统级产品总装、测试和试验方案，重大和关键工艺方案已确定。

（7）系统级产品已经原理验证。

（8）策划了系统级产品数据包项目清单。

2）系统级产品成熟度2级应具备的条件

（1）满足系统级产品成熟度1级定级条件。

（2）完成了系统级产品详细设计，确定了系统级产品相应的技术状态基线。

（3）系统级产品的功能、性能和接口等已经过地面考核验证。

（4）系统级产品配套单机中产品成熟度等级达到2级（含）以上的比例达到100%，产品成熟度3级（含）以上单机比例不低于70%，配套直属件、电缆网、材料按有关要求完成相关地面研制工作，配套软件按软件工程化要求完成相关地面研制工作。

（5）完成了系统级产品工艺总方案。

（6）完成了总装、测试和试验程序。

（7）形成了系统级产品的产品保证文件。

（8）形成了系统级产品数据包项目清单、相关模板和数据。

（9）完成了系统级产品初样生产，并通过地面鉴定级试验验证，完成系统级和分系统级的评审，满足研制要求。

（10）初步形成了系统级产品的产品规范。

3）系统级产品成熟度3级应具备的条件

（1）满足系统级产品成熟度2级定级条件。

（2）完成了正\试样系统级产品的总体设计和详细设计，确定了相应的技术状态基线。

（3）明确了系统级产品对有效载荷的适应性，并经验证。

（4）系统级产品配套单机中产品成熟度3级（含）以上单机占全部单机的100%，配套直属件、电缆网、材料按有关要求完成相关地面研制工作，配套软件按软件工程化要求完成相关地面研制工作。

（5）完成了正\试样系统级产品总装、测试和试验工作，并进行了系统间验证，具备参加飞行任务的条件，满足验收要求。

（6）完善了系统级产品的产品保证文件。

（7）补充完善了系统级产品数据包项目清单，并结合系统级产品研制和地面试验形成了相关数据记录。

(8) 编制完成了系统级产品的产品规范和使用说明书。

4) 系统级产品成熟度 4 级应具备的条件

(1) 满足系统级产品成熟度 3 级定级条件。

(2) 完成了发射任务或在轨测试、向客户在轨移交,并成功完成 1 次实际任务考核。

(3) 系统级产品配套单机中产品成熟度等级达到 4 级(含)以上的比例原则上达到 100%,对于选用产品成熟度小于 4 级的产品,需经过相应风险分析和评审;配套直属件、电缆网、材料和软件结合飞行试验结果完成了飞行验证工作。

(4) 结合系统级产品飞行试验结果完成了系统级产品设计、生产和试验工作的总结和完善。

(5) 系统级产品设计、总装、测试和试验过程及其相关控制措施经实际任务验证,满足任务要求。

(6) 结合成功实际任务考核验证,完善了系统级产品的产品规范、使用说明书、技术状态基线和产品保证等设计、工艺、过程控制的相关文件。

(7) 完善了系统级产品数据包项目清单和模板,并结合系统级产品研制、地面试验和实际任务考核验证形成了相关数据记录。

(8) 系统级产品数据包中的关键特性参数经飞行验证,系统级产品数据包中记录了产品功能和性能的飞行实测数据,并与地面实测数据进行了比对分析,满足相关要求。

5) 系统级产品成熟度 5 级应具备的条件

(1) 满足系统级产品成熟度 4 级定级条件。

(2) 系统级产品又连续成功完成 2 次实际任务考核。

(3) 系统级产品配套单机中产品成熟度等级达到 4 级(含)以上的比例原则上达到 100%,达到 5 级(含)以上的比例原则上不低于 90%,对于选用产品成熟度小于 4 级的产品,需经过相应风险分析和评审。

(4) 系统级产品的寿命经过考核,满足指标要求。

(5) 完善了系统级产品数据包项目清单和模板,结合任务过程,进行了应用验证和完善,数据包中补充了相关数据记录。

(6) 系统级产品数据包中的关键特性参数经飞行验证,确定了成功数据包络分析的相关参数,系统级产品数据包中补充了产品功能和性能的历次飞行实测数据,并对飞行实测数据、地面实测数据进行了比对分析,符合相关要求。

6) 系统级产品成熟度 6 级应具备的条件

(1) 满足系统级产品成熟度 5 级定级条件。

(2) 系统级产品内、外部接口要求已固化,对有效载荷适应性可满足后续任务选用和重复生产要求。

（3）系统级产品的可靠性指标满足要求。

（4）系统级产品基本配套单机中产品成熟度等级达到 5 级（含）以上的比例原则上达到 100%，达到 6 级（含）以上的比例原则上不低于 90%，对于选用产品成熟度小于 5 级的产品，需经过相应风险分析和评审。

（5）系统级产品设计、总装、测试和试验过程及其相关控制措施满足重复生产的一致性要求。

（6）系统级产品扩展性经分析验证，可满足重复生产的一致性要求。

（7）完成了系统级产品及其相关文档的固化，系统级产品数据包中补充了技术状态固化相关数据记录。

（8）完成状态鉴定相关工作。

7）系统级产品成熟度 7 级应具备的条件

（1）满足系统级产品成熟度 6 级定级条件。

（2）系统级产品又连续成功完成 3 次实际任务考核。

（3）各项要求及控制措施经小批量生产和应用验证，证明满足后续任务选用和重复生产要求。

（4）系统级产品基本配套单机中产品成熟度等级达到 6 级（含）以上的比例原则上达到 100%，达到 7 级（含）以上的比例原则上不低于 80%，对于选用产品成熟度小于 6 级的产品，需经过相应风险分析和评审。

（5）系统级产品满足小批量生产的要求，可以重复稳定生产。

（6）地面考核和实际飞行工作期间，未发生重大质量事故或重大质量问题，发生的质量问题已经完成归零，并反映在相关数据包中。

（7）已固化的系统级产品规范、使用说明书、技术状态基线、产品保证等设计、工艺、过程控制的相关文件经 3 次成功实际飞行考核验证。

（8）系统级产品数据包项目清单和模板经小批量生产验证和完善，数据包中补充了至少 3 次成功实际飞行考核相关数据记录，开展了成功数据包络分析。

6.4　评价要素

6.4.1　要素设置

系统级产品成熟度从 4 个方面、9 个要素、35 个子要素进行定级评价，如表 6－2 所列，围绕系统设计、配套管理、总装总测和应用管理四大方面展开，下设设计输入的识别和审查、设计过程及其控制、设计输出及其验证、配套单机产品控制、总装、综合测试、大型试验、任务支持和使用数据的统计分析9个要素，并对9个要素进一步细化形成研制技术要求的识别和审查、设计输入的识别与确定、系统设计方案制定与评审等35个子要素。

表6-2　系统级产品成熟度评价方面、要素、子要素设置

序号	方面	要素	子要素
1	1 系统设计	1-1 设计输入的识别和审查	1-1-1 研制技术要求的识别和审查
2			1-1-2 设计输入的识别与确定
3		1-2 设计过程及其控制	1-2-1 系统设计方案制定与评审
4			1-2-2 技术流程和计划流程及其控制
5			1-2-3 通用质量特性保证工作计划及其控制
6			1-2-4 基础产品保证工作计划及其控制
7			1-2-5 软件开发及软件产品保证
8			1-2-6 内外部接口控制
9		1-3 设计输出及其验证	1-3-1 关键技术和关键项目的识别和控制
10			1-3-2 系统通用质量特性设计、分析与验证
11			1-3-3 不可测试项目的识别和控制
12			1-3-4 综合测试和大型试验方案制定与评审
13			1-3-5 质量问题归零
14			1-3-6 技术状态控制
15			1-3-7 设计输出符合性及文件齐套性
16	2 配套管理	2-1 配套单机产品控制	2-1-1 配套单机产品成熟度水平
17			2-1-2 配套单机产品设计控制
18			2-1-3 配套单机产品的生产管理
19			2-1-4 配套单机产品的试验方案制定与实施
20			2-1-5 配套单机产品的验收与评审
21	3 总装总测	3-1 总装	3-1-1 总装工艺方案制定与评审
22			3-1-2 总装过程控制
23			3-1-3 总装配套资源管理
24			3-1-4 总装总结及质量问题管理
25		3-2 综合测试	3-2-1 测试过程控制
26			3-2-2 测试配套资源管理
27			3-2-3 测试总结及质量问题管理

（续）

序号	方面	要素	子要素
28	3 总装总测	3－3 大型试验	3－3－1 大型试验过程控制
29			3－3－2 大型试验配套资源管理
30			3－3－3 大型试验总结及质量问题管理
31	4 应用管理	4－1 任务支持	4－1－1 系统交付管理
32			4－1－2 靶场测试方案制定与实施
33			4－1－3 故障预案制定
34		4－2 使用数据的统计和分析	4－2－1 使用数据的策划和采集
35			4－2－2 使用数据的分析和利用

6.4.2　要素内涵

1）各方面内涵说明

（1）系统设计。

系统设计过程是从任务要求转化为实体产品的先决步骤，设计过程的结果将详细定义预期的功能基线和分配基线，其核心是指系统设计结果所实现的固有能力的完备程度，以及该能力与预期任务对应的功能、性能、寿命、可靠性等各项技术要求的符合程度。相关要素划分为“设计输入的识别和审查”“设计过程及其控制”“设计输出及其验证”三部分。

（2）配套管理。

配套管理是将建立的系统分配基线有效落实到配套单机产品的设计、生产、试验和验收交付的过程中，其核心是配套单机产品质量满足总体要求，是系统进行集成和验证的前提条件。相关要素为“配套单机产品控制”。

（3）总装总测。

总装总测过程是在假定型号设计已满足要求的前提下，按照相关技术文件构建实物产品的过程。功能基线和分配基线确定后，系统需要通过恰当的装配方式予以实现以及完善的测试验收，才能投入应用，也就是确定了系统的生产基线。而保证实现全部设计要求是这一过程的核心。同时，对系统总装总测过程，应持续关注并逐步提高这一过程的稳定性和准确性。此部分要素用于表征和度量系统在总装总测方面开展技术准备和管理完善的程度，其核心是指系统总装总测要素的固有能力实现系统设计要求的完备程度，以及该能力与单次或重复生产过程中质量、成本和周期等方面要求的符合程度。相关要素划分为“总装”“综合测试”和“大型试验”三部分。

(4) 应用管理。

在系统总装总测完成后,验收、发射/在轨运行等过程中,还应向用户及相关操作人员提供足够充分、有效的操作、维护和处置说明,以免由于使用错误造成的异常和故障,并向用户表述型号使用的预期风险,即建立了系统的产品基线。此部分要素用于表征和度量型号在应用支持方面的工作进展程度,其核心是指型号所确立的交付、使用相关环节保障措施的有效性和完备程度,以及相关措施与预期约束条件和任务要求的符合程度。相关要素划分为"任务支持""使用数据的统计和分析"两部分。

2) 要素及子要素内涵说明

(1) 要素 1-1:设计输入的识别和审查。

设计输入表述了系统最终需实现的各项技术要求及需满足的各种约束条件,是在对任务要求进行详细分析基础上,由系统承研单位和用户共同确认形成的,是系统所有研制活动的基本出发点和目标。系统研制工作应以确保全面实现设计输入要求为最终目标。设计输入要求应全面、完整,以清晰、准确、规范、可度量的方式表述,经过有效确认并对其更改实施有效管理。设计输入要求的表述可以采用诸如研制技术要求、研制合同或其技术附件、技术协议、采购规范等多种形式。在研制过程中,设计输入要求应是最先确定的。随研制工作进展,设计输入要求本身的正确性、完整性和充分性也应在反复验证的基础上不断完善。成熟度等级越高,设计输入要求应越完备。

本要素可进一步细分为"研制技术要求的识别和审查"和"设计输入的识别与确定"两个子要素。

① 子要素 1-1-1:研制技术要求的识别和审查。

应依据任务初始任务需求,通过针对系统开展任务过程分析、理论模型计算、系统仿真等相关活动,充分识别、确定系统需达到的各项技术要求及需满足的约束条件,将相关内容按照规范的方式准确表达,并结合现有技术条件和工业基础确认其可行性后,形成总体研制技术要求,对于 2 级(含)以上产品,技术要求以产品规范的形式确定下来,作为研制活动的基本输入。系统研制技术要求应包含但不限于以下内容:

a. 系统的任务功能、性能、发射方案、构型等要求;

b. 系统的环境适应性要求;

c. 系统对运输工具、发射中心、地面测控系统及应用系统的技术和接口要求;

d. 系统的预期使用寿命、设计寿命,以及可靠性、维修性、安全性等相关要求;

e. 应执行的产品或技术规范，以及元器件、材料、机械零件、工艺及软件等基础保证要求；

f. 子产品间接口要求；

g. 子产品选用要求；

h. 系统交付及交付后活动要求等。

系统研制技术要求可以用定性或定量方式表述，表述内容应准确、清晰、无歧义并可实施验证。必要时，应在相关文件中规定具体指标、要求对应的测量、检验、验证或评价方法。

应对系统研制技术要求实施规范的审查、确认、批准和版本管理活动，以确保：

a. 所有使用需求，包括交付及交付后活动的要求已充分识别并转化；

b. 所有关于要求的表述准确、清晰；

c. 所有要求的可实现性已得到充分考虑和论证；

d. 与要求相关的潜在风险已得到充分考虑；

e. 要求的任何更改均得到有效管理并正确传递。

系统研制技术要求文件的会签、审查、批准以及更改控制等活动，应形成相关记录。

② 子要素 1－1－2：设计输入的识别与确定。

应依据批准后的系统研制技术要求文件，通过实施并不断细化诸如寿命剖面或任务剖面分析、设计准则建立等相关活动，全面梳理、细化、确认系统需达到的各项技术要求以及需满足的约束条件，并将相关内容按照规范的方式准确表达，作为研制的输入。

本部分工作通常是在用户提出明确的研制技术要求之后，由系统承研方依据系统技术特点、自身专业成果积累和以往研制经验等组织实施的。

本部分工作的成果是对研制技术要求的细化和补充，可以以研制技术方案、详细设计要求等多种形式体现。

承研方识别的设计输入应全面满足并进一步细化已确定的研制技术要求，同时，还可考虑设计裕度、容差和容错、降额、禁/限用设计元素、详细的外部接口、子产品和子产品间接口、单机选用、元器件等级等相关要求。

承研方细化的设计输入也应按照研制技术要求的相关规则编制，并按照子要素 1－1－1 的要求实施管理。

(2) 要素 1－2：设计过程及其控制。

设计过程及内容控制是系统研制工作的重要组成部分，其核心工作是通过各项工作的分解、细化和组织实施，确保设计工作有序实施，并使已确定的研制技术要求得到全面落实。设计过程的策划和实施不仅要全面覆盖研制技术要求的内容,而且还应强化寿命、可靠性、维修性、安全性、保障性以及材料、元器件。研制工作策划应形成技术流程和计划流程,明确工作内容、工作要求、工作成果、进度安排等事项,并落实相应职责和保障资源。

应结合系统设计、分析和验证活动,不断识别并反复确认关键项目和关键特性,提出相关控制措施,以支持后续对质量和可靠性实施有效保证。

在系统研制过程中,应对技术流程和计划流程的实施情况进行监督和评价,并根据实施效果进行必要调整,以确保所有计划安排能够得到有效落实,同时确保总体研制技术要求得到全面满足。设计活动主要集中在生命周期的前期,而在系统进入应用和改进阶段,通常不再执行完整的设计过程。但当发生重大问题需重新设计时,仍需进行设计更改过程的策划和实施。

系统设计过程中,设计工作策划和实施的系统性、规范性和稳定程度应随研制进展逐步提升。在系统生命周期的前期设计过程中,系统成熟度等级越高,设计过程策划和实施的规范性和稳定性越好、关键项目和关键特性识别越充分。

本要素可进一步细分为"系统设计方案制定与评审""技术流程和计划流程及其控制""通用质量特性保证工作计划及其控制""基础产品保证工作计划及其控制""软件开发及软件产品保证""内外部接口控制"6 个子要素。

① 子要素 1-2-1:系统设计方案制定与评审。

根据子要素 1-1-2 所确定的设计输入,开展系统设计。系统设计应全面满足已确定的研制技术要求,同时,还可考虑设计裕度、容差和容错、降额、禁/限用设计元素、详细的系统外部接口、指标的分配以及指标和可实现性和可验证性、子产品间接口要求等。相关设计结果需要经过规范的评审,并进行归档管理。

a. 设计结果是否能满足研制技术要求;

b. 设计结果是否准确、全面地反映产品必须具备的各项功能性能指标;

c. 设计结果的工艺性是否得到充分考虑;

d. 产品设计结果确需更改时,是否进行充分论证,实施规范的审查、确认、批准和版本管理活动。

② 子要素 1-2-2:技术流程和计划流程及其控制。

应依据识别确认的系统研制技术要求和系统设计输入,对研制中需开展的各项工作实施系统策划并组织实施。应拟制相应的研制工作技术流程和计划流程,并经过评审和确认,明确工作内容、工作要求、工作成果、进度安排等事项,落实相应职责。应在研制的适当节点对技术流程和计划流程的执行情况进行监督和评价,以确保:

a. 所有研制技术要求和其他相关设计输入中规定的内容已在计划安排中得到充分体现;

b. 所有计划安排已按要求得到落实;

c. 所有需补充开展的工作已纳入计划;

d. 实际工作中任何与计划矛盾或不一致的问题已明确并得到解决。

在系统投入实际任务应用后,通常不再执行完整的设计过程,但当发生重大问题需重新设计时,应根据更改程度,进行设计更改过程策划,此时系统的成熟度等级应降低至相应级别。

③ 子要素 1-2-3:通用质量特性保证工作计划及其控制。

应依据识别确认的系统研制技术要求、设计输入以及相关通用质量特性保证工作规范,策划并实施可靠性、维修性、安全性、环境适应性、测试性和保障性(以下简称通用质量特性)等设计保证工作。

应编制相应的通用质量特性大纲和/或工作计划,经过评审和确认,以明确通用质量特性工作的相关要求,并将要求逐级分配,落实相应职责,并提供必要的资源保障。应在研制的适当节点对通用质量特性大纲和/或工作计划的执行情况进行监督、评价和必要的调整。

通用质量特性工作策划和执行应依据相关标准,并采用必要工具。

通用质量特性工作内容一般包含但不限于以下方面:

a. 通用质量特性管理;

b. 通用质量特性设计与分析;

c. 通用质量特性验证与评价。

应按照国军标等质量相关顶层标准和配套规范的要求,编制各研制阶段的通用质量特性大纲和/或工作计划,并遵照执行。

在系统投入实际任务应用后,通常不再进行完整的通用质量特性保证过程,但仍然需要采集相应使用阶段数据,对通用质量特性工作实施持续的更新和完善。

④ 子要素 1-2-4:基础产品保证工作计划及其控制。

这里的基础产品指除分系统、单机之外的元器件、通用零部件、金属与非金属材料、总装直属件等,它们是系统的基本组成单元,对它们的选用控制和保证是系统设计过程的重要工作内容。应在设计过程中,对基础产品采取选用控制等基础保证措施,包含但不限于以下内容:

a. 依据研制要求和以往任务应用验证结果,编制并应用基础产品选用等级和清单;

b. 针对产品设计,按照选用目录开展基础产品选用工作,并形成选用产品清单；

c. 针对所形成的设计结果，实施产品选用情况核查，依据选用目录，逐一核对选用对象的符合性；

d. 对于目录外选用情况，应予以记录和持续跟踪，并安排相应补充措施，以评价并有效规避应用风险；

e. 对于选用的成品件，应按照具体技术要求，对其适用性充分验证后，方可选用，相关验证记录应予以保留；

f. 对于国外引进产品，应实施风险控制，如：及早考虑对引进项目的国产化替代方案，并推进其试验、应用，不断降低国外引进的外购、外协项目的数额或比例，并最终实现全面国产化；探索引进替代方案，对同一引进项目确定两个以上的合格供应商，规避风险；实施采购风险预判，制定相应采购预测，实施必要的战略储备采购。

应注意识别由国内厂商代理或变相代理国外厂商的外购、外协项目，此类项目应视同国外引进项目，实施国产化控制。

⑤ 子要素 1－2－5：软件开发及软件产品保证。

这里的软件是指型号软件系统，即参加飞行试验（任务）的具备指定功能的软件系统，既包含系统支撑软件，各系统管理软件、应用软件，还包含各单机上的嵌入式软件配置项。

型号软件系统开发工作至少应涵盖以下内容：

a. 型号软件系统分析；

b. 型号软件系统设计；

c. 分系统软件系统分析；

d. 分系统软件系统设计；

e. 软件配置项的分析、设计与开发；

f. 软件配置项的各种测试；

g. 软件配置项落焊；

h. 型号软件系统与分系统软件系统的各种集成测试；

i. 型号软件系统试验；

j. 型号软件系统运行维护等。

软件系统的研制应遵循航天型号软件可靠性与安全性设计、软件测试规范、软件文档管理要求、软件工程化管理要求等标准规范。建议 A、B 级软件用软件产品成熟度模型进行评价。

软件产品保证是指型号软件系统的质量保证工作，应按照飞行试验（任务）要求或大纲、型号软件产品（质量）保证大纲及相关标准规范，开展型号软件系统的质量保证工作,确保开发或重复使用的软件符合产品生命周期的全部要求,并确保软件在使用环境中可靠、安全地运行。

型号软件系统产品保证工作至少应涵盖以下内容:

a. 开展型号软件系统的策划;

b. 实施型号软件产品配套表的管理;

c. 实施软件配置管理;

d. 实施各节点阶段性评审与审查;

e. 实施质量问题归零管理;

f. 组织相关人员的培训等。

⑥ 子要素 1-2-6:内外部接口控制。

系统设计时应重点考虑内外部接口关系,确保相关接口要求清晰、明确和全面的表述,作为系统和子产品的主要限制条件。上一级单位需要明确系统入口参数要求、外廓尺寸、结构质量、力学环境、热环境、大气压力、电磁辐射等,一般以相应的任务书明确要求。系统设计时,需要明确内部组件的参数接口以及机械接口,一般以设计要求的形式明确。同时,相关接口的相关要求应以规范的形式记录,如接口数据单(IDS)等,并且由相应的检查、控制措施。

接口设计时应尽可能采用成熟的接口关系,降低各级各类产品研制的难度,并提升系统成熟度水平。

内外部接口控制的工作内容一般包含但不限于以下方面:

a. 大总体对系统的设计任务书;

b. 系统总体对组成部分的设计要求;

c. 系统对外接口检查、记录要求;

d. 重要接口协调工装。

(3) 要素 1-3:设计输出及其验证。

系统设计输出既是设计过程形成的结果,也是总装总测和应用过程的基本输入。设计过程的结果文件,描述了系统的技术要求,确定了技术状态基线,以及通用质量特性等工作要求,记录了技术状态基线,决定了系统的固有能力。设计输出应准确、完整、清晰、规范,同时应与已确定的系统研制技术要求和相关设计输入逐一对应并保持一致。系统设计输出应经过审查、确认,并对其更改实施有效管理。

系统的设计输出通常是在本阶段全部研制工作完成后,经必要审查活动最终确认的,是全部设计工作成果的最终载体。设计输出随研制进展反复验证、不断完善,与研制技术要求的符合程度也不断提升。系统成熟度等级越高,设计输出越完备。

设计结果的验证指为检验设计结果与研制要求的符合性进行的测试活动，测试的覆盖性、测试的具体项目和不可测项目、测试的过程与结果都是由下级产品向上级产品交底，测试相关文件需齐套完备。

本要素可进一步细分为“关键技术和关键项目的识别和控制”“系统通用质量特性设计、分析与验证”“不可测试项目的识别和控制”“综合测试和大型试验方案制定与评审”“质量问题归零”“技术状态控制”“设计输出符合性及文件齐套性”7 个子要素。

① 子要素 1 -3 -1:关键技术和关键项目的识别和控制。

在任务分析的基础上，确定关键技术和关键子产品项目，分析其对于系统的影响，对技术性能、不确定性和风险程度进行预测，同时组织关键技术的攻关，进行可行性论证、研制攻关和验收。应对所识别的关键技术和关键子产品项目确定相关控制措施，以确保：

a. 所有关键技术和关键子产品项目的相关信息和控制要求得到有效传递；

b. 所有关键技术和关键子产品项目的相关控制要求得到有效落实；

c. 所有关键技术和关键子产品项目均控制在规定范围内，并保持必要的裕度；

d. 所有关键技术和关键子产品项目的攻关结果及在后续阶段的相关风险（如偏离、超差情况）已得到确认和评审。

在系统设计、生产和任务应用过程，应利用相关数据，持续对关键技术和关键子产品项目及其攻关的有效性进行反复验证和完善。

② 子要素 1 -3 -2:系统通用质量特性设计、分析与验证。

应按照通用质量特性大纲和/或工作计划的安排和相关标准，开展通用质量特性设计、分析、分配与验证工作，编制相应技术文件和工程报告。通用质量特性设计结果应完整表述产品开展的各项通用质量特性工作的成果，并与通用质量特性工作计划相符合。应按照可靠性、维修性、安全性等方面的相关顶层标准和配套规范的要求，编制各研制阶段的通用质量特性工作结果文件。研制各阶段的通用质量特性设计结果文件至少应涵盖以下内容：

a. 系统整体通用质量特性设计内容可包括：通用质量特性指标分配、可靠性/维修性建模和预计、FME(C)A、FTA、降额设计、通用质量特性设计准则、最坏情况分析、潜在分析、危险分析、容差分析等；

b. 通用质量特性验证与评价，内容可包括通用质量特性试验验证、通用质量特性评估等。

系统通用质量特性设计、分析与验证工作应与系统通用质量特性要求的相关内容逐一对应，并保持符合性。

③ 子要素 1－3－3：不可测试项目的识别和控制。

应依据研制技术要求、设计报告和测试、试验验证结果，逐一核对系统相关技术要求和指标的验证及符合情况，并记录未被验证或难以测量的要求项目，汇总形成不可测试项目清单。

不可测试项目包括：

a. 各级产品（包括配套单机产品、装配或调试过程）测试中不能用测试方法获取数据的项目；

b. 上级不可测试，在下级产品可测试的项目；

c. 下级产品测试中不可测试，在上级产品可测试的项目。

对于不可测试项目，应分析其在后续活动中的可测试性，评价可能造成影响和风险程度，并制定相应的不可测试项目控制措施，确保其不构成最终系统执行任务的技术隐患。

④ 子要素 1－3－4：综合测试和大型试验方案制定与评审。

应依据研制要求，开展相应的综合测试和大型试验方案设计，编制测试试验文件，以指导大型试验、综合测试过程。总测试试验文件应满足设计提出的相关要求，全面描述总测试验过程及相关操作方法。应按照相关标准和规范的要求，编制总测试验文件。相关文件需经过评审。

综合测试通常包括力学、电磁性能等项目；大型试验通常指整机的模拟工况试验。

试验验证活动是保证系统各项技术要求的重要手段，应针对已确定的研制技术要求，策划并实施产品各项试验验证活动，以验证各项技术要求的实现程度。试验验证活动应按照相关标准规范实施，通常，可参考但不限于以下内容拟制试验文件和相关记录：

a. 测试、试验大纲及试验技术条件；

b. 测试、试验计划；

c. 测试、试验规程、细则、软件和操作规程等。

测试和试验方案设计应具有良好的适应性和先进性，覆盖地面条件下所能进行的全部必要验证工作，并包括与其他相关系统的接口协调等。

经过可测可控性分析，对于试验或其他验证活动无法检测或证实的技术要求应予以记录，并纳入“不可测试项目”实施控制（详见子要素“1－3－3 不可测试项目的识别与控制”）。

综合测试和大型试验方案的评审内容一般包含但不限于以下方面：

a. 试验大纲；

b. 试验技术条件；

c. 试验任务书;

d. 试验规程;

e. 试验故障预案。

⑤ 子要素 1 - 3 - 5:质量问题归零。

应详细记录设计过程发生的所有质量问题,并按照有关要求完成质量问题归零活动,确保问题得到根治。按照“双五条”原则完成质量问题的归零活动。质量问题归零活动应形成并保留相应工作记录和报告。

⑥ 子要素 1 - 3 - 6:技术状态控制。

应参照技术状态控制等标准、规范对设计结果实施管理。当发生设计更改时,应根据更改的影响程度确定相应的控制措施。对于影响系统技术状态基线的重大更改,可参照以下原则实施更改控制,并形成相应记录:

a. 论证充分:论证更改的必要性及更改对系统和配套单机产品的影响;

b. 各方认可:论证后确定更改的项目要征得与更改项目相关各方的认可;

c. 试验验证:在原理分析和计算的基础上,对更改内容进行试验(物理试验或仿真试验)验证,以证明更改可行、可靠,试验验证结果要形成报告;

d. 审批完备:对确定更改的项目履行更改手续,如填写更改单,相关方会签,逐级审批,必要时,可提高设计更改的审批级别;

e. 落实到位:把技术状态的更改内容及时反映到技术文件上。落实到产品上,做到文文一致,文实相符。

⑦ 子要素 1 - 3 - 7:设计输出符合性及文件齐套性。

设计结果应与研制技术要求和其他设计输入的相关内容逐一对应,并保持符合性和设计可实现性。

应按照研制策划安排和相关标准,记录设计过程的结果,编制相应技术文件和工程图样。

应依据技术要求,结合测试和试验验证结果,验证设计输出与设计输入的符合程度,包括设计输出的验证条件与真实应用条件或要求规定技术条件的符合程度或覆盖程度。设计输出与设计输入的符合性应明确说明,并经过必要的审查或确认。

应依据设计输出,考虑后续总装总测需求,分析度量各项设计结果的可实现性。应结合设计工作同步开展设计可实现性分析,确保尽早发现设计的可实现性和可测试性问题,避免研制后期由于设计不可实现和测试引发的设计方案更改。

同时,设计输出应完整表述系统工作原理、组成结构和固有能力,并规范记录产品的技术基线和分配基线。应按照《宇航产品设计文件管理制度》等相关标准和规范的要求,编制各研制阶段的设计结果文件。除研制和试验技术要求、各类工作计划及工作记录外,研制各阶段的设计结果文件至少还应涵盖以下内容:

a. 设计报告、设计说明书、技术说明书以及相应专题设计分析报告、计算报告等;

b. 图样(如总图、装配图、电路图等);

c. 配套单机产品清单、汇总表或明细表(含关重件清单等);

d. 接口文件(如接口数据单等);

e. 其他设计文件。

对形成的设计结果文件,应实施规范的审查、批准和版本管理活动。应开展规范的技术状态控制工作,以确保:

a. 设计输出已全面满足了研制技术要求和相关设计输入的所有内容;

b. 设计输出具备可实现性,可作为后续研制活动的输入;

c. 设计的关键特性及相关风险已明确记录,并提出了控制措施;

d. 设计输出文件完整、规范、齐套。

(4) 要素2-1:配套单机产品控制。

配套单机产品指在系统级产品配套表中的单机产品,本要素可进一步细分为"配套单机产品成熟度水平""配套单机产品的设计控制""配套单机产品的生产管理""配套单机产品的试验方案制定与实施"和"配套单机产品的验收与评审"。

① 子要素2-1-1:配套单机产品成熟度水平。

配套单机产品成熟度对系统的功能性能、可靠性、健壮性等有重要影响。在满足总体技术要求的前提下,控制成熟产品与新研产品比例,对配套单机产品间功能性能匹配性以及接口关系进行识别和控制,努力减少不成熟配套单机产品选用,同时避免未经满足任务要求验证的接口关系。

配套产品成熟度控制应遵循如下流程:

a. 确定配套单机产品的功能、性能、寿命、可靠性等指标满足任务要求,且环境适应性验证条件满足任务要求;

b. 通过配套单机产品的应用验证经历,依据单机产品成熟度定级规定判定产品成熟度;

c. 对于配套单机产品根据任务要求对继承产品进行了适应性修改,需明确技术更改对于产品成熟度的影响;

d. 确认配套单机产品间接口关系;

e. 以总体设计时所选配套单机产品的成熟度分布情况为基本输入,综合考虑配套单机产品之间的功能性能和接口的关联性和接口关系。

成熟配套单机产品的选择情况在很大程度上限制了总体设计的非必要创新,降低由于非成熟配套单机产品应用和未充分验证的配套单机产品组合方式所带来的总体风险。同时,此要素的设置避免由于配套单机产品研制、验证工作的滞后对系统任务造成影响。

② 子要素 2-1-2:配套单机产品的设计控制。

在配套单机产品研制过程中,总体各项技术指标分配应是先确定的。随研制工作进展,配套单机产品设计的正确性、完整性和充分性也应在反复验证的基础上不断完善。系统成熟度等级越高,配套单机产品设计要求应越完备。

配套单机产品的设计应充分满足总体设计对各配套单机产品的指标分配要求,同时关注相关设计的可实现性,在任务符合性的前提下争取采用已有成熟设计并采用成熟产品和工艺予以实现。配套单机产品的设计工作应有明确的策划和计划,保证配套的设计能够按照研制计划圆满完成。

配套单机产品的设计控制的工作内容一般包含但不限于以下方面:

a. 系统对配套单机产品的结构质量控制要求;

b. 系统对配套单机产品外廓尺寸限制;

c. 系统对配套单机产品接口的结构和方位要求;

d. 系统对配套单机产品功能和性能的要求;

e. 系统对配套单机产品试验和使用中,必需的测点和接口的位置数量、结构形式和尺寸的要求;

f. 系统对配套单机产品环境试验条件的要求;

g. 系统对配套单机产品的可靠性指标要求;

h. 储存期要求。

按照《设计任务书》《设计要求》《可靠性大纲》《产品保证大纲》等技术文件,开展对配套单机产品的设计工作,保证配套单机产品的成熟度随着设计研制的深入不断提高,从而支撑系统产品成熟度的提升。

③ 子要素 2-1-3:配套单机产品的生产管理。

配套单机产品的生产管理是在产品设计已满足要求的前提下,按照相关技术文件构建实物产品的生产管理过程。技术状态基线确定后,产品需要通过正确的生产方式予以实现,才能投入应用。而保证实现全部设计要求是这一过程的核心。同时,生产管理应持续关注并逐步提高这一过程的可重复性和效益,单件或重复生产过程中质量、成本和周期等方面要求的符合程度。

配套单机产品的生产管理工作内容一般包含但不限于以下方面:

a. 产品工艺文件的完整、齐套满足规范性要求;

b. 在确定生产工艺的基础上,配套生产资源一般涉及人员、设备、物料、环境设施等四方面(即人、机、料、环)的需求;

c. 在确保满足规定质量要求的前提下,应通过诸如“工序负荷及能力分析”“生产流程和布局优化”“工时核算”等活动,对生产活动的计划和产能实施管理,并制定相应的生产计划,明确工作内容、工期、完成形式、时间节点及考核方式等内容;

d. 以“持续保证并不断提高生产质量,确保满足配套单机产品高质量要求”为目标,开展以下方面的工作:

➢ 生产过程质量保证工作的策划和落实,包括质量目标(如一次交验合格率、成品率、废品率等)及其对应人、机、料、法、环等方面质量保证措施的制定和实施。

➢ 生产过程监督,主要针对产品设计和工艺提出的相关过程控制要求,以及已确定的人、机、料、法、环等方面质量保证措施,采用定期巡查或不定期抽查等多种方式核查其执行情况。

➢ 产品检验和强制检验点控制,主要针对产品生产过程的关键环节和关键特性设置检验点,实施专门的产品(半成品)检验。应根据检验项目的关键和重要程度,确定采用自检、互检、巡检、专检等检验方式,核查产品和过程的符合性。对于风险大、控制要求高的环节和项目,采取用户现场监督、第三方检测等加严控制措施,并形成记录。

➢ 不合格(含偏离、超差、让步接收等)控制,主要针对生产过程发生的不合格品或不合格项目,包括所有偏离、超差、让步接收等情况,按照不合格品处理程序,遵循识别、记录、分析、审理、处置的基本步骤,杜绝不合格品或不合格项目向下游流转,并视情采取必要的纠正措施和预防措施。

➢ 生产过程数据采集、分析、评价和持续改进,应事先策划并安排必要资源实施生产过程数据和信息采集(如数据记录、影像记录等)。应按照合理的周期或频次,依据相关信息,对生产质量进行系统评价,包括对过程质量和产品质量两方面的分析和评价,并与预期的质量目标进行对比,以识别差距,发现潜在问题和薄弱环节,并制定相应措施,实现持续改进。

配套单机产品初次研制阶段(成熟度 1 ~3 级),应重点关注重大工艺技术攻关、产品主要技术指标的实现,工艺方案的可行性、可靠性、协调性和可实现性。

配套单机产品重复使用和验证阶段(成熟度 4 ~5 级),应重点关注生产工艺技术状态控制,并通过关键工序的工序能力评价、关键特性分析及包络控制等方法,持续监控和提升产品质量的稳定性、一致性。

配套单机产品状态固化阶段(成熟度6～8级),应重点关注对产品技术状态进行固化,以支持型号选用和重复生产,同时,完善产品设计、工艺和过程控制,确保产品持续满足高质量、高可靠要求。

④ 子要素2-1-4:配套单机产品的试验方案制定与实施。

依据系统研制要求,需开展相应的配套单机产品的试验,编制试验文件,指导配套单机产品的测试、试验、验收工作。试验文件应满足设计提出的相关验收要求,描述试验方案及操作方法,以及试验结果的处理方法和评判准则。应按照相应的标准和规范要求,编写配套单机产品试验文件,并通过评审。

配套单机产品试验验证活动是集成后各项技术满足要求的重要手段,应针对系统对配套单机产品的要求,策划并实施产品各项试验验证活动,以验证各项技术要求的实现程度。试验验证活动应按照相关标准规范实施,通常,可参考但不限于以下内容拟制试验文件和相关记录:

a. 试验大纲及试验技术条件;

b. 试验计划;

c. 试验规程、细则、软件和操作规程等。

配套单机产品试验验证应具有良好的适应性和先进性,覆盖地面条件下所能进行的全部必要验证工作,并包括与其他相关产品的接口协调等。根据产品对系统任务影响的重要程度,产品验收单位可参加试验活动,并对试验结果进行确认。

经过可测可控性分析,对于试验或其他验证活动无法检测或证实的技术要求,应予以记录,并纳入"不可测试项目"实施控制。

⑤ 子要素2-1-5:配套单机产品的验收与评审。

配套单机产品生产需要完全依据总体分配的技术要求组织实施,并通过验收与评审,确认配套单机产品的固有能力能够满足任务要求,可以交付上游单位,开始总装集成。

系统在总装开始前,需完成各配套单机产品的生产、验收与评审工作,在配套单机产品满足相关技术要求的前提下开始总装过程。配套单机产品的验收与评审需严格满足总体分配的技术指标及接口关系,并经过完善的试验验证。

对配套单机产品主要验收项目包括:

a. 产品状态满足总体设计要求的情况;

b. 产品试验过程及结果与技术要求的符合情况;

c. 工艺文件的完整性、量化、改进情况及影响分析;

d. 产品生产过程中使用的仪器、仪表及测量设备校验情况;

e. 产品的各项性能参数及质量是否满足设计及技术条件要求；

f. 产品外观、接口质量是否满足技术要求；

g. 超差代料的处理及考核情况；

h. 技术状态更改情况；

i. 不可测试项目情况；

j. 产品生产过程中有无临界及异常数据或现象，原因及影响分析情况；

k. 产品生产、试验质量问题归零情况，及其他质量问题举一反三落实情况；

l. 产品储存期是否满足整体设计要求。

（5）要素3-1：总装。

总装的任务就是根据总体的要求，将各个分系统使用的仪器设备可靠地固定到所要求的位置，通过电缆和导管将它们连接起来形成质量特性、精度和气密性都能满足总体要求的系统产品，保证它们能够在地面阶段、发射阶段、飞行阶段等各种环境的作用下正常工作。本要素可进一步细分为“总装工艺方案制定与评审”“总装过程控制”“总装配套资源管理”和“总装总结及质量问题管理”。

① 子要素3-1-1：总装工艺方案制定与评审。

应按照《工艺总方案的编制和管理要求》，依据研制的技术要求、生产类型和承制单位的生产条件，对产品工艺进行全面策划，提出产品研制及生产工艺准备、生产组织任务和措施的纲领性技术文件。

工艺总方案一般应在完成发动机设计文件工艺性审查后编制，其主要编制依据应包括：

a. 上级下达的计划任务或产品订购、协作合同及相关文件；

b. 产品的设计文件；

c. 产品生产类型、规模和周期；

d. 生产单位的生产条件、管理制度和工艺技术水平（包括设备能力、精度，工人级别及技术水平等）；

e. 产品前阶段（批次）工艺工作总结；

f. 国家和上级主管部门发布的有关政策、法规和标准。

工艺总方案的主要作用包括：

a. 为生产单位控制产品工艺技术状态、确保产品可靠性和稳定性提供依据；

b. 为行政、技术负责人组织产品研制生产提供依据；

c. 为工艺部门开展工艺准备、工艺技术和工艺管理等工作提供依据；

d. 为生产部门制定生产计划、合理安排生产提供依据；

e. 为生产单位资源管理和产品经济性分析提供参考。

工艺总方案应根据产品成熟度和研制阶段实施更新和审查，如初次研制阶段（成熟度1～3级）应侧重于重大工艺技术攻关、产品主要技术指标的实现，突出工艺总方案的可行性、可靠性、协调性和可实现性；重复使用和验证阶段（成熟度4～5级）应侧重于工艺优化，产品质量的稳定性、一致性、可靠性的实现，突出生产技术状态控制、生产工艺布局调整、工艺装备和设备的补充及产品经济的可实现性；状态固化阶段（6～8级）应侧重于持续完善工艺控制，确保产品持续满足高质量、高可靠要求。

对于那些存在技术缺陷或可能导致事故隐患的成熟工艺，应在编制总装工艺前予以识别和记录，并在总装工艺设计时限制或禁止其选用。成熟工艺选用控制措施应包含但不限于以下内容：

a. 依据以往工程验证结果，识别并应用总装工艺选用目录和禁/限用工艺清单；

b. 针对总装工艺设计，按照总装工艺选用目录开展工艺选用工作；

c. 实施总装工艺选用情况核查，依据选用目录和禁/限用总装工艺清单，逐一核对是否存在目录外工艺和禁/限用工艺；

d. 对于目录外选用情况，应予以记录和持续跟踪，并安排相应补充措施，以评价并有效规避其应用风险。

② 子要素3-1-2：总装过程控制。

在确定总装工艺、保障总装资源的基础上，必须通过规范、有序的组织管理活动，才能保证总装的质量、效益和效率符合规定要求。

总装活动的组织管理工作主要包括总装质量管理、生产计划管理等。实施生产活动组织管理应编制相应文件，以明确组织管理的工作内容、要求、职责和时间安排。总装活动实施时应形成相应记录，以证实相关工作按照规定要求完成。

在研制各阶段，随总装工艺和配套资源条件的不断完善，总装活动的组织管理措施也应不断细化、完善，而其有效性也应随后续生产、试验和应用等活动的实施，得到持续验证。同时，为不断提升产品制造成熟度，对于现有成熟工艺无法满足的技术、生产进度、效益等需求，应充分识别拟采用的新工艺项目，确定工艺关键技术攻关、改进项目，并采取相应的控制措施，工艺选用控制措施应包含但不限于以下内容：

a. 依据相关标准、文件要求和以往工程验证结果，编制并应用工艺选用目录和禁限用工艺清单，识别了工艺关键项目及攻关措施、工艺试验项目，并进行了可行性论证，识别了可能存在的风险，制定了相应的风险控制措施；

b. 针对产品工艺设计，按照工艺选用目录开展工艺选用工作；

c. 实施工艺选用情况核查,依据选用目录和禁/限用工艺清单,逐一核对是否存在目录外工艺和禁/限用工艺;

d. 对于目录外选用情况,应予以记录和持续跟踪,并采取相应补充措施,以评价并有效规避其应用风险。

系统成熟度等级越高,总装活动的组织管理措施越完备:

a. 是否针对总装过程的质量控制制定了有效的方案和要求;

b. 是否针对总装的操作制定了规范和要求;

c. 是否识别了总装的关键风险点,并制定了预防措施;

d. 相关规范和要求是否得到落实,并有可追溯的有效记录;

e. 相关控制措施经实际生产检验,有效且能支持后续重复生产。

③ 子要素3-1-3:总装配套资源管理。

应对总装组织管理活动的有效性及时进行监督和评价,并持续改进,不断提高总装的质量、效益和效率。在质量、效益和效率三方面,应以保证质量为中心实施资源配置和风险权衡。

应依据已确定的总装工艺,识别人员(人)、设备(机)、环境设施(环)等基础资源的需求,并提供符合相关要求的资源保障条件,其中:

a. 人员指执行总装过程的所有人员,一般包括技术人员、管理人员和岗位操作人员等。相关人员的技能水平和能力应满足产品生产工艺对相关工作岗位的要求。必要时,对于特定岗位人员,如关键工序和特种工艺操作人员、专职试验和检验人员、调试人员等,应安排相应能力考核和资质认定活动,形成记录并定期核查,以确保其能力持续符合要求。

b. 设备指完成生产过程所需的全部设备,一般包括总装加工设备、仪器仪表、工装模具、计量器具、测试设备、信息采集和处理设备等。设备能力应与总装工艺的相关要求保持一致,如精度要求等。应对相关设备进行规范管理,定期检查和维护,并在总装过程中及时确认设备的完好性,以确保其能够持续按要求完成总装过程的相应活动。

c. 环境设施指总装过程所需提供的总装环境条件,以及构建合格总装环境条件所需的配套基础设施。总装环境条件一般涉及振动条件、噪声条件、防静电条件、电磁条件、光学条件、洁净度条件、温湿度条件等,配套设施可包括场地建筑设施(如厂房、库房)、环境控制设施(如空调、风淋设施)、安全防护设施(如消防、防静电设施)、资源供给设施(如水、电、气供应设施)等。相关总装环境条件中的关键环境参数要求(如温湿度要求)应在相关文件中予以明示,并及时监测和记录,以确保总装过程始终在规定的环境条件下实施。

人、机、环等基础资源的需求应准确识别和明示,并通过必要的记录证实相关要求已得到满足。

④ 子要素 3 - 1 - 4:总装总结及质量问题管理。

总装质量管理活动应包括但不限于以下内容:

a. 总装过程质量保证工作的策划和落实,一般包括质量目标及其对应人、机、料、法、环等方面质量保证措施的制定和实施;

b. 总装过程监督,主要针对设计和工艺提出的相关过程控制要求,以及已确定的人、机、料、法、环等方面质量保证措施,采用定期巡查或不定期抽查等多种方式核查其执行情况;

c. 检验和强制检验点控制,主要针对总装过程的关键环节和关键特性,设置检验点,实施专门的检验活动。应根据检验项目的关键和重要程度,确定采用自检、互检、巡检、专检等检验方式,核查总装过程的符合性。对于风险大、控制要求高的环节和项目,可考虑补充采取最终用户现场监督、第三方检测等加严控制措施;

d. 不合格(含偏离、超差、让步接收等)控制,主要针对总装过程发生的不合格项目,包括所有偏离、超差、让步接收等情况,预先确定相应的不合格处理程序,遵循识别、记录、分析、审理、处置的基本步骤,杜绝不合格项目向下游流转,并视情采取必要的纠正措施和预防措施;

e. 总装过程数据采集、分析、评价和持续改进,应事先策划并安排必要资源实施生产过程数据和信息采集(如数据记录、影像记录等)。应按照预先安排的周期或频次,依据相关信息,对总装质量进行系统评价,包括对过程质量和结果质量两方面的分析和评价,并与预期的质量目标进行对比,以识别差距,发现潜在问题和薄弱环节,并制定相应措施,实现持续改进。

f. 总装技术状态控制,主要针对总装过程发生技术状态更改的情况,应参照技术状态控制等标准、规范对总装技术状态实施管理。当发生总装技术状态更改时,应根据更改的影响程度确定相应的控制措施。

g. 总装过程质量问题归零管理,应考核、记录并统计总装的质量情况,如成品率、一次交验合格率等,作为评价总装质量管理活动有效性和成熟度的基本依据。

(6) 要素 3 - 2:综合测试。

综合测试指从初样的桌面联试、电性测试、靶场合练到正样发射的各个阶段以及各种环境下(总装厂、力学、热真空试验、电磁兼容试验、发射场技术区、发射场与运载火箭对接后测试等)都需要进行全面完整的测试。其目的是:检验系统级产品总体设计的正确性,检验各分系统的主要性能和功能是否满足设计要求、各分系统的电接口是否正确合理、电磁是否兼容,协调各种软件运作的正确性和协调性等,通过对系统产品进行全面系统测试,充分暴露系统产品的设计和生产工艺缺陷,发现电子元器件早期失效及软件的不足,确保系统产品的高质量。

本要素可进一步细分为“测试过程控制”“测试配套资源管理”和“测试总结及质量问题管理”。

① 子要素 3－2－1:测试过程控制。

测试活动是保证系统实现各项技术要求的重要手段,应针对已确定的测试方案,策划并实施系统各项总测验收活动,以验证各项技术要求的实现程度。测试验收活动应按照测试方案实施,重点关注以下内容:

a. 是否针对测试过程的质量控制制定了有效的方案和要求;

b. 是否针对测试的操作制定了规范和要求;

c. 是否识别了测试的关键风险点,并制定了预防措施;

d. 相关规范和要求是否得到落实,并有可追溯的有效记录;

e. 相关控制措施经实际测试检验,有效且能支持后续重复生产测试。

② 子要素 3－2－2:测试配套资源管理。

应依据已确定的测试方案,识别人员(人)、设备(机)、环境设施(环)等基础资源的需求,并提供符合相关要求的资源保障条件,其中:

a. 人员指执行测试过程的所有人员,一般包括技术人员、管理人员和岗位操作人员等。相关人员的技能水平和能力应满足测试对相关工作岗位的要求。必要时,对于特定岗位人员,应安排相应能力考核和资质认定活动,形成记录并定期核查,以确保其能力持续符合要求。

b. 设备指完成测试过程所需的全部设备,一般包括仪器仪表、计量器具、测试设备、信息采集和处理设备等。设备能力应与测试的相关要求保持一致,如测量精度要求等。应对相关设备进行规范管理,定期检查和维护,并在测试过程中及时确认设备的完好性,以确保其能够持续按要求完成测试过程的相应活动。

c. 环境设施指测试过程所需提供的环境条件,以及构建合格总测环境条件所需的配套基础设施。总测环境条件一般涉及振动条件、噪声条件、防静电条件、电磁条件、光学条件、洁净度条件、温湿度条件等,配套设施可包括场地建筑设施(如厂房、库房)、环境控制设施(如空调、风淋设施)、安全防护设施(如消防、防静电设施)、资源供给设施(如水、电、气供应设施)等。相关测试环境条件中的关键环境参数要求(如温湿度要求)应在相关文件中予以明示,并及时监测和记录,以确保生产过程始终在规定的环境条件下实施。

人、机、环等基础资源的需求应以正确方式识别和明示,并通过必要的记录证实相关要求已得到满足。

测试配套资源管理的内容一般包含但不限于以下方面:

a. 参试人员均持证上岗;

b. 操作执行定岗定员要求;

c. 试验用计量仪器仪表及设备均在校验(检定)有效期内,精度、量程等符合测量(监视)对象要求;

d. 设备检查记录完整,按规定周期进行检查;

e. 试验环境保障条件、设施满足试验任务要求,相关记录完整。

③ 子要素 3-2-3:测试总结及质量问题管理。

应详细记录测试过程发生的所有质量问题,并按照有关要求完成质量问题归零活动,确保问题得到根治。按照"质量归零双五条"原则完成质量问题的归零活动。质量问题归零活动应形成并保留相应工作记录和报告。

测试总结和质量问题管理一般包含但不限于以下方面:

a. 测试总结和评审结论;

b. 测试问题分析;

c. 质量问题归零。

(7) 要素 3-3:大型试验。

这里的大型试验指系统产品(含有效载荷)的电磁兼容试验、可靠性试验、力学振动试验、热真空试验、热平衡试验以及其他大系统接口试验等。大型试验是验证系统任务能力的重要手段,应针对已确定的研制技术要求,实施系统各项试验验证活动,以验证系统对各项技术要求的实现能力。本要素可进一步细分为"大型试验过程控制""大型试验配套资源管理"和"大型试验总结及质量问题管理"。

① 子要素 3-3-1:大型试验过程控制。

大型试验是验证系统任务能力的重要手段,应针对已确定的研制技术要求,实施系统各项试验验证活动,以验证系统对各项技术要求的实现能力。大型试验活动应按照试验方案实施,需要保证:

a. 对大型试验过程的质量控制制定了有效的方案和要求;

b. 对大型试验的操作制定了规范和要求;

c. 识别了大型试验的关键风险点,并制定了预防措施;

d. 相关规范和要求得到落实,并有可追溯的有效记录;

e. 相关控制措施经实际试验工作的验证,有效且能支持后续产品试验。

② 子要素 3-3-2:大型试验配套资源管理。

应依据已确定的试验方案,识别人员(人)、设备(机)、环境设施(环)等基础资源的需求,并提供符合相关要求的资源保障条件,其中:

a. 人员指执行试验过程的所有人员,一般包括技术人员、管理人员和岗位操作人员等。相关人员的技能水平和能力应满足试验对相关工作岗位的要求。必要时,对于特定岗位人员,应安排相应能力考核和资质认定活动,形成记录并定期核查,以确保其能力持续符合要求。

b. 设备指完成试验过程所需的全部设备,一般包括仪器仪表、计量器具、试验设备、信息采集和处理设备等。设备能力应与试验的相关要求保持一致,如测量精度要求等。应对相关设备进行规范管理,定期检查和维护,并在试验过程中及时确认设备的完好性,以确保其能够持续按要求完成试验过程的相应活动。

c. 环境设施指试验过程所需提供的环境条件,以及构建合格试验环境条件所需的配套基础设施。试验环境条件一般涉及振动条件、防静电条件、电磁条件、洁净度条件、温湿度条件等,配套设施可包括场地建筑设施(如厂房、库房)、环境控制设施(如空调、风淋设施)、安全防护设施(如消防、防静电设施)、资源供给设施(如水、电、气供应设施)等。相关试验环境条件中的关键环境参数要求(如温度、湿度要求)应在相关文件中予以明示,并及时监测和记录,以确保试验在规定的环境条件下开展。

人、机、环等基础资源的需求应以正确方式识别和明示,并通过必要的记录证实相关要求已得到满足。

大型试验配套资源管理一般包含但不局限于以下方面:

a. 参试人员均持证上岗;

b. 试验操作执行定岗定员要求;

c. 试验用计量仪器仪表及设备均在校验(检定)有效期内,精度、量程等符合测量(监视)对象要求;

d. 设备检查记录完整,按规定周期进行检查;

e. 试验环境保障条件、设施满足试验任务要求,相关记录完整。

③ 子要素 3-3-3:大型试验总结及质量问题管理。

对大型试验进行分析总结,应详细记录试验过程发生的所有质量问题,并按照有关要求完成质量问题归零活动,确保问题得到根治。按照“双五条”原则完成质量问题的归零活动,质量问题归零活动应形成并保留相应工作记录和报告。

大型试验总结及质量问题管理一般包含但不局限于以下方面:

a. 大型试验分析总结报告和评审结论;

b. 按照质量问题的管理要求进行归零;

c. 归零措施的落实。

(8) 要素 4-1:任务支持。

任务支持是保证高质量完成规定任务的必要条件,也是对后续应用活动的重要指导。对交付及交付后活动使用操作过程的支持应以相关支持文件和操作手册为载体。研制单位应依据系统固有特性和使用要求,编制相关文档。

为保证不因错误操作降低其质量和可靠性水平,应详细描述任务测试、交付及使用操作过程中各个过程和实施要求;同时,应识别任务测试、交付和使用过程可能发生的异常情况,并提供相应对策和预案。应准确描述相应过程的具体实施方法。任务测试、交付以及使用操作支持文档提出的相关要求应与现有条件和资源约束相适应。

任务测试、交付以及使用操作支持文档编制应与设计工作同步进行,并共同经历相关技术试验和验证。在研制初期,由于技术状态变化较大,通常不要求编制完整的验收、交付以及使用操作支持文档,只需对验收、交付以及使用操作过程进行初步的策划。但在研制中后期,随着设计的逐步验证、完善和固化,也要求验收、交付以及使用操作支持文档逐步细化、完善。系统成熟度等级越高,交付、验收以及使用操作支持文档应越完备。

本要素可进一步细分为“系统交付管理”“靶场测试方案制定与实施”和“故障预案制定”三个子要素。

① 子要素4-1-1:系统交付管理。

应依据固有特性和使用要求,编制验收文件,描述系统验收及使用操作的正确步骤、方法和注意事项。

验收和使用操作文件的编制至少应覆盖以下内容:

a. 主要用途、适用范围和应用限制条件(如接口条件、环境条件等);

b. 主要功能、性能技术指标;

c. 证明任务能力的支撑文件;

d. 验收及使用操作程序和相关操作规程;

e. 验收及使用操作中的潜在危险源及安全性事项,以及其他限制条件和注意事项;

f. 验收及使用操作所需专用仪器、设备和辅助工具,以及特殊资源需求;

g. 其他需要的内容。

② 子要素4-1-2:靶场测试方案制定与实施。

应依据固有特性和使用要求,编制出厂、交付、测试、发射、操作使用文件,并描述飞行控制和测试的正确步骤、方法和注意事项。此部分文件的编制至少应覆盖以下内容:

a. 任务测试、操作使用规程;

b. 任务测试、操作使用中的潜在危险源及安全性事项,以及其他限制条件和注意事项;

c. 任务测试、操作使用所需专用仪器、设备和辅助工具，以及特殊资源需求；

d. 其他需要的内容。

任务测试、交付、操作使用文件应经过评审、验证和确认，并依据标准实施技术状态管理。

③ 子要素 4－1－3：故障预案制定。

应结合设计特性，依据 FMEA、质量问题归零等工作成果，以及测试、试验、应用等过程的相关信息，识别、梳理在出厂、交付、测试、发射、操作使用过程中可能发生的异常情况。应逐一描述异常情况及其处置措施。应包含但不限于以下内容：

a. 可能发生的异常情况的表现形式，以及可能产生的影响和后果；

b. 异常情况发生的可能原因以及相应的异常情况原因定位措施；

c. 异常情况相对应的消除或处置的措施以及相应的资源保障要求；

d. 异常情况信息采集和报告的补充要求以及其他与异常情况处置相关的要求。

异常情况的识别和相应处置措施的有效性应经过必要的验证和确认。所识别的异常情况和相应预案应形成文件。

（9）要素 4－2：使用数据的统计和分析。

使用数据是后续提升任务能力、质量可靠性提升的重要输入。对于宇航系统，仅仅依靠地面研制、测试、试验活动通常难以实现飞行应用条件下的高质量和高可靠，必须持续利用实际使用数据，对已完成的设计和生产结果进行反复验证和改进，才能最终使系统在任务条件下达到高质量、高可靠要求。因此，全面采集并有效应用实际任务数据，是实现高质量、高可靠要求的重要手段和基本途径。

使用数据采集的内容、方式、方法等应在研制早期开始策划，并以文件形式进行记录和传递。应在条件许可的情况下，最大限度采集应用数据，尽可能覆盖运行情况，对其进行分析，并将分析结果应用于和配套产品的后续成熟度提升与改进。

在研制过程中，使用数据的采集通常是在首次实际发射开始的，但采集活动相关的策划及相应资源配置应同设计同步进行，并随研制进展不断完善。成熟度等级越高，使用数据的采集措施越完备；在生命周期后期，系统成熟度越高，采集和利用的使用数据越丰富。

本要素可进一步细分为“使用数据的策划和采集”和“使用数据的分析和利用”两个子要素。

① 子要素 4 – 2 – 1:使用数据的策划和采集。

应根据质量与可靠性提升的相关需求,策划开展使用数据的采集工作,包括但不限于以下内容:

a. 应在研制过程中同步策划使用数据的采集需求,并制定相应的数据采集措施(如任务数据采集要求文件、任务数据采集装置和数据传输通道等);

b. 应将相关数据采集活动纳入使用操作程序,并与使用方沟通确认数据采集、存储和传递的方式及相关工作安排;

c. 应在执行实际任务之前,针对数据采集和传递工作与相关各方进一步沟通确认,在任务执行过程中或任务完成后实施数据的采集和传递,并对所采集数据的有效性、完整性进行核查和确认;

d. 所采集的使用数据应分类、编目,妥善保管,以便查询和检索;

e. 应制定相应管理措施,在保证数据安全的基础上,支持对数据的查阅和调用。

使用数据采集、传递和管理的相关要求应形成文件。同时,应配备必要资源,确保随研制和应用进展,及时开展相关数据采集、存储和数据管理工作,并保证数据的持续积累。

② 子要素 4 – 2 – 2:使用数据的分析和利用。

应采用成功数据包络分析等多种技术和方法,对所采集的使用数据进行分析,验证设计、生产、试验、使用操作等环节各项要求和措施的正确性、适应性和有效性,并识别其变化趋势,分析查找可实施进一步改进或优化的内容。

所进行的数据分析工作和相关改进措施建议应形成文件和记录,并经过评审后,方可实施,相应改进措施的效果应进行验证或评估。

由使用数据的分析导致的任何技术状态更改,应按照相应更改控制规定实施。

使用数据分析应随数据采集量增加而持续更新。

6.5 系统级产品成熟度定级

6.5.1 定级矩阵

系统级产品成熟度定级矩阵依据所划分的产品成熟度等级,对应 6.3 节定级条件中各级的具体要求,逐一描述产品成熟度评价要素及其子要素在不同等级上的基本定级准则,即形成以等级划分为横坐标、以评价要素(及子要素)为纵坐标的产品成熟度定级矩阵,如表 6 – 3 所列。

表6-3 系统级产品成熟度评价要素定级矩阵表

等级名称			原理验证	工程验证	生产验证	首飞验证	多次飞行	状态鉴定	批量生产
方面	要素	子要素	1级	2级	3级	4级	5级	6级	7级
1 系统设计	1-1 设计输入的识别和审查	1-1-1 研制技术要求的识别和审查	依据用户提出的使用需求,以及研制的约束条件,对初步使用要求和技术指标的合理性、可实现性和指标之间的匹配性进行了充分考虑和论证。对研制技术要求,进行了清晰、准确的表述并形成相关记录。 以用户为主编制研制总要求,包括任务情况、使用要求、主要技术指标、组成及其功能	在1级所识别的研制技术要求基础上,结合初样的研制工作对要求进行了补充和细化完善,进一步验证了要求的正确性和可实现性,相关更改均得到了有效管理并正确传递;形成了产品规范	结合试样研制工作,对研制技术要求进行了补充和细化完善,进一步验证了要求的可实现性,提升了要求的可操作性。产品规范已补充和细化完善,相关更改均经过了相应级别的审查	结合一次任务考核情况,对产品规范进行了补充和细化完善,设计要求文档的更改控制活动形成了相应的记录并通过评审	在4级的基础上,经过2次考核,对产品规范进行了补充和细化完善,设计要求文档的更改控制活动形成了相应的记录并通过审查,为状态固化进行了充足的准备;产品规范已补充和细化完善	在5级的基础上,对多次任务考核中发生的所有质量问题开展了归零活动,制定了相应的纠正或预防措施,经过相应的审查和确认。完成了产品文件的固化工作,能够满足重复生产的要求	结合批生产和状态固化后的任务完成情况,产品文件无质量问题和状态更改

（续）

等级名称			原理验证	工程验证	生产验证	首飞验证	多次飞行	状态鉴定	批量生产
方面	要素	子要素	1级	2级	3级	4级	5级	6级	7级
1 系统设计	1－1 设计输入的识别和审查	1－1－2 设计输入的识别与确定	对用户的使用要求和战术技术指标进行任务分析。对已有研制基础进行可用性分析，根据实际任务的情况，提出适应性修改。相关设计要求经过审查	完成初样的研制要求，并依据要求完成初样研制，建立产品基线；通过初样的地面模拟任务环境鉴定试验，验证了初样设计要求的完整性、充分性和可实现性	以2级识别确定的试样研制要求要求作为输入，完成试样研制；试样经地面验收试验，满足研制要求。出厂后经过发射场测试，满足发射要求。整体设计要求进行了确认、细化、量化，固化了技术状态基线，完善了研制的相关规范	按照使用要求，经过一次任务考核，考核期间应工作正常，全部满足设计要求。设计要求的完整性、充分性和可实现性得到充分验证	满足4级要求的产品，再经过至少2次任务考核，考核期间应工作正常，为设计输入相关文件状态固化进行了充足的准备	在5级的基础上，对多次任务考核中发生的所有质量问题开展了归零活动，制定了相应的纠正或预防措施，经过相应的审查和确认。完成了设计输入相关文件的固化工作，文件的正确性、完备性和齐套性经过审查，能够满足重复生产的要求	结合批生产和状态固化后的任务完成情况，设计输入相关文件无质量问题和状态更改

（续）

等级名称			原理验证	工程验证	生产验证	首飞验证	多次飞行	状态鉴定	批量生产
方面	要素	子要素	1 级	2 级	3 级	4 级	5 级	6 级	7 级
1 系统设计	1-2 设计计划及其控制	1-2-1 系统设计方案制定与评审	建立功能基线和分配基线，确定总体技术指标、方案设计、构形设计等，并与研制总要求的技术内容协调一致	完成初样阶段的总体设计工作，并依据要求完成初样研制，建立产品基线；通过初样的地面模拟鉴定试验，验证了初样设计方案的完整性、充分性和可实现性。 确定了试样的技术状态，作为试样生产的依据	完成试样阶段的总体方案；试样经地面验收试验，满足研制要求。经过验收，确认方案满足总体技术要求。 对于设计出现的相关问题进行了归零和修改，并通过评审	按照实际使用条件，经过一次任务考核，考核期间应工作正常，全部满足设计要求。总体设计方案正确性得到充分验证	满足 4 级要求的产品，再经过至少 2 次任务考核，考核期间应工作正常，为系统设计方案的状态固化进行了充足的准备	在 5 级的基础上，对多次任务考核中发生的所有质量问题开展了归零活动，制定了相应的纠正或预防措施，经过相应的评审和确认。完成了系统设计方案的固化工作，文件的正确性、完备性和齐套性经过审查，能够满足重复生产的要求	结合批生产和状态固化后的任务完成情况，系统设计方案无质量问题和状态更改

（续）

等级名称			原理验证	工程验证	生产验证	首飞验证	多次飞行	状态鉴定	批量生产
方面	要素	子要素	1级	2级	3级	4级	5级	6级	7级
1 系统设计	1-2 设计计划及其控制	1-2-2 技术流程和计划流程及其控制	依据的研制技术要求，对研制中需开展的各项工作进行了系统的策划，应拟制相应的研制工作技术流程和计划流程，并经过审查和确认，所有计划安排均按要求得到落实	依据初样研制技术要求，确定了初样的研制技术流程和计划流程，经过初样的研制验证了所有计划安排均按要求得到落实	依据试样研制技术要求，确定了试样的研制技术流程和计划流程，经过试样的研制验证了所有计划安排均按要求得到落实	经过一次任务考核，对技术流程进行了验证，未发生更改	在4级的基础上，经过2次任务考核，对技术流程进行了验证，未发生更改，为状态固化进行了充足的准备	在5级的基础上，对多次任务考核中发生的所有质量问题开展了归零活动，制定了相应的纠正或预防措施，经过相应的审查和确认。完成了技术流程与计划相关文件的固化工作，文件的正确性、完备性和齐套性经过审查，能够满足重复生产的要求	结合批生产和状态固化后的任务完成情况，技术流程与计划无质量问题和状态更改

（续）

等级名称			原理验证	工程验证	生产验证	首飞验证	多次飞行	状态鉴定	批量生产
方面	要素	子要素	1级	2级	3级	4级	5级	6级	7级
1 系统设计	1-2 设计计划及其控制	1-2-3 通用质量特性保证工作计划及其控制	依据研制技术要求以及相关规范，编制了可靠性工作计划、可靠性安全性保证要求、研制标准化大纲、产品保证要求、产品保证大纲、产品保证计划等文件，并经过评审和确认。建立了可靠性模型，完成了可靠性增长试验，提出分系统通用质量特性工作要求，并明确控制措施。明确通用质量特性工作的相关要求，落实相应职责，并提供必要的资源保障	依据工作大纲，策划并实施了初样的通用质量特性工作，并经过可靠性评审。建立了初样可靠性模型，确定了可靠性关键项目，开展了FMEA分析、潜在电路分析、电子元器件和电路容差分析、电路最坏情况分析工作，进行了环境应力筛选等工作。经过初样的研制工作，验证了通用质量特性保证工作计划有效	依据工作大纲，策划并实施了试样的通用质量特性工作，并经过可靠性评审。建立了试样可靠性模型，确定了可靠性关键项目，开展了潜在电路分析工作，进行了环境应力筛选、可靠性研制与增长试验、可靠性验证试验等工作。如发生设计更改，需重新开展可靠性建模、可靠性分配、预计、FMEA分析、故障树分析等工作。经过试样的研制工作，验证了通用质量特性保证工作计划有效	结合一次任务考核情况，验证了通用质量特性工作计划有效，未因发生设计更改情况而需要重新开展可靠性建模、预计、分配、FMEA等工作项目	在4级基础上，结合两次任务考核情况，进一步验证了通用质量特性工作计划有效，未因发生设计更改情况而需要重新开展可靠性建模、预计、分配、FMEA等工作项目	在5级的基础上，对多次任务考核中发生的所有质量问题开展了归零活动，制定了相应的纠正或预防措施，经过相应的审查和确认。完成了通用质量特性相关文件的固化工作，文件的正确性、完备性和齐套性经过评审，能够满足重复生产的要求	结合批生产和状态固化后的任务完成情况，通用质量特性相关文件无质量问题和状态更改

（续）

等级名称			原理验证	工程验证	生产验证	首飞验证	多次飞行	状态鉴定	批量生产
方面	要素	子要素	1级	2级	3级	4级	5级	6级	7级
1 系统设计	1-2 设计计划及其控制	1-2-4 基础产品保证工作计划及其控制	依据研制技术要求，结合以往任务应用验证结果，提出元器件等级，从基础产品（材料、元器件、通用零部件及成品件）选用目录中，确定了选用产品清单，并经过审查和确认，对目录外选用情况，制定了选用控制措施	依据初样研制技术要求，所选用的基础产品通过了鉴定试验考核，证明满足本阶段设计要求；提出元器件和原材料补充清单，提出了试样元器件清单	依据试样研制技术要求，完成试样元器件齐套、原材料的备料，所选用的基础产品通过了任务产品的验收试验考核，证明满足本阶段设计要求；对目录外选用的控制情况进行了跟踪记录	通过1次任务考核验证，未发生对已选用产品进行更改的情况	在4级基础上，结合2次任务考核情况，未发生对已选用产品进行更改的情况，对基础产品保证工作固化进行了充足的准备	在5级的基础上，对多次任务考核中发生的所有质量问题开展了归零活动，制定了相应的纠正或预防措施，经过相应的审查和确认。完成了基础产品保证工作相关文件的固化工作，文件的正确性、完备性和齐套性经过评审，能够满足重复生产的要求	结合批生产和状态固化后的任务完成情况，基础产品保证工作相关文件无质量问题和状态更改

（续）

等级名称			原理验证	工程验证	生产验证	首飞验证	多次飞行	状态鉴定	批量生产
方面	要素	子要素	1级	2级	3级	4级	5级	6级	7级
1 系统设计	1－2 设计计划及其控制	1－2－5 软件开发及软件产品保证	开展了型号软件系统分析和设计，并将其结果分解到分系统软件系统的要求中；开展了分系统软件系统的分析和设计，并将结果分解到了软件配置项的要求中，初步梳理了型号软件产品配套表。对于Ⅲ类软件做了适应性修改软件，初步验证了Ⅳ类新研软件的基本算法	完善了型号软件系统的分析与设计；完善了分系统软件系统的分析与设计；按照型号软件产品配套表的要求，对于Ⅰ类沿用软件和Ⅱ类适应性修改软件做了沿用性分析；对于Ⅲ类软件做了更改影响域分析；对于Ⅳ软件已完成了配置项测试	按照型号软件产品配套表的要求，对所有需要实施第三方确认测试的软件，通过了第三方确认测试；对所有的软件产品都开展了集成测试、联试、地面系统试验；通过了型号软件专项评审。 宇航型号软件产品配套表中的软件产品的成熟度等级比例符合相关管理要求	执行了一次飞行试验（任务），型号软件系统未出现严重质量问题；若在星、器上出现了一般质量问题也都通过在轨修改恢复了正常使用；未影响型号的任务要求	在4级基础上，再次成功执行了一次飞行试验（任务），型号软件系统未出现严重质量问题；若在星、器上又出现了一般质量问题也都通过在轨修改恢复了正常使用；未影响型号的任务要求	在5级的基础上，对多次任务考核中发生的所有接口质量问题开展了归零活动，固化了型号软件产品保证工作文件、型号软件系统技术状态及配套文档，支持后续产品的使用和维护	结合批生产和状态固化后的任务完成情况，型号软件产品保证工作文件、型号软件系统技术状态及配套文档无质量问题和状态更改

（续）

等级名称			原理验证	工程验证	生产验证	首飞验证	多次飞行	状态鉴定	批量生产
方面	要素	子要素	1级	2级	3级	4级	5级	6级	7级
1 系统设计	1-2 设计计划及其控制	1-2-6 内外部接口控制	依据研制技术要求以及相关规范，编制了内外部接口要求（IDS等），并经过评审和确认	依据初样研制要求，完成了所有内外部接口设计，通过配套单机产品和系统级试验，验证了接口要求的合理性和可实现性	通过试样研制与试验，进一步验证了内外部接口设计的合理性和正确性	结合一次任务考核情况，未发生由于质量问题导致的内外部接口设计更改	在4级基础上，结合两次任务考核情况，未发生由于质量问题导致的内外部接口设计更改	在5级的基础上，对多次任务考核中发生的所有接口质量问题开展了归零活动，制定了相应的纠正或预防措施，经过相应的审查和确认。完成了相关接口文件的固化工作，文件的正确性、完备性和齐套性经过评审，能够满足重复生产的要求	结合批生产和状态固化后的任务完成情况，内外部接口文件无质量问题和状态更改

（续）

等级名称			原理验证	工程验证	生产验证	首飞验证	多次飞行	状态鉴定	批量生产
方面	要素	子要素	1级	2级	3级	4级	5级	6级	7级
1 系统设计	1－3 设计输出及其验证	1－3－1 关键技术和关键项目的识别和控制	依据研制技术要求，进行关键技术和关键项目分析，确定需要攻关突破的关键技术，完成了关键技术攻关项目的验收。对关键项目确定了相应控制保证措施。 确定了配套单机产品作为后续质量管理的重点关注对象	依据初样研制技术要求和鉴定级试验验证结果，逐一验证了关键技术攻关效果，相关技术要求和指标的验证及符合情况，关键项目的控制有效	依据试样研制技术要求和验收级试验验证结果，逐一验证了关键技术攻关效果，相关技术要求和指标的验证及符合情况，关键项目的控制有效	通过一次任务考核验证，验证了关键特性和关键项目控制保证措施的有效性	在4级基础上，结合两次任务考核情况，验证了关键特性和关键项目控制保证措施的有效性，为关键特性和关键项目的控制保证措施固化进行了充足的准备	在5级的基础上，对多次任务考核中发生的所有质量问题开展了归零活动，制定了相应的纠正或预防措施，经过相应的审查和确认。完成了关键特性和关键项目控制保证相关文件的固化工作，文件的正确性、完备性和齐套性经过审查，能够满足重复生产的要求	结合批生产和状态固化后的任务完成情况，关键特性和关键项目控制保证相关文件无质量问题和状态更改

（续）

等级名称			原理验证	工程验证	生产验证	首飞验证	多次飞行	状态鉴定	批量生产
方面	要素	子要素	1级	2级	3级	4级	5级	6级	7级
1 系统设计	1－3 设计输出及其验证	1－3－2 系统通用质量特性设计、分析与验证	依据通用质量特性工作计划的安排和相关标准，开展了通用质量特性工作，进行可靠性和安全性的初步设计，并将指标分配到子产品，编制了相应的技术文件和工程报告。建立了可靠性模型，完成了可靠性增长试验	依据初样的通用质量特性工作计划安排和相关标准，开展了通用质量特性设计、验证及评价工作，完成了初样的可靠性验证和环境应力筛选。编制了相应的技术文件和工程报告	依据试样的通用质量特性工作计划安排和相关标准，结合本阶段相关的通用质量特性工作，完成了试样的可靠性验证和环境应力筛选。编制了相应的通用质量特性工作结果文件	结合一次任务考核验证，完善了通用质量特性工作相应的分析、验证结果，通用质量特性工作正确有效，未因发生设计更改情况而需要重新开展可靠性建模、预计、分配、FMEA等工作项目	在4级基础上，结合两次任务考核情况，完善了通用质量特性工作相应的分析、验证结果，通用质量特性工作正确有效，未因发生设计更改情况而需要重新开展可靠性建模、预计、分配、FMEA等工作项目	在5级的基础上，对多次任务考核中发生的所有质量问题开展了归零活动，制定了相应的纠正或预防措施，经过相应的审查和确认。完成了通用质量特性保证文件的固化工作，文件的正确性、完备性和齐套性经过评审，能够满足重复生产的要求	结合批生产和状态固化后的任务完成情况，通用质量特性保证文件无质量问题和状态更改

（续）

等级名称			原理验证	工程验证	生产验证	首飞验证	多次飞行	状态鉴定	批量生产
方面	要素	子要素	1级	2级	3级	4级	5级	6级	7级
1 系统设计	1-3 设计输出及其验证	1-3-3 不可测试项目的识别和控制	依据研制技术要求，初步识别了研制生产过程中的不可测试项目，并初步确定了相应控制保证措施	依据初样研制技术要求、设计报告和鉴定级试验验证结果，逐一核对了相关技术要求和指标的验证及符合情况，基于初样进一步识别了不可测试项目并制定了相应控制保证措施	依据试样研制技术要求、设计报告和验收级试验验证结果，逐一核对了相关技术要求和指标的验证及符合情况，基于试样进一步识别了不可测试项目并制定了相应控制保证措施	通过一次任务考核，验证了所识别不可测试项目的充分性及相应控制保证措施的有效性	在4级基础上，结合两次任务考核情况，验证了所识别不可测试项目的充分性及相应控制保证措施的有效性，为所识别的不可测试项目及相应的控制保证措施固化进行了充足的准备	在5级的基础上，对多次任务考核中发生的所有质量问题开展了归零活动，制定了相应的纠正或预防措施，经过相应的审查和确认。完成了不可测试项目及相应的控制保证措施相关文件的固化工作，文件的正确性、完备性和齐套性经过审查，能够满足重复生产的要求	结合批生产和状态固化后的任务完成情况，不可测试项目及相应的控制保证措施相关文件无质量问题和状态更改

（续）

等级名称			原理验证	工程验证	生产验证	首飞验证	多次飞行	状态鉴定	批量生产
方面	要素	子要素	1级	2级	3级	4级	5级	6级	7级
1 系统设计	1－3 设计输出及其验证	1－3－4 综合测试和大型试验方案制定与评审	依据研制技术要求，提出环境试验的条件、确定地面大型试验项目、试验的初步方案、进行初样地面测试系统的方案设计；进行地面测试系统的方案设计，进行了测试准备	编制初样总测文件并通过评审，确定了初样的总测要求，确定满足总测要求的保证措施，并经过审查和确认后，可支持下一阶段的测试工作。 根据初样的研制技术要求，完成测试和鉴定试验工作。 制定了大型试验方案和大纲，并经过审查	编写试样总测文件，确定了正样的总测方案，并经过审查和确认后，对本阶段形成的总测文件、资料进行归档。 依据大型试验方案和大纲，完成试验工作，试验方案科学合理	满足3级条件要求，结合一次任务考核，总测方案完备性和可操作性的到了验证。 通过一次任务考核，对试验验证项目及条件进行了确认和完善，并确认在实际任务状态下可以满足使用要求	在4级基础上，结合两次任务考核情况，总测方案完备性和可操作性的到了进一步验证。 在4级基础上，结合两次任务考核情况，对试验验证项目及条件进行了确认，进一步确认任务能力可以满足使用要求，为状态固化进行了充足的准备	在5级的基础上，完成了相关总测文件的固化工作，文件的正确性、完备性和齐套性经过评审，能够满足重复生产的要求。 在5级的基础上，对多次任务考核中发生的所有质量问题开展了归零活动，制定了相应的纠正或预防措施，经过相应的审查和确认。完成了综合测试和大型方案文件的固化工作，文件的正确性、完备性和齐套性经过审查，能够满足重复生产的要求	结合批生产和状态固化后的任务完成情况，综合测试和大型方案文件无质量问题和状态更改

（续）

等级名称			原理验证	工程验证	生产验证	首飞验证	多次飞行	状态鉴定	批量生产
方面	要素	子要素	1级	2级	3级	4级	5级	6级	7级
1 系统设计	1-3 设计输出及其验证	1-3-5 质量问题归零	依据研制技术要求，对设计工作中发生的所有质量问题开展了归零活动，制定了相应的纠正或预防措施，并经过相应的审查和确认	依据初样研制技术要求，对设计工作中发生的所有质量问题开展了归零活动，制定了相应的纠正或预防措施，并经过相应的审查和确认	依据试样的研制技术要求，对设计工作中发生的所有质量问题开展了归零活动，制定了相应的纠正或预防措施，并经过相应的审查和确认	通过一次任务考核，对一次任务考核中发生的所有质量问题开展了归零活动，制定了相应的纠正或预防措施，并经过相应的审查和确认	在4级基础上，结合两次任务考核情况，对任务考核中发生的所有质量问题开展了归零活动，制定了相应的纠正或预防措施，并经过相应的审查和确认，为对设计结果固化进行了充足的准备	在5级的基础上，对多次任务考核中发生的所有质量问题开展了归零活动，制定了相应的纠正或预防措施，经过相应的评审和确认。完成了质量问题归零报告的固化工作，文件的正确性、完备性和齐套性经过审查，能够满足重复生产的要求	结合批生产和状态固化后的任务完成情况，质量问题归零报告无质量问题和状态更改

(续)

等级名称			原理验证	工程验证	生产验证	首飞验证	多次飞行	状态鉴定	批量生产
方面	要素	子要素	1级	2级	3级	4级	5级	6级	7级
1 系统设计	1-3 设计输出及其验证	1-3-6 技术状态控制	依据研制技术要求,对本阶段设计结果的可实现性、要求符合性进行了确认和审查,能够支持下一阶段的研制工作,对设计的关键特性及相关风险进行了初步识别	依据初样的研制技术要求,对本阶段设计结果的可实现性、要求符合性进行了确认和审查,能够满足实际任务需求,对记录设计关键特性及相关风险控制措施的有效性进行了确认。设计结果的技术状态更改均执行了相应的审批手续,留有记录	依据试样的研制技术要求,对本阶段设计结果的可实现性、要求符合性进行了确认和审查,能够满足实际任务需求,对记录设计关键特性及相关风险控制措施的有效性进行了确认。设计结果的技术状态更改均执行了相应的审批手续,留有记录	满足正样要求,技术状态受控,结合一次任务考核,未发生重大技术状态更改(Ⅲ类)	在4级基础上,结合两次任务考核情况,未发生重大技术状态更改(Ⅲ类),并对设计结果进行了固化	在5级的基础上,对多次任务考核中发生的所有质量问题开展了归零活动,制定了相应的纠正或预防措施,经过相应审查和确认。各种文件技术状态一致并固化,文件的正确性、完备性和齐套性经过审查,能够满足重复生产的要求	结合批生产和状态固化后的任务完成情况,各种文件的技术状态一致无变化

（续）

等级名称			原理验证	工程验证	生产验证	首飞验证	多次飞行	状态鉴定	批量生产
方面	要素	子要素	1级	2级	3级	4级	5级	6级	7级
1 系统设计	1-3 设计输出及其验证	1-3-7 设计输出符合性及文件齐套性	依据研制技术要求，设计结果中主要功能性能指标符合要求，并经过相应的评审和确认，能够支持下一阶段的研制工作	依据初样研制技术要求，结合初样的设计及试验验证工作，形成了相应的设计结果，功能性能符合要求，并经过相应的审查和确认，能够支持下一阶段的研制工作	依据试样研制技术要求，结合试样的试验验证工作，形成了相应的设计结果，各项功能性能符合要求，并经过相应的审查和确认，能够满足下一阶段的任务要求	满足3级条件要求，一次任务考核，技术状态受控，未发生重大技术状态更改（Ⅲ类）	在4级基础上，结合两次任务考核情况，技术状态受控，未发生重大技术状态更改（Ⅲ类），并对设计结果进行了固化	在5级的基础上，对多次任务考核中发生的所有质量问题开展了归零活动，制定了相应的纠正或预防措施，经过相应的评审和确认。完成了设计输出相关文件的固化工作，文件的正确性、完备性和齐套性经过审查，能够满足重复生产的要求	结合批生产和状态固化后的任务完成情况，设计输出相关文件无质量问题和状态更改

（续）

等级名称			原理验证	工程验证	生产验证	首飞验证	多次飞行	状态鉴定	批量生产
方面	要素	子要素	1 级	2 级	3 级	4 级	5 级	6 级	7 级
2 配套管理	2－1 配套单机产品控制	2－1－1 配套单机产品成熟度水平	明确配套单机，清晰规范地记录所选关键单机的型号。经单机成熟度认定，成熟度 1 级(含)以上比例达到 100%	经单机成熟度认定，成熟度 2 级(含)以上比例达到 100%，成熟度 3 级(含)以上单机比例不低于 70%	经单机成熟度认定，成熟度 3 级(含)以上单机占全部单机的 100%。	经单机成熟度认定，成熟度 4 级(含)以上单机占全部单机的 100%	经单机成熟度认定，成熟度 4 级(含)以上单机比例达到 100%，成熟度 5 级(含)以上单机比例不低于 90%	经单机成熟度认定，成熟度 5 级(含)以上单机比例达到 100%，成熟度 6 级(含)以上单机比例不低于 90%	经单机成熟度认定，成熟度 6 级(含)以上单机比例达到 100%，成熟度 7 级(含)以上单机比例不低于 80%

（续）

等级名称			原理验证	工程验证	生产验证	首飞验证	多次飞行	状态鉴定	批量生产
方面	要素	子要素	1级	2级	3级	4级	5级	6级	7级
2 配套管理	2-1 配套单机产品控制	2-1-2 配套单机产品设计控制	针对原理样机产品的研制工作，确定了产品主要用途、适用范围和应用限制条件。论证配套单机产品的功能和技术要求，确定了系统的分配基线和配套单机产品的功能基线；向配套单机产品提出正式的研制任务书（技术要求），并经过审查和确认。完成配套单机产品的方案设计	依据初样研制要求，完成了配套单机产品的初样设计，通过配套单机产品和整机级试验，验证了配套单机产品研制要求的合理性和可实现性	通过试样研制与多次整机级试验，进一步验证了配套单机产品设计的合理性和正确性。对整机级试验中发生的所有质量问题开展了归零活动，制定了相应的纠正或预防措施，经过相应的审查和确认，并经过了整机级试验验证	结合一次飞行任务考核情况，对发生的质量问题进行了有效分析，并对发生的相应更改进行了控制	在4级基础上，结合两次飞行任务考核情况，对发生的质量问题进行了有效分析，并对发生的相应更改进行了控制	在5级的基础上，对多次飞行任务考核中发生的所有质量问题开展了归零活动，制定了相应的纠正或预防措施，经过相应的审查和确认。完成了配套单机产品的相关文件的固化工作，文件的正确性、完备性和齐套性经过审查，能够满足重复生产的要求	结合批生产和状态固化后的任务完成情况，配套单机产品的相关文件无质量问题和状态更改

（续）

等级名称			原理验证	工程验证	生产验证	首飞验证	多次飞行	状态鉴定	批量生产
方面	要素	子要素	1 级	2 级	3 级	4 级	5 级	6 级	7 级
2 配套管理	2-1 配套单机产品控制	2-1-3 配套单机产品的生产管理	依据配套单机产品研制要求，生产资源和管理的基础能力能够满足生产要求，完成了攻关项目。 分析确定了外购、外协项目清单。预研制阶段应通过方案的比较分析和关键技术攻关项目，降低国外引进和外购项目的数量，如必须依靠引进，应对其可行性进行论证。 按照制定了生产过程质量记录和检验要求	经工程样机产品生产验证了现有生产能力和生产效率能够满足产品生产制造的相关要求。制定了生产计划，结合工程样机产品生产阶段验证结果及后续生产阶段产能和效率的要求，制定了有效发挥生产能力，提高生产效率的改进方案。 针对工程样机产品的研制工作，识别了产品验收、交付及使用操作所需专用仪器、设备和辅助工具，初步确定了产品验收、交付要求。 生产过程质量记录和检验按照要求规范实施	针对任务产品研制生产过程及后续生产阶段质量控制要求，对检验点的设置进行策划和完善，按照策划要求开展了质量信息采集、分析工作，建立了不合格品控制机制，制定了相应的纠正措施和预防措施。 针对任务产品的研制工作，确定了产品验收、交付要求。编制了产品验收、交付及使用操作程序和相关操作规程	经一次任务考核产品的任务考核验证，证明生产过程质量保证工作的策划和落实到位，生产过程监督有效，产品检验和强制检验点控制满足质量控制的相关要求。 结合 1 次任务考核产品的任务考核验证，对产品的验收、交付要求进行了验证。结合验证要求，对产品的验收、交付要求进行了修正	结合多次任务考核产品的任务考核验证，对产品的验收、交付要求进行了验证。结合验证要求，对产品的验收、交付要求进行了修正	基于多次任务考核验证的产品技术状态对现有验收、交付规范进行了确认，并经重复生产验证满足相关要求，完成固化工作	在小批量生产的基础上持续保障相关要求的执行，并建立持续完善机制

（续）

等级名称			原理验证	工程验证	生产验证	首飞验证	多次飞行	状态鉴定	批量生产
方面	要素	子要素	1级	2级	3级	4级	5级	6级	7级
2 配套管理	2－1 配套单机产品控制	2－1－4 配套单机产品的试验方案制定与实施	依据配套单机产品技术要求，提出配套单机产品的试验验证要求，相关内容通过审查。 依据初样的研制要求，编制初样阶段配套单机产品的试验方案，对本阶段子产品设计结果的可实现性、要求符合性进行了确认；制定了试样阶段试验方案并经过审查	完成了相关试验的实施，试验结果准确记录并分析，满足设计要求	依据试样研制要求，完善配套单机产品的试验方案，并开展了试样的试验工作；完成验收试验验证工作，满足总体要求，可以交付集成	通过1次任务考核，对1次任务考核中发生的所有质量问题开展了归零活动，制定了相应的纠正或预防措施，并经过相应的审查和确认	在4级基础上，结合2次任务考核情况，对任务考核中发生的所有质量问题开展了归零活动，制定了相应的纠正或预防措施，并经过相应的审查和确认，为对设计结果固化进行了充足的准备	在5级的基础上，对多次任务考核中发生的所有质量问题开展了归零活动，制定了相应的纠正或预防措施，经过相应的审查和确认。 完成定型试验大纲要求的试验工作，完成了相关试验的实施，试验结果准确记录并分析，满足定型要求。 完成了配套单机试验方案相关文件的固化工作，文件的正确性、完备性和齐套性经过审查，能够满足重复生产的要求	结合批生产和状态固化后的任务完成情况，配套单机试验方案相关文件无质量问题和状态更改

（续）

等级名称			原理验证	工程验证	生产验证	首飞验证	多次飞行	状态鉴定	批量生产
方面	要素	子要素	1 级	2 级	3 级	4 级	5 级	6 级	7 级
2 配套管理	2－1 配套单机产品控制	2－1－5 配套单机产品的验收与评审	确定了配套单机产品的选配方案，初步明确了配套单机产品的技术指标要求	完成子产品设计，初样生产，对配套单机产品试验和验收做出了详细要求。完成了配套单机产品的初样生产、试验与验收工作，验证结果满足设计要求，通过了审查	完成了配套单机产品的试样生产、试验与验收工作，满足交付集成和执行任务的条件，交付集成前产品状态通过了审查	满足 3 级条件要求，1 次任务考核，各子产品技术状态受控，未发生重大技术状态更改（Ⅲ类）	在 4 级基础上，结合 2 次任务考核情况，各子产品技术状态受控，未发生重大技术状态更改（Ⅲ类），并对设计结果进行了固化	在 5 级的基础上，对多次任务考核中发生的所有质量问题开展了归零活动，制定了相应的纠正或预防措施，经过相应的评审和确认。完成了配套单机的验收与评审相关文件的固化工作，文件的正确性、完备性和齐套性经过审查，能够满足重复生产的要求	结合批生产和状态固化后的任务完成情况，配套单机的验收与评审相关文件无质量问题和状态更改

（续）

等级名称			原理验证	工程验证	生产验证	首飞验证	多次飞行	状态鉴定	批量生产
方面	要素	子要素	1 级	2 级	3 级	4 级	5 级	6 级	7 级
3 总装总测试验	3－1 总装	3－1－1 总装工艺方案制定与评审	依据设计结果，确定总装工艺文件的编制原则和要求，编制制造的可行性论证和实施方案，可支持下一阶段的研制生产工作。 依据设计结果，识别了关键工艺项目及其攻关措施，并通过了可行性论证评审，确定了对成熟工艺技术的选用方案，确定了拟采用的新工艺、新技术的项目和实施途径，并经过审查和确认后，可支持下一阶段的研制生产工作	编制初样总装工艺文件并通过评审，确定了初样的工艺技术状态，确定满足设计要求和保证质量的工艺措施，并经过审查和确认后，可支持下一阶段的研制生产工作。 依据初样设计结果，对关键工艺技术项目，组织进行了工艺攻关、工艺试验，并通过了审查；新工艺、新技术应用的审查，可支持下一阶段的研制生产工作	编写试样总装工艺文件，确定了试样的工艺技术状态，对工艺总方案进行了修订，并经过审查和确认后，对本阶段形成的工艺文件、资料进行归档。 依据试样设计结果，完成了工艺攻关工作，对重大工艺更改项目进行了试验验证和工艺评审，并安排相应的保障措施	满足 3 级条件要求，一次任务考核，技术状态受控，未发生重大技术状态更改（Ⅲ类）	在 4 级基础上，结合两次任务考核情况，未发生重大技术状态更改（Ⅲ类），并对工艺文件进行了固化	在 5 级的基础上，对多次任务考核中发生的所有质量问题开展了归零活动，制定了相应的纠正或预防措施，经过相应的评审和确认。完成了工装工艺方案的固化工作，文件的正确性、完备性和齐套性经过审查，能够满足重复生产的要求	结合批生产和状态固化后的任务完成情况，工装工艺方案无质量问题和状态更改

（续）

等级名称			原理验证	工程验证	生产验证	首飞验证	多次飞行	状态鉴定	批量生产
方面	要素	子要素	1 级	2 级	3 级	4 级	5 级	6 级	7 级
3 总装总测试验	3－1 总装	3－1－2 总装过程控制	针对总装过程的质量控制制定了有效的方案和要求；对总装的操作制定了规范和要求；识别了总装的关键风险点，并制定了预防措施	细化了总装过程的质量控制方案和要求；细化了总装的操作制定了规范和要求；结合总装工作，进一步识别关键风险点，并制定了预防措施。 在总装中，在相关规范和要求得到落实，并有可追溯的有效记录；相关控制措施经初样总装的检验	在试样阶段总装中，相关规范和要求得到落实，并有可追溯的有效记录；相关控制措施经实际生产检验，有效且能支持后续重复生产	满足 3 级条件要求，一次任务考核，技术状态受控，未发生重大技术状态更改（Ⅲ类）	在 4 级基础上，结合两次任务考核情况，未发生重大技术状态更改（Ⅲ类），对工艺进行了固化	在 5 级的基础上，对多次任务考核中发生的所有质量问题开展了归零活动，制定了相应的纠正或预防措施，经过相应的审查和确认。完成了总装过程控制相关文件的固化工作，文件的正确性、完备性和齐套性经过审查，能够满足重复生产的要求	结合批生产和状态固化后的任务完成情况，总装过程控制文件无质量问题和状态更改

（续）

等级名称			原理验证	工程验证	生产验证	首飞验证	多次飞行	状态鉴定	批量生产
方面	要素	子要素	1级	2级	3级	4级	5级	6级	7级
3 总装总测试验	3-1 总装	3-1-3 总装配套资源管理	依据总装方案，针对后续生产过程完成了总装准备工作。设备应满足技术条件需要，生产环境（温度、湿度、洁净度、防静电等）检验合格，人员需经过培训后合格上岗部分人员、设备及环境保障条件已结合以往研制工作进行了验证	完成总装设备设计、生产。经初样研制生产过程，验证了总装过程对人员、设备、生产环境条件要求。 针对正样论证了现有人员、设备及环境条件的满足程度及改进方案	全部人员、设备及环境条件经本阶段产品生产验证满足相关要求。完成试样设备的生产和验收	满足3级条件要求，一次任务考核，证明对人员、设备及环境条件要求的识别情况及保障条件满足相关要求	在4级基础上，结合两次任务考核情况，证明对人员、设备及环境条件要求的识别情况及保障条件满足相关要求。在此基础上对人员、设备及环境条件要求及其保障条件进行固化	在5级的基础上，对多次任务考核中发生的所有质量问题开展了归零活动，制定了相应的纠正或预防措施，经过相应的审查和确认。完成了总装配套资源相关文件的固化工作，文件的正确性、完备性和齐套性经过审查，能够满足重复生产的要求	结合批生产和状态固化后的任务完成情况，总装配套资源相关文件无质量问题和状态更改

（续）

等级名称			原理验证	工程验证	生产验证	首飞验证	多次飞行	状态鉴定	批量生产
方面	要素	子要素	1级	2级	3级	4级	5级	6级	7级
3 总装总测试验	3-1 总装	3-1-4 总装总结及质量问题管理	依据研制技术要求，对总装工作中发生的所有质量问题开展了归零活动，制定了相应的纠正或预防措施，并经过相应的评审和确认	依据初样研制技术要求，对总装工作中发生的所有质量问题开展了归零活动，制定了相应的纠正或预防措施，并经过相应的审查和确认	依据试样的研制技术要求，对总装工作中发生的所有质量问题开展了归零活动，制定了相应的纠正或预防措施，并经过相应的审查和确认。完成了质量总结报告	通过一次全寿命考核，对一次任务考核中发生的所有质量问题开展了归零活动，制定了相应的纠正或预防措施，并经过相应的审查和确认	在4级基础上，结合两次全寿命考核情况，对任务考核中发生的所有质量问题开展了归零活动，制定了相应的纠正或预防措施，并经过相应的审查和确认，为对设计结果固化进行了充足的准备	在5级的基础上，对多次任务考核中发生的所有质量问题开展了归零活动，制定了相应的纠正或预防措施，经过相应的评审和确认。完成了总装总结及质量问题归零等相关文件的固化工作，文件的正确性、完备性和齐套性经过审查，能够满足重复生产的要求	结合批生产和状态固化后的任务完成情况，总装总结及质量问题归零等相关文件无质量问题和状态更改

（续）

等级名称			原理验证	工程验证	生产验证	首飞验证	多次飞行	状态鉴定	批量生产
方面	要素	子要素	1级	2级	3级	4级	5级	6级	7级
3 总装总测试验	3-2 综合测试	3-2-1 测试过程控制	针对测试过程的质量控制制定了有效的方案和要求；对测试的操作制定了规范和要求；识别了测试的关键风险点，并制定了预防措施	细化了测试过程的质量控制方案和要求；细化了测试的操作制定了规范和要求；结合测试工作，进一步识别关键风险点，并制定了预防措施。 在初样阶段测试中，相关规范和要求得到落实，并有可追溯的有效记录；相关控制措施经初样测试的检验	在试样阶段测试中，相关规范和要求得到落实，并有可追溯的有效记录；相关控制措施经实际生产检验，有效且能支持后续重复生产	满足3级条件要求，结合一次任务考核，总测过程正确性和有效性的到了验证	在4级基础上，结合两次任务考核情况，总测过程正确性和有效性的到了进一步验证	在5级的基础上，完成了相关总测文件的固化工作，文件的正确性、完备性和齐套性经过审查，能够满足重复生产的要求	结合批生产和状态固化后的任务完成情况，总测相关文件无质量问题和状态更改

（续）

等级名称			原理验证	工程验证	生产验证	首飞验证	多次飞行	状态鉴定	批量生产
方面	要素	子要素	1 级	2 级	3 级	4 级	5 级	6 级	7 级
3 总装总测试验	3－2 综合测试	3－2－2 测试配套资源管理	依据总测方案，针对后续总测过程完成了准备工作。设备应满足技术条件需要，总测环境（温度、湿度、洁净度、防静电等）检验合格，人员需经过培训后合格上岗部分人员、设备及环境保障条件已结合以往研制工作进行了验证	完成测试设备设计和生产，经初样测试过程，验证了测试过程识别了对人员、设备、生产环境条件要求。 针对初样论证了现有人员、设备及环境条件的满足程度及改进方案	全部人员、设备及环境条件经本阶段测试过程满足相关要求。完成试样测试设备的生产和验收	满足3级条件要求，一次任务考核，证明对人员、设备及环境条件要求的识别情况及保障条件满足相关要求	在4级基础上，结合两次任务考核情况，证明对人员、设备及环境条件要求的识别情况及保障条件满足相关要求。在此基础上对人员、设备及环境条件要求及其保障条件进行固化	在5级的基础上，对多次任务考核中发生的所有质量问题开展了归零活动，制定了相应的纠正或预防措施，经过相应的审查和确认。完成了综合测试配套资源相关文件的固化工作，文件的正确性、完备性和齐套性经过审查，能够满足重复生产的要求	结合批生产和状态固化后的任务完成情况，综合测试配套资源相关文件无质量问题和状态更改

（续）

等级名称			原理验证	工程验证	生产验证	首飞验证	多次飞行	状态鉴定	批量生产
方面	要素	子要素	1级	2级	3级	4级	5级	6级	7级
3 总装总测试验	3-2 综合测试	3-2-3 测试总结及质量问题管理	依据总测要求，对设计及总测工作中发生的所有质量问题开展了归零活动，制定了相应的纠正或预防措施，并经过相应的审查和确认	依据初样研制技术要求，对总测工作中发生的所有质量问题开展了归零活动，制定了相应的纠正或预防措施，并经过相应的审查和确认	依据试样的研制技术要求，对总测工作中发生的所有质量问题开展了归零活动，制定了相应的纠正或预防措施，并经过相应的审查和确认	通过一次全寿命考核，对一次任务考核中发生的所有质量问题开展了归零活动，制定了相应的纠正或预防措施，并经过相应的审查和确认	在4级基础上，结合两次任务考核情况，对任务考核中发生的所有质量问题开展了归零活动，制定了相应的纠正或预防措施，并经过相应的审查和确认，为对设计结果固化进行了充足的准备	在5级的基础上，对多次任务考核中发生的所有质量问题开展了归零活动，制定了相应的纠正或预防措施，经过相应的审查和确认。完成了测试总结及质量问题归零相关文件的固化工作，文件的正确性、完备性和齐套性经过评审，能够满足重复生产的要求	结合批生产和状态固化后的任务完成情况，测试总结及质量问题归零相关文件无质量问题和状态更改

（续）

等级名称			原理验证	工程验证	生产验证	首飞验证	多次飞行	状态鉴定	批量生产
方面	要素	子要素	1级	2级	3级	4级	5级	6级	7级
3 总装总测试验	3－3 大型试验	3－3－1 大型试验过程控制	针对大型试验过程的质量控制制定了有效的方案和要求；对大型试验的操作制定了规范和要求；识别了大型试验的关键风险点，并制定了预防措施	细化了大型试验过程的质量控制方案和要求；细化了大型试验的操作制定了规范和要求；结合试验工作，进一步识别关键风险点，并制定了预防措施。 在初样阶段试验中，相关规范和要求得到落实，并有可追溯的有效记录；相关控制措施经初样试验的检验	在试样阶段试验中，相关规范和要求得到落实，并有可追溯的有效记录；相关控制措施经实际生产检验，有效且能支持后续重复生产	满足3级条件要求，结合一次任务考核，试验过程正确性和有效性的到了验证	在4级基础上，结合两次任务考核情况，试验过程正确性和有效性的到了进一步验证	在5级的基础上，完成了相关试验文件的固化工作，文件的正确性、完备性和齐套性经过审查，能够满足重复生产的要求	结合批生产和状态固化后的任务完成情况，大型试验过程控制相关文件无质量问题和状态更改

（续）

等级名称			原理验证	工程验证	生产验证	首飞验证	多次飞行	状态鉴定	批量生产
方面	要素	子要素	1级	2级	3级	4级	5级	6级	7级
3 总装总测试验	3-3 大型试验	3-3-2 大型试验配套资源管理	依据试验方案，针对后续试验过程完成了准备工作。设备应满足技术条件需要，试验环境（温度、湿度、洁净度、防静电等）检验合格，人员需经过培训后合格上岗部分人员、设备及环境保障条件已结合以往研制工作进行了验证	完成大型试验设备设计、生产，经初样试验过程，验证了对人员、设备、环境条件要求。 针对试样论证了现有人员、设备及环境条件的满足程度及改进方案	完成试样设备的生产和验收。全部人员、设备及环境条件经本阶段试验过程满足相关要求	满足3级条件要求，一次任务考核，证明对人员、设备及环境条件要求的识别情况及保障条件满足相关要求	在4级基础上，结合两次任务考核情况，证明对人员、设备及环境条件要求的识别情况及保障条件满足相关要求。在此基础上对人员、设备及环境条件要求及其保障条件进行固化	在5级的基础上，对多次任务考核中发生的所有质量问题开展了归零活动，制定了相应的纠正或预防措施，经过相应的审查和确认。完成了大型试验配套资源相关文件的固化工作，文件的正确性、完备性和齐套性经过审查，能够满足重复生产的要求	结合批生产和状态固化后的任务完成情况，大型试验配套资源相关文件无质量问题和状态更改

（续）

等级名称			原理验证	工程验证	生产验证	首飞验证	多次飞行	状态鉴定	批量生产
方面	要素	子要素	1 级	2 级	3 级	4 级	5 级	6 级	7 级
3 总装总测试验	3－3 大型试验	3－3－3 大型试验总结及质量问题管理	依据试验要求，对试验工作中发生的所有质量问题开展了归零活动，制定了相应的纠正或预防措施，并经过相应的审查和确认	依据初样研制技术要求，对大型试验工作中发生的所有质量问题开展了归零活动，制定了相应的纠正或预防措施，并经过相应的审查和确认	依据试样的研制技术要求，对试验工作中发生的所有质量问题开展了归零活动，制定了相应的纠正或预防措施，并经过相应的审查和确认	通过一次全寿命考核，对一次任务考核中发生的所有质量问题开展了归零活动，制定了相应的纠正或预防措施，并经过相应的审查和确认	在 4 级基础上，结合两次任务考核情况，对任务考核中发生的所有质量问题开展了归零活动，制定了相应的纠正或预防措施，并经过相应的审查和确认，为对设计结果固化进行了充足的准备	在 5 级的基础上，对多次任务考核中发生的所有质量问题开展了归零活动，制定了相应的纠正或预防措施，经过相应的审查和确认。完成了大型试验总结及质量归零相关文件的固化工作，文件的正确性、完备性和齐套性经过审查，能够满足重复生产的要求	结合批生产和状态固化后的任务完成情况，大型试验总结及质量归零相关文件无质量问题和状态更改

（续）

等级名称			原理验证	工程验证	生产验证	首飞验证	多次飞行	状态鉴定	批量生产
方面	要素	子要素	1级	2级	3级	4级	5级	6级	7级
4 应用管理	4-1 任务支持	4-1-1 系统交付管理	结合工程大总体要求，初步策划了产品验收、交付要求	结合初样研制工作，进一步明确了验收、交付要求	结合试样研制工作，确定了产品验收、交付要求。编制了产品验收、交付及使用操作程序和相关操作规程。 编写在发射场的文件，包括发射场技术流程、实施大纲等，并通过审查	满足3级条件要求，一次任务考核，对产品的验收、交付要求进行了验证。结合验证要求，对产品的验收、交付要求进行了修正	在4级基础上，结合两次任务考核情况，对产品的验收、交付要求进行了验证，完成固化工作	在5级的基础上，对多次任务考核中发生的所有质量问题开展了归零活动，制定了相应的纠正或预防措施，经过相应的审查和确认。完成了交付相关文件的固化工作，文件的正确性、完备性和齐套性经过审查，能够满足重复生产的要求	结合批生产和状态固化后的任务完成情况，交付相关文件无质量问题和状态更改

（续）

等级名称			原理验证	工程验证	生产验证	首飞验证	多次飞行	状态鉴定	批量生产
方面	要素	子要素	1级	2级	3级	4级	5级	6级	7级
4 应用管理	4-1 任务支持	4-1-2 靶场测试方案制定与实施	依据研制技术要求和设计结果，初步识别了任务操控的相关技术要求和测试要求	结合初样研制工作，进一步识别了任务操控要求和测试要求	结合试样研制工作，明确了操控方案和测试方案，并形成相关文件，通过审查。编写测试细则（含发射前的总检查），并通过审查	满足3级条件要求，一次任务考核，对已明确的操控方案和测试方案的完备性、合理性和正确性进行了验证。对出现的相关问题进行了分析和改正	在4级基础上，结合两次任务考核情况，进一步验证了任务测试方案的完备性、合理性和正确性	在5级的基础上，对多次任务考核中操控和测试方案进行了靶场测试方案的固化工作，文件的正确性、完备性和齐套性经过审查，能够满足重复使用的要求	结合批生产和状态固化后的任务完成情况，靶场测试方案无质量问题和状态更改

（续）

等级名称			原理验证	工程验证	生产验证	首飞验证	多次飞行	状态鉴定	批量生产
方面	要素	子要素	1级	2级	3级	4级	5级	6级	7级
4 应用管理	4-1 任务支持	4-1-3 故障预案制定	依据研制技术要求和设计结果，初步识别了在发射场测试、任务测试和交付使用后的故障模式	结合初样研制工作，进一步识别了在发射场测试、任务测试和交付使用后的故障模式	结合试样研制工作，明确了在发射场测试、任务测试和交付使用后的故障模式，形成相关文件，并通过审查	满足3级条件要求，一次任务考核，对已明确使用的异常情况预案有效性进行了验证，未发生重大的超出明确范围的异常情况。结合验证结果及后续工作阶段的要求，对的使用异常情况进行了补充和修正	在4级基础上，结合两次任务考核情况，对已明确的使用的异常情况预案有效性进行了验证，未发生重大的超出明确范围的异常情况	在5级的基础上，对多次任务考核中发生的所有质量问题开展了归零活动，制定了相应的纠正或预防措施，经过相应的审查和确认。完成了故障预案相关文件的固化工作，文件的正确性、完备性和齐套性经过审查，能够满足重复使用的要求	结合批生产和状态固化后的任务完成情况，故障预案相关文件无质量问题和状态更改

（续）

等级名称			原理验证	工程验证	生产验证	首飞验证	多次飞行	状态鉴定	批量生产
方面	要素	子要素	1级	2级	3级	4级	5级	6级	7级
4 应用管理	4-2 使用数据的统计和分析	4-2-1 使用数据的策划和采集	依据任务和设计结果，初步梳理了应用验证数据采集的项目	结合初样阶段研制工作，对后续应用验证数据采集的项目和要求以及采集工作的实施方案进行了修改和完善	结合试样阶段研制工作，对后续应用验证数据采集的项目和要求以及采集工作的实施方案进行了修改和完善，确定了应用数据采集的工作方式和渠道，制定了相应的数据采集管理措施	结合一次任务考核，对已明确的应用验证数据进行了采集，证明了应用数据采集的项目合理可行，渠道畅通，工作实施落实到位，可支持后续数据采集工作。并结合验证结果及后续工作阶段的要求，对产应用验证数据的采集要求进行了补充和修正	结合两次任务考核情况，对已明确的应用验证数据进行了采集，证明了应用数据采集的项目合理可行，渠道畅通，工作实施落实到位，可支持后续数据采集工作。并结合验证结果及后续工作阶段的要求，对应用验证数据的采集要求进行了补充和修正	在5级的基础上，对多次任务考核中发生的所有质量问题开展了归零活动，制定了相应的纠正或预防措施，经过相应的审查和确认。完成了使用数据相关文件的固化工作，文件的正确性、完备性和齐套性经过审查，能够满足重复使用的要求	结合批生产和状态固化后的任务完成情况，使用数据相关文件无质量问题和状态更改

（续）

等级名称			原理验证	工程验证	生产验证	首飞验证	多次飞行	状态鉴定	批量生产
方面	要素	子要素	1级	2级	3级	4级	5级	6级	7级
4 应用管理	4-2 使用数据的统计和分析	4-2-2 使用数据的分析和利用	初步确定了对后续数据项目的分析方法	结合初样阶段研制工作，对后续数据项目的分析方法和利用方式进行了完善	结合试样阶段研制工作，验证了设计、生产、使用操作等环节各项要求和措施的正确性、适用性和有效性	结合一次任务考核，验证了设计、生产、使用操作等环节各项要求和措施的正确性、适用性和有效性，并利用应用验证数据开展了相关分析工作，提出了改进完善建议	结合两次任务考核情况，验证了设计、生产、使用操作等环节各项要求和措施的正确性、适用性和有效性，并利用应用验证数据开展了相关分析工作，提出了改进完善建议	在5级的基础上，对多次任务考核中发生的所有质量问题开展了归零活动，制定了相应的纠正或预防措施，经过相应的审查和确认。完成了数据分析和利用相关文件的固化工作，文件的正确性、完备性和齐套性经过审查，能够满足重复使用的要求	结合批生产和状态固化后的任务完成情况，数据分析和利用相关文件无质量问题和状态更改

6.5.2 证明材料

通过多年探索和总结系统级产品成熟度评价实践经验，为了便于研制单位做好评价前准备，本部分给出了系统级产品成熟度评价时，研制单位需要提供的证明材料参考，被评单位准备材料时可结合产品配套文件实际，不限于表中的证明材料，证明材料参考见表6－4所列。

表6－4　系统级产品证明材料参考

序号	方面	对应要素	对应子要素	证明材料参考
1	1 系统设计	1－1 设计输入的识别和审查	1－1－1 研制技术要求的识别和审查	(1) 研制任务书或研制技术要求； (2) 任务输入清单
2			1－1－2 设计输入的识别与确定	(1) 产品规范； (2) 方案设计论证报告
3		1－2 设计过程及其控制	1－2－1 系统设计方案制定与评审	产品设计报告
4			1－2－2 技术流程和计划流程及其控制	(1) 产品研制技术流程； (2) 产品研制计划流程
5			1－2－3 通用质量特性保证工作计划及其控制	产品保证大纲
6			1－2－4 基础产品保证工作计划及其控制	(1) 材料、元器件、零部件选用目录； (2) 选用产品(材料、元器件、零部件)清单
7			1－2－5 软件开发及软件产品保证	(1) 软件研制任务书； (2) 软件开发计划； (3) 软件设计说明； (4) 软件产品保证计划； (5) 软件产品保证大纲； (6) 软件测试报告； (7) 软件研制总结报告
8			1－2－6 内外部接口控制	(1) 接口控制文件； (2) 接口确认报告

（续）

序号	方面	对应要素	对应子要素	证明材料参考
9	1 系统 设计	1－3 设计输出及其验证	1－3－1 关键技术和关键项目的识别和控制	（1）特性分析报告； （2）关键检验点清单； （3）关键工序清单； （4）关键件、重要件汇总表
10			1－3－2 系统通用质量特性设计、分析与验证	（1）可靠性、维修性、保障性、安全性、测试性、环境适应性设计、分析报告； （2）试验验证报告； （3）可靠性评估报告
11			1－3－3 不可测试项目的识别和控制	（1）测试覆盖性分析报告； （2）测试方案/细则； （3）不可测试项目清单； （4）测试覆盖性检查报告/测试记录
12			1－3－4 综合测试和大型试验方案制定与评审	（1）产品试验（测试）大纲； （2）产品试验（测试）报告
13			1－3－5 质量问题归零	质量问题归零报告（若有质量问题）
14			1－3－6 技术状态控制	（1）技术状态更改论证报告； （2）技术状态更改申请单； （3）技术状态更改单或相关记录； （4）已固化的技术状态文件清单
15			1－3－7 设计输出符合性及文件齐套性	（1）产品设计报告； （2）产品图样； （3）接口文件； （4）产品研制总结报告； （5）产品质量/保证总结报告； （6）产品技术风险分析与控制报告； （7）技术说明书； （8）使用说明书； （9）产品文件配套表或汇总表； （10）基线报告

（续）

序号	方面	对应要素	对应子要素	证明材料参考
16	2 配套 管理	2－1 配套单机产品控制	2－1－1 配套单机产品成熟度水平	配套单机产品成熟度评价报告
17			2－1－2 配套单机产品的设计控制	研制总结报告
18			2－1－3 配套单机产品的生产管理	生产质量报告
19			2－1－4 配套单机产品的试验方案制定与实施	试验总结报告
20			2－1－5 配套单机产品的验收与评审	（1）验收细则； （2）验收评审结论
21	3 总装 总测	3－1 总装	3－1－1 总装工艺方案制定与评审	（1）总装工艺方案； （2）工艺工作总结报告； （3）工艺确认报告
22			3－1－2 总装过程控制	（1）总装过程评审报告； （2）总装总结评审报告
23			3－1－3 总装配套资源管理	（1）车间培训计划； （2）设备维护保养记录
24			3－1－4 总装总结及质量问题管理	（1）质量问题归零及举一反三报告； （2）设计质量分析报告
25		3－2 综合测试	3－2－1 测试过程控制	（1）测试大纲、细则评审报告； （2）测试工作总结报告
26			3－2－2 测试配套资源管理	（1）工艺规程； （2）设备控制程序； （3）测试规范； （4）测试管理制度
27			3－2－3 测试总结及质量问题管理	设计质量分析报告

（续）

序号	方面	对应要素	对应子要素	证明材料参考
28	3 总装总测	3－3 大型试验	3－3－1 大型试验过程控制	(1) 试验工艺规程； (2) 试验指挥程序
29			3－3－2 大型试验配套资源管理	(1) 人员岗位证书； (2) 考核记录表； (3) 岗位操作规程
30			3－3－3 大型试验总结及质量问题管理	试验总结报告
31	4 应用管理	4－1 任务支持	4－1－1 系统交付管理	(1) 使用维护技术条件； (2) 产品研制总结报告； (3) 产品质量/保证总结报告
32			4－1－2 靶场测试方案制定与实施	使用维护技术条件
33			4－1－3 故障预案制定	(1) 产品发射(在轨)故障预案； (2) 产品发射(在轨)故障记录及处理情况等相关文件
34		4－2 使用数据的统计和分析	4－2－1 使用数据的策划和采集	(1) 产品使用数据方案及相关要求； (2) 产品在轨数据记录文件
35			4－2－2 使用数据的分析和利用	(1) 产品发射(在轨)数据分析相关要求及方法的相关文件； (2) 产品发射(在轨)数据分析记录的相关文件

6.5.3 技术状态更改与产品成熟度等级变化矩阵表

系统级产品技术状态发生更改时，应参照航天产品技术状态更改控制要求等相关标准实施管理，同时根据系统级产品自身特点梳理与上一级产品成熟度定级后发生的影响系统产品性能的关键单机和接口变化清单（表格格式见表6－5），清单中发生Ⅲ类技术状态更改的单机和接口将会影响系统级产品的成熟度等级，等级变化如表6－6所列。

表6－5　影响系统级产品性能的关键单机和接口变化清单

序号	关键单机/接口名称	所属分系统/接口类型	技术状态变化内容	技术状态变化类别	备注

表6-6　技术状态更改后系统级产品成熟度等级变化示意

技术状态更改前产品成熟度等级	技术状态更改后产品成熟度等级						
	Ⅰ类更改	Ⅱ类更改	Ⅲ类更改				
		完成地面相应验证试验	完成地面相应验证试验	完成首飞试验	完成多次飞行试验	完成技术状态固化	完成小批试产
1级	1级	—	—	—	—	—	—
2级	2级	2级	2级	—	—	—	—
3级	3级	3级	3级	—	—	—	—
4级	4级	4级	3级	4级	—	—	—
5级	5级	5级	3级	4级	5级	—	—
6级	6级	6级	3级	4级	5级	6级	—
7级	7级	7级	3级	4级	5级	6级	7级

实 施 篇

第 7 章　产品成熟度定级实施

本章介绍了产品成熟度定级工作的组织职责、定级时机、定级方式、定级专家队伍、定级方法和程序,以及定级后产品的成熟度变更管理等内容。本章相关内容和要求适用于单机、软件和系统级等产品成熟度的定级与管理,具体产品评价范例详见本书第 8 章。

7.1　组织职责

产品成熟度定级工作由定级管理机构、定级机构和产品研制单位共同组织实施。

定级管理机构对产品成熟度定级工作进行统一领导和整体推进,其主要职责包括:负责制定产品成熟度定级管理要求、定级管理办法等相关规章制度和标准规范;负责产品成熟度定级结果的审定和批准;协调产品成熟度定级工作中的重大问题。

定级机构作为产品成熟度定级工作的专业技术支撑,其主要职责包括:执行定级管理机构的决定和工作要求;开展产品成熟度相关技术研究以及配套工具开发,起草相关标准规范;承担产品成熟度定级人员的培训、考核和资格评定工作;组织成立定级专家组,承担产品成熟度定级活动;开展产品成熟度定级相关信息的收集、分析和管理工作;指导产品研制单位开展产品成熟度自评工作。

产品研制单位作为产品成熟度定级的申请方,也是实施内部定级的责任主体,主要职责包括:开展自评工作,检查本单位的产品成熟度控制实施情况;策划并组织实施产品成熟度定级准备工作;收集、整理并向定级机构提交符合相应产品成熟度等级要求的文件、资料;接受定级机构的质询和建议,落实并完成相关改进措施,对相关文件进行归档管理。对于设计和生产不在同一单位的产品,其产品成熟度定级工作由产品设计单位牵头负责。

7.2　定级时机

产品成熟度定级时机应选择在产品研制过程的里程碑节点,以确定其前期产品研制及质量与可靠性工作实施情况，并识别当前产品研制活动中的薄弱环节和主要风险点，进而支持用户决策。以单机产品为例，产品初次研制阶段应在产品的原理样机、工程样机、飞行产品研制工作完成后开展产品成熟度 1～3 级定级；产品重复使用和验证阶段应在相关工作完成后开展产品成熟度 4～5 级定级；产品状态固化阶段应在相关工作完成后开展产品成熟度 6～8 级定级。产品成熟度 3 级、5 级、6 级作为重要节点，应予以重点关注。

新研产品应按照产品成熟度定级标准由 1 级开始逐级提升和定级，现有存量产品应在首次评定成熟度等级的基础上逐级提升和定级。

7.3　定级方式

按照定级组织方的不同，产品成熟度定级方式主要采用第一方自我定级，第二方监督定级，第三方定级的三级定级的方式。第二、三方定级相对第一方内部定级而言，均属于外部定级。

第一方定级是指产品研制单位自己组织对承研产品开展的定级活动，也叫做内部定级，其目的是自我检查本单位的产品成熟度控制工作的实施情况，找出存在的差距和不足，为后续改进和提升工作提供依据。定级的结果是产品研制单位产品成熟度等级的自我声明，可为第二、三方定级提供证据和参考依据。

第二方定级是指产品用户组织开展的定级活动，如产品研制总体单位对单机单位实施的定级活动。

第三方定级是指由产品用户授权专业定级机构实施的产品成熟度独立定级活动。

一般情况下，1～3 级的定级工作由产品研制单位负责，4～5 级的定级工作由产品用户或上级主管部门负责，6～8 级的定级工作由专业定级机构负责。

7.4　定级专家队伍

定级专家组通常是由产品成熟度专家、产品用户和产品相关专业领域的专家组成，定级专家组设组长 1 名和成员若干，主要职责是审查产品研制单位定级材料和定级申请报告符合性，确定产品对象当前技术状态下的产品成熟度等级，综合分析存在的技术风险问题，给出定级结论。

根据被定级产品的复杂程度，在定级专家组内可增设副组长或划分专业定级分组，其具体职责分工，可由定级专家组内部协商确定。

1）定级专家组组长的主要职责

（1）策划并组织实施具体产品的定级活动，拟制定级计划，协调定级专家组内部工作。

（2）主持定级的首次会议和末次会议。

（3）组织定级专家组内部沟通，把握定级活动进展情况和实施效果，有效推进定级活动。

（4）听取定级专家组成员的定级结果，汇总形成定级结论和建议。

（5）主持与被定级方的沟通和交流工作。

（6）拟制具体产品的产品成熟度评价报告。

（7）负责定级活动策划实施相关的其他工作。

2）定级专家组成员的主要职责

（1）按照组长要求和计划安排，依据定级检查单，完成相应要素的审查工作。

（2）完成相应定级记录，并就所承担的定级工作进行汇报和交流。

（3）按照组长要求，参加定级组内外部沟通、交流和讨论活动。

（4）协助组长开展其他与定级活动相关的事务。

定级人员应按照“把握核心、注重证据、统一标准、遵守制度”的原则开展定级活动，即充分理解产品成熟度定级原理和模型，把握产品研制客观规律，不断提高定级工作有效性；针对要素内涵和等级要求，注重收集和记录相应客观证据，确保定级意见和措施建议准确、具体、可操作；针对不同研制单位和不同产品，采用统一的度量标准和原则，确保定级结果客观、公正、可比较；现场定级活动全过程应按照确定的工作计划安排实施，保证工作计划严肃性。

7.5 定级方法和程序

开展产品成熟度定级，主要根据产品成熟度相关标准确定的各项子要素，通过查看研制单位已有产品数据包清单中的设计、生产和使用等文件，将现场检查记录与定级标准进行比对分析，最终确定达到的产品成熟度等级，在定级过程中研制单位不需要为产品成熟度定级专门编写文件。

在产品成熟度定级活动中，第一方定级、第二方定级和第三方定级的流程是一致的，制定统一的定级工作操作流程是为保证定级活动建立在多方认可的、标准的、透明的情况下顺利实施并实现预期目标。产品成熟度定级分为定级准备、定级申请、定级审查和定级批准四个主要工作程序。产品成熟度定级程序流程图如图7-1所示。

应当说明，为便于应用，本书仅给出了实施产品成熟度定级的一般程序和通

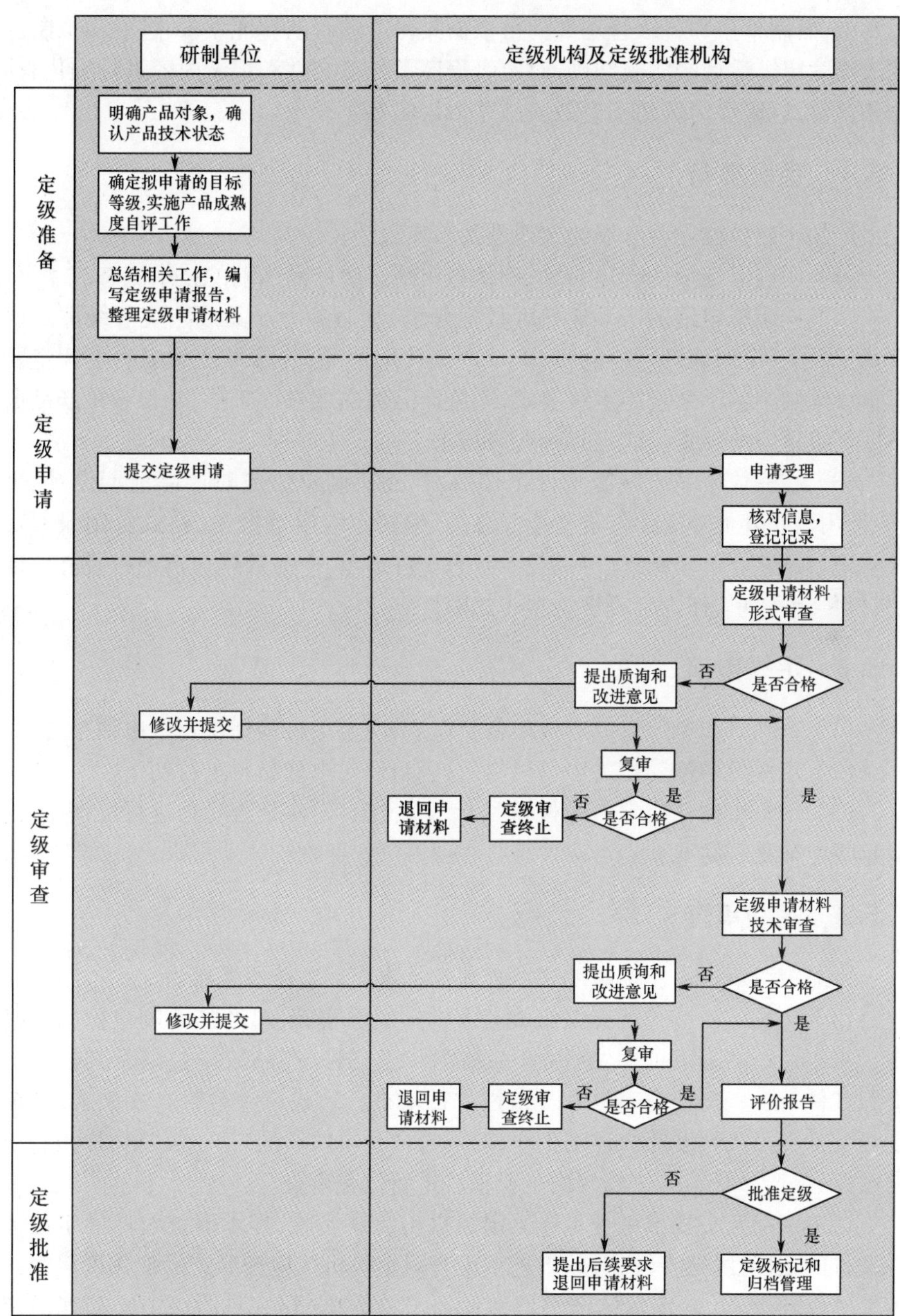

图7-1　产品成熟度定级程序流程图

用要求，研制单位和各级管理部门可依据具体产品研制管理需求，进一步拟制产品成熟度定级活动的实施细则，对定级程序及相关文件和记录内容进行细化、补充和调整，以确保定级活动有效实施并取得实效。

7.5.1 定级准备

产品研制单位需要开展的定级准备工作包括：

(1) 明确需定级的产品对象，确认拟申请定级产品当前的技术状态。

(2) 确定拟申请的产品成熟度目标等级，然后参考产品成熟度等级评定要素及子要素，全面梳理产品的设计、生产和使用情况，并参考产品成熟度评定要素定级准则中各子要素的定级要求，实施产品成熟度自评工作，确保各项产品成熟度等级评定子要素均满足目标等级要求。

(3) 在完成产品成熟度自评工作后，产品研制单位应对产品前期设计、生产、使用以及其他补充工作进行全面总结，编写定级申请报告(格式见附录 C)，并整理自评检查单及结果、产品技术状态文件清单、产品数据包清单以及其他证明材料文件清单，作为定级申请报告的附件。

7.5.2 定级申请

(1) 产品研制单位完成定级准备工作后，向定级机构提交定级申请报告。

(2) 定级机构接受相关申请材料后，应组织对申请材料进行初审。

(3) 定级机构在接到申请材料后 15 个工作日内对是否受理进行反馈，并记录定级申请受理情况。

7.5.3 定级审查

产品定级审查工作按照形式审查和技术审查两个阶段实施。

(1) 产品定级形式审查工作由定级机构组织实施，对产品研制单位的定级申请报告及产品定级证明文件(产品技术状态文件、产品数据包以及其他证明材料文件)的齐套性、完整性和规范性进行审查。形式审查须符合相关要求，证明可支持产品成熟度等级评定工作；对不符合要求的产品，由定级机构提出补充修改意见，产品研制单位修改满足要求后重新提交审查。

(2) 产品定级技术审查工作由定级机构组织实施，技术审查对产品定级证明文件的正确性、符合性、有效性进行审查。定级机构应按照产品成熟度等级评定要素及子要素，制定具体产品成熟度评定检查单(格式见附录 D)，对产品定级证明文件的正确性、符合性、有效性进行审查。审查结束后，由定级专家组参考产品成熟度评定要素定级准则中各子要素的定级要求，结合审查结果，确定该产品各项成熟度等级评定子要素的评定结果。技术审查中该产品各项成熟度等级评定子要素均须达到拟申请成熟度等级的相关要求,对不符合要求的产品,由定级机构提出补充修改意见,产品研制单位修改满足要求后重新提交审查。

(3) 定级机构应针对通过技术审查的产品,编制产品成熟度评价报告(格式见附录 E),并报送定级管理机构进行审批。

7.5.4　定级批准

(1) 定级管理机构依据定级机构提出的审查结果,批准所申请的产品成熟度等级认定。

(2) 产品定级经批准后,应按有关规定对产品的技术状态进行控制,并对定级相关材料进行归档和管理。

7.6　定级后产品的成熟度变更管理

已确定产品成熟度等级的产品选用及选用后技术状态管理,应执行型号产品选用的相关要求。

定级后的产品成熟度等级提升,由产品研制单位提出申请,按照产品成熟度定级相关标准重新组织较高级别产品定级。

定级产品发生重大质量问题或重大质量事故产品成熟度等级需更改的,取消现有产品成熟度等级,并在实施改进后重新组织定级。

定级后产品成熟度定级相关信息应纳入产品信息管理系统,并实现动态更新。

第 8 章　产品成熟度评价案例

本章介绍了单机和软件产品成熟度评价的具体案例,采用了航天科技集团有限公司航天产品化工程研究中心的评价素材,选取了热管单机产品和 PLC 软件产品的产品成熟度评价具体案例,从内容上呼应第 4 章单机产品成熟度模型和第 5 章软件产品成熟度模型,按照第 7 章介绍的产品成熟度评价的一般程序,结合评价流程中相关参与方的工作内容、需要注意的事项等方面,对产品成熟度评价工作进行了详细的介绍,可供读者进行产品成熟度评价实施时借鉴参考。

8.1　单机产品成熟度评价案例

本节以热管产品为例,介绍了该热管产品由产品成熟度 5 级提升到产品成熟度 6 级开展的工作情况,以及从产品成熟度 6 级定级准备开始到定级批准完成,全流程的产品成熟度评价工作情况。

8.1.1　定级准备

1）明确定级对象

热管的主要功能是对加载于热管上的热量进行传输,本次评价的热管是一种微小型轴向槽道热管,该热管外形尺寸小,适用于狭小安装空间的热量收集和传输,并可根据卫星载荷的构型进行适当的弯曲。在热管工作过程中,内部氨工质处于气－液两相状态,通过相变实现热量的传递,而槽道提供热管运行的驱动毛细力,工质在蒸发段吸收热量相变为蒸汽,蒸汽在冷凝段凝结为液体,在毛细力驱动下,凝结下来的液相工质回到蒸发段,重新进行蒸发。由于热管连续不断地把汽化潜热从蒸发段送到冷凝段,从而实现热量的传递。

2）明确目标等级

该型热管产品(X－X－X－5×3.4)成熟度的目标等级为 6 级。一般情况,研制单位需要根据产品的研制情况和产品成熟度提升与定级情况,明确产品的成熟度目标等级。该型热管产品的研制工作始于 2005 年,研制任务来源于某卫星载荷的热控需求,针对该型热管内部槽道微小的结构特点,开展了热管模具刻制以及热管管材挤压的关键技术攻关，小充装量的热管充装工艺、封口焊接等工艺改进工作，实现了毫克级充装精度以及热管的封口焊接，挤压出了内部槽道为百微米量级的微小槽道，成为目前国际上尺度最小的氨轴向槽道热管产品，产品的性能指标达到国际领先水平。该型热管随卫星型号发射入轨，共经过 8 次在轨飞行验证，产品技术、工艺、生产等方面较为成熟，状态稳定。

在此期间研制单位完成了产品成熟度 1 ~ 5 级的提升工作，包括完成模样、初样和正样产品的研制、产品规范的编制、产品技术状态基线的确定、质量问题归零、产品数据包的形成与完善、工艺改进、产品寿命试验考核、产品飞行数据的收集与分析等工作，并按照规定完成了产品成熟度各等级的定级工作，证明产品已达到产品成熟度 5 级水平。研制单位按照产品成熟度标准，完成了该型热管的环境适应性、极限能力和性能拉偏以及寿命与可靠性试验等工作，确定了产品技术状态基线，固化了产品配套的设计和工艺文件，完成了产品的可靠性评估，建立了产品成功数据包络，完善了产品数据包，并对数据进行了比对分析。通过对比产品成熟度标准，研制单位分析认为该型热管已具备达到产品成熟度 6 级定级条件。

3）编写申请报告

研制单位按照申请报告格式（见附录 C），编写热管产品成熟度定级申请报告，梳理该型热管产品配套的文件。

8.1.2　定级申请

1）提交申请材料

研制单位在完成定级准备工作后，向定级机构（航天科技集团有限公司航天产品化工程研究中心）提交了热管产品成熟度 6 级定级申请材料，包括热管产品成熟度 6 级定级申请报告、热管产品成熟度 5 级评价报告、热管产品规范、热管产品成熟度 6 级证明材料清单及热管产品研制工作总结报告共 5 份文件。

2）材料审查与反馈

定级机构收到产品成熟度 6 级定级申请材料后，组织专家对申请材料进行了初步审查。经审查，该型热管产品成熟度 6 级定级申请报告、产品规范等文件格式规范，内容完整，逻辑清晰，证明材料覆盖全部产品成熟度子要素，定级机构认定研制单位提交的申请材料合格，具备开展定级审查工作的条件。

8.1.3　定级审查

1）形式审查

形式审查的重点是对热管产品证明材料的齐套性、完整性和规范性给出审查意见和建议,审查的依据为单机产品成熟度评价标准、航天产品设计文件管理制度、航天产品工艺文件管理制度和研究试验文件管理制度等。

定级机构成立了审查组,审查专家按照产品成熟度评价要素方面设置分别负责设计、生产和使用方面共54份文件的审查,产品定级机构人员负责协调现场评价过程中的相关工作,研制单位安排答疑人员分别负责在审查过程中对审查专家提出的疑问进行解答。

形式审查包括首次会(汇报定级申请报告)、文件审查、形成形式审查结论和末次会(审查结论反馈与交流)共4个环节,一般安排如下:

(1) 首次会上研制单位负责汇报定级申请报告,重点介绍产品的基本情况、研制历程、产品成熟度提升和自评情况,审查专家可结合汇报情况提出问题,研制单位负责解答。

(2) 文件审查时间为半天,审查专家负责文件审查,将审查意见记录在检查单(格式见附录D),每个子要素记录1张检查单,答疑人员随时准备答疑和协助查找文件,共发现17个问题,其中设计方面10个、生产方面5个、使用方面2个。

(3) 根据审查专家记录的检查单内容,并经审查组内部讨论,形成了该型热管产品的形式审查结论,对形式审查问题归纳后共形成审查意见16个,其中,文件齐套性方面5个,文件完整性方面10个,文件规范性方面1个,具体如表8-1所列。

表8-1 热管(X-X-5×3.4)产品成熟度6级定级形式审查结论

××年××月××日,航天产品化工程研究中心组织对航天某单位热管(X-X-5×3.4)产品进行产品成熟度6级定级文件形式审查,审查组依据航天产品设计文件管理制度、航天产品工艺文件管理制度、研究试验文件管理制度、宇航单机产品成熟度定级规定和宇航单机产品成熟度定级实施细则等标准从设计、工艺、使用等文件的齐套性、完整性、规范性进行审查。

热管(X-X-5×3.4)产品以XX卫星配套的5×3.4热管为基线产品,在XX卫星上成功飞行8次,成功率100%,并通过某院产品成熟度5级认定,完成产品成熟度6级定级相关试验,具备产品成熟度6级认定条件。

共查阅设计文件31份,工艺文件19份,使用文件4份。认为基本满足产品成熟度6级定级形式审查要求。具体整改意见如下:

1. 文件齐套性:

(1) 补充产品文件配套表;

(2) 补充工艺总方案评审结论;

(3) 补充工艺文件目录(清单);

(4) 补充原材料(辅助材料)清单;

(5) 补充产能分析报告。

（续）

2. 文件完整性： （1）复核产品规范性能要求是否覆盖任务书要求； （2）完善成熟度 6 级定级申请报告； （3）完善定级试验总结报告； （4）完善产品研制工作总结报告； （5）完善工艺总方案和工艺总结报告； （6）完善产品计划流程和技术流程； （7）将氨泄漏的保障措施补充到产品保证大纲中； （8）将作业类表格化细则文件列入证明文件； （9）完善产品使用数据的策划与采集要求； （10）完善产品使用数据的统计和分析报告。 3. 文件规范性： 部分文件签署不规范。 以上整改意见要求在 10 个工作日内完成。 审查组组长：XXX　　　　研制单位:XXX XX 年 XX 月 XX 日　　　　XX 年 XX 月 XX 日

（4）末次会重点是审查组与研制单位沟通形式审查结论，并针对审查提出的整改问题进行交流，双方达成一致后，审查组组长和研制单位分别在审查结论上签字，一式两份（定级机构和研制单位各一份）双方留存。末次会后，研制单位按照审查结论内容及规定的时间开展整改工作。

研制单位按照形式审查结论完成整改后，向定级机构提交了技术审查申请和形式审查整改情况，具体如表 8－2 所列。

表 8－2　热管（X－X－X－5×3.4）形式审查意见反馈表

类型	对应子要素	审查意见	审查人	整改情况
设计	1－1－1 产品研制技术要求的识别和审查	（1）复核产品规范技术要求与任务书要求是否一致； （2）在子要素 1－1－1 的证明文件清单中补充产品研制任务书和产品技术要求	专家	（1）对产品规范中技术要求条款与任务书要求进行复核，修改了产品规范中性能、接品等与任务书表述不一致的内容； （2）已将该型热管的研制任务书和产品技术要求补充到证明材料清单中

（续）

类型	对应子要素	审查意见	审查人	整改情况
1 设计	1-1-2 产品设计输入的识别与确定	在子要素1-1-2的证明文件清单中补充产品研制工作总结报告、产品成熟度5级定级证明	专家	已将热管产品研制工作总结报告和产品成熟度5级定级证明补充到证明材料清单中
	1-2-1 产品技术流程和计划流程及其控制	完善产品计划流程和技术流程，如：现场提供的两份总体部的文件中，关于质量控制点的提法不一致，技术流程中提到质量控制点有5个，而在计划流程中提到8个	专家	已完善技术流程和计划流程
	1-2-2 通用质量特性保证工作计划及其控制	完善产品保证大纲，建议补充氨泄漏的相关保障措施	专家	已补充相关内容
	1-2-3 基础产品保证工作计划及其控制	建议将作业类表格化细则文件列入证明文件	专家	已将热管工质氨验收大纲和热管铝质型材验收大纲补充到证明材料清单中
	1-3-1 关键特性和关键项目的识别和控制	相关文件完整、规范，符合标准要求	专家	—
	1-3-2 产品通用质量特性设计、分析与验证	相关文件完整、规范，符合标准要求	专家	—
	1-3-3 不可测试项目的识别和控制	相关文件完整、规范，符合标准要求	专家	—
	1-3-4 试验验证项目的实施及结果	完善定级试验总结报告，包括：补充定级试验结论和定级试验总结评审证明	专家	已完善定级试验结论，补充了定级试验总结评审结论
	1-3-5 质量问题归零	该产品无质量问题发生	专家	—
	1-3-6 技术状态控制	该产品未发生技术状态更改	专家	—

（续）

类型	对应子要素	审查意见	审查人	整改情况
1 设计	1-3-7 设计输出符合性及文件齐套性	（1）补充产品文件配套表； （2）完善成熟度 6 级定级申请报告，补充该产品已应用 8 颗卫星的情况，补充该产品的试验结论； （3）完善研制工作总结报告，补充研制历程及已应用的 8 颗卫星情况、补充该产品在成熟度 4 级时技术状态固化内容、补充历次产品性能一致性比对内容、补充产品成功数据包络内容	专家	（1）已补充文件配套表； （2）已完善 6 级定级申请报告； （3）已完善研制工作总结报告，相关要求已补充完善
2 生产	2-1-1 工艺文件制定及其更改控制	（1）补充工艺总方案的评审结论； （2）补充工艺文件目录（清单）	专家	（1）可提供工艺总方案评审结论； （2）已将工艺文件目录补充到工艺总方案中
	2-1-2 工艺选用及禁/限用工艺控制	完善工艺总方案和工艺总结报告相关内容，包括：补充禁/限用工艺梳理、多余物控制方法和措施、特殊工艺过程及控制措施、关（重）工序识别的相关内容	专家	已完善工艺总方案，将禁/限用工艺情况、多余物控制情况以及关键工序识别情况等内容加入总方案中
	2-2-1 人员、设备及环境要求的识别和保障	相关文件完整、规范，符合标准要求	专家	—
	2-2-2 外购、外协项目控制	补充原材料（辅助材料）清单	专家	已在热管产品保证大纲，补充原材料（辅助材料）清单
	2-3-1 生产计划管理	补充产能分析报告	专家	已在热管生产线建设总结报告中补充了产能分析报告
	2-3-2 生产质量管理	相关文件完整、规范，符合标准要求	专家	—

（续）

类型	对应子要素	审查意见	审查人	整改情况
3 使用	3-1-1 产品交付文件的制定和管理	相关文件完整、规范,符合标准要求	专家	—
	3-1-2 产品故障预案制定	相关文件完整、规范,符合标准要求	专家	—
	3-2-1 产品使用数据的策划和采集	完善产品使用数据采集与分析要求。在现场提供的文件中有该产品使用数据的统计和分析内容,但不够系统,建议单独形成一份产品使用数据的策划和采集要求文件,对单一热管的全寿命周期(包括交付用户前的数据、装配后的数据和在轨运行的数据)的产品使用数据的采集要求,多根热管产品的使用数据的采集要求	专家	已补充文件,见航天器用热管使用数据策划与采集要求
	3-2-2 产品使用数据的分析和利用	完善产品使用数据的统计和分析报告	专家	已完善,见热管使用数据的统计和分析报告

2）技术审查

技术审查的重点是对证明材料技术内容的正确性进行审查,并形成审查结论和待办事项。审查的依据为单机产品成熟度评价标准、航天产品设计文件管理制度、航天产品工艺文件管理制度、研究试验文件管理制度等。

定级机构针对该型热管的产品成熟度技术审查成立了审查组,审查组包括审查专家和定级机构人员,明确了其中 1 名审查专家为本次审查组的审查组长,按照设计、生产和使用 3 个方面安排 3 名审查组分组组长,审查专家包括产品用户专家、热管专家、可靠性专家、质量管理专家、工艺专家、产品专业专家及其他相关专家(分系统)等,定级机构人员负责协调现场评价过程中的相关工作,研制单位安排答疑人员分别负责在审查过程中对审查专家提出的疑问进行解答。

技术审查包括首次会（汇报定级申请报告）、文件审查、形成技术审查结论和末次会（审查结论反馈与交流）共 4 个环节，安排如下：

（1）首次会上研制单位汇报定级申请报告和形式审查整改完成情况，重点介绍产品的基本情况、研制历程、产品成熟度提升、自评情况和形式审查整改完成情况，审查专家可结合汇报情况提出问题，研制单位负责解答。

（2）文件审查时间为 1 天，8 名审查专家负责文件审查，审查专家分工如表 8－3 所列，审查专家主要对证明文件的正确性、符合性、有效性进行审查，共查阅证明材料 54 份，审查时审查专家将审查意见记录在检查单（格式同形式审查检查单），每个子要素记录 1 张检查单，答疑人员随时准备答疑和协助查找文件。同时，工艺专家还到热管生产现场进行了生产现场检查，识别生产现场问题 1 项。本次技术审查共评价了 8 个要素 22 个子要素（本产品不含软件，因此不评价子要素 1－2－4 软件开发及软件产品保证计划及其控制），形成技术审查意见 34 条，如表 8－4 所列。

表 8－3　热管（X－X－5×3.4）技术审查组专家分工

<table>
<tr><th rowspan="2">分组</th><th colspan="2">第一组（设计）</th><th colspan="2">第二组（生产）</th><th colspan="2">第三组（使用）</th></tr>
<tr><th>评价人</th><th>子要素</th><th>评价人</th><th>子要素</th><th>评价人</th><th>子要素</th></tr>
<tr><td>1</td><td>专家</td><td>子要素 1－1－1
子要素 1－1－2</td><td rowspan="2">专家</td><td rowspan="2">子要素 2－1－1
子要素 2－1－2
子要素 2－2－1</td><td rowspan="2">专家</td><td rowspan="2">子要素 3－1－1
子要素 3－1－2</td></tr>
<tr><td>2</td><td>专家</td><td>子要素 1－2－1
子要素 1－2－2
子要素 1－2－3</td></tr>
<tr><td>3</td><td>专家</td><td>子要素 1－3－1
子要素 1－3－2
子要素 1－3－3
子要素 1－3－4</td><td rowspan="2">专家</td><td rowspan="2">子要素 2－2－2
子要素 2－3－1
子要素 2－3－2</td><td rowspan="2">专家</td><td rowspan="2">子要素 3－2－1
子要素 3－2－2</td></tr>
<tr><td>4</td><td>专家</td><td>子要素 1－3－5
子要素 1－3－6
子要素 1－3－7</td></tr>
</table>

表 8-4　热管(X-X-5×3.4)技术审查意见汇总表

评定方面与要素			检查要点	证明材料	检查结果记录	等级结果	评价人
方面	要素	子要素					
1 设计	1-1 产品设计输入的识别和审查	1-1-1 产品研制技术要求的识别和审查	(1) 研制技术要求是否准确、全面地反映使用单位的各种需求； (2) 对研制技术要求的可实现性是否进行了论证，考虑了相关潜在风险； (3) 研制技术要求是否经过承制单位、使用单位的确认； (4) 研制技术要求经过的实际考核验证程度(鉴定、验收试验，高一层次的联调联测、实际使用考核验证的次数)，以及是否在考核验证后对研制技术要求进行了细化完善； (5) 研制技术要求确需更改时，供需双方必须进行充分论证，实施规范的审查、确认、批准和版本管理活动	(1) 热管产品规范； (2) 热管设计报告	(1) 产品规范通过了总体部和某院组织的评审确认，经实际应用考核，产品的各项指标满足产品规范相关要求； (2) 建议完善产品的力学环境包络	6 级	专家
		1-1-2 产品设计输入的识别与确定	(1) 产品设计输入是否包括产品的寿命剖面或任务剖面； (2) 产品设计输入是否能满足研制技术要求，准确、全面地反映产品完成任务必须具备的各项功能和需达到的性能指标； (3) 产品设计输入是否包括实现产品研制技术要求的设计约束条件和实施方案； (4) 产品设计输入确需更改时，是否进行充分论证，实施规范的审查、确认、批准和版本管理活动	(1) 热管产品规范； (2) 热管设计报告； (3) 热管研制工作总结报告	(1) 产品规范中明确了产品的寿命指标，规定了预定用途和使用要求； (2) 产品规范的版本控制符合相关要求； (3) 产品规范中规定的指标满足研制要求，部分指标，如：寿命指标超过要求，具备了产品完成任务必需功能和性能指标	6 级	专家

（续）

评定方面与要素			检查要点	证明材料	检查结果记录	等级结果	评价人
方面	要素	子要素					
1 设计	1－2 设计计划及其控制	1－2－1 产品技术流程和计划流程及其控制	(1) 产品技术流程和计划流程是否包含产品研制技术要求和相关设计输入规定的内容； (2) 产品技术流程和计划流程是否明确规定各阶段的任务和具体工作，且各项工作均按计划完成； (3) 对各阶段的技术流程和计划流程是否实施有效的监督控制，有无未执行或超出程序执行的情况，如有是否采取了相应的措施； (4) 产品技术流程和计划流程确需更改时，是否进行充分论证，实施规范的审查、确认、批准和版本管理活动	(1) 热管生产技术流程； (2) 热管半成品研制技术流程； (3) 热管生产计划流程	(1) 产品生产技术流程和研制技术流程应覆盖从生产准备到产品交付的全过程，建议校对两份文件中的图示与文字内容的一致性； (2) 补充半成品研制技术流程中的时间要素	6 级	专家
		1－2－2 通用质量特性保证工作计划及其控制	(1) 是否依据相关标准，编制了 RMS 保证计划； (2) RMS 保证计划是否明确规定各阶段的任务和具体工作，且各项工作均按计划完成； (3) 对各阶段的 RMS 保证工作是否实施有效的监督控制，有无未执行或超出程序执行的情况，如有是否采取了相应的措施； (4) RMS 保证计划确需更改时，是否进行充分论证、实施规范的审查、确认、批准和版本管理活动	(1) 热管产品保证工作计划； (2) 热管产品保证大纲； (3) 热管专用产品保证大纲； (4) 热管可靠性安全性保证大纲	产品保证大纲和产品保证计划文件中关键质量控制点在流程中的标识不全，如：Q1、Q3、Q4 未标识，有标识 Q2 为“与用户协调”，但未将其列为关键控制点，建议删除 Q2	6 级	专家

（续）

评定方面与要素			检查要点	证明材料	检查结果记录	等级结果	评价人
方面	要素	子要素					
1 设计	1-2 设计计划及其控制	1-2-3 基础产品保证工作计划及其控制	(1) 是否依据相关标准及以往任务应用验证结果，编制了基础产品选用目录及保证计划； (2) 是否明确了设计、生产、使用等方面对基础产品的要求； (3) 是否对新品元器件、新材料、新零件制定相应的控制措施； (4) 对各阶段的基础产品保证工作是否实施有效的监督控制，有无未执行或超出程序执行的情况，如有是否采取了相应的措施； (5) 基础产品保证计划及选用目录确需更改时，是否进行充分论证，实施规范的审查、确认、批准和版本管理活动	(1) 热管产品保证大纲； (2) 热管工质氨验收大纲； (3) 热管铝质型材验收大纲； (4) 热管半成品验收细则	经查阅相关文件，该子要素内容符合成熟度6级定级标准的相关要求	6级	专家
	1-3 设计输出及其验证	1-3-1 关键特性和关键项目的识别和控制	(1) 是否依据产品研制情况、工程经验及相关标准和要求，对关键项目和关键特性进行了分析和识别，有无分析报告； (2) 是否编制了关键项目和关键特性明细表； (3) 是否明确了各阶段对关键项目和关键特性的控制要求，并按要求完成了各阶段的工作； (4) 对关键项目和关键特性在设计、生产和使用中是否实施有效的监督控制，有无未执行或超出程序执行的情况，如有是否采取了相应的措施； (5) 关键项目和关键特性明细表确需更改时，是否进行充分论证，实施规范的审查、确认、批准和版本管理活动	(1) 热管产品特性分析报告； (2) 热管技术总结报告； (3) 热管技术风险分析报告	(1) 对产品的关键特性和关键项目进行了识别，明确了设计关键特性、工艺关键特性和过程关键特性，并规定和落实了相应的控制措施； (2) 建议：(1) 将《热管测试覆盖性检查报告》补充到证明文件清单中； (2) 风险分析报告与测试覆盖性检查报告中的日期不协调，需修改	6级	专家

（续）

评定方面与要素			检查要点	证明材料	检查结果记录	等级结果	评价人
方面	要素	子要素					
1 设计	1－3 设计输出及其验证	1－3－2 产品通用质量特性设计、分析与验证	（1）是否依据产品研制情况、工程经验及RMS相关标准和要求，开展RMS的设计、分析、试验与评价工作并形成记录； （2）是否对RMS设计、分析、验证与评价工作的开展情况开展了阶段设计评审，证明符合RMS保证工作计划要求； （3）是否建立了RMS设计、分析、验证与评价工作的程序和规范，以及相应的管理制度	（1）航天器热管可靠性设计手册； （2）热管可靠性安全性保证大纲； （3）热管技术总结报告； （4）热管产品保证大纲； （5）热管可靠性评估方案； （6）热管可靠度评估报告； （7）热管可靠性安全性分析报告	（1）《航天器热管可靠性设计手册》中规定了热管设计、生产、试验、包装、储存、运输、交付和使用等方面的可靠性要求； （2）《热管技术总结报告》中对热管的研制流程、产品测试结果、技术指标的符合性、可靠性验证和测试覆盖性情况进行了总结，各项指标满足产品规范规定； （3）《热管产品保证大纲》和《热管可靠性评估方案》规定了产品在设计、制造、装配等方面的产品保证要求、质量控制要求和可靠性保证要求等； （4）建议增加阶段性评审记录等证明材料	6级	专家

（续）

评定方面与要素			检查要点	证明材料	检查结果记录	等级结果	评价人
方面	要素	子要素					
1 设计	1－3 设计输出及其验证	1－3－3 不可测试项目的识别和控制	（1）是否依据产品研制情况、工程经验及相关标准和要求，制定了产品测试覆盖性分析和检查要求，并汇总形成了不可测试项目清单； （2）是否按照要求，编制了测试大纲、测试细则，并确保覆盖所有可测试的项目； （3）是否针对不可测试项目制定了相应的管理和控制要求，并采取了相应的控制措施及记录	（1）热管测试覆盖性分析报告； （2）热管测试覆盖性检查报告； （3）热管技术总结报告； （4）热管技术风险分析报告； （5）热管试验大纲； （6）热管测试细则	针对该产品明确了14个可测试项目和2个不可测试项目，并且编制了可测试项目的试验大纲和测试细则，通过对产品的实际测试，结果满足要求。对于不可测试项目，制定了控制措施，并且相关工作已落实到位	6级	专家
		1－3－4 试验验证项目的实施及结果	（1）是否依据GJB1027A－2005等相关标准和要求，制定了产品试验项目的管理要求和控制措施； （2）是否确定了各阶段产品的试验项目，制定了试验计划，并纳入到产品研制技术流程和计划流程； （3）是否依据产品研制技术要求和环境试验规定，制定了试验大纲、测试细则、表格化记录等文件，并按要求组织了评审； （4）是否按照试验大纲和试验细则组织开展了各项试验，并对各项验证的实施及结果进行跟踪和追溯； （5）是否按照规定的表格化记录收集、整理数据、原始记录及任何必要的措施记录，并对试验数据进行判读，分析、评价试验结果	（1）热管试验大纲； （2）热管产品三级定型试验大纲； （3）航天器热管试验方法； （4）热管产品规范； （5）热管测试细则； （6）热管试验报告 （7）热管定型试验总结报告	（1）定型试验大纲中规定了热管产品的定型试验项目，包括环境适应性、极限能力与性能拉偏、寿命与可靠性等试验，其中振动试验随整星开展，寿命试验由在轨验证； （2）定型试验总结报告中总结了鉴定检验试验的情况，包括热管外观、尺寸、质量、热性能等； （3）建议补充关键试验的试验数据及评审证明	6级	专家

（续）

评定方面与要素			检查要点	证明材料	检查结果记录	等级结果	评价人
方面	要素	子要素					
1 设计	1-3 设计输出及其验证	1-3-5 质量问题归零	（1）质量问题归零工作是否有具体的实施计划，给予足够的资源保障，并将实施计划纳入科研生产计划中进行管理； （2）是否对产品全寿命周期发生的所有质量问题进行了记录，并按照有关要求完成质量问题归零活动； （3）是否按照 QJ3183—2003 的规定完成了问题定位和机理分析、复现试验、制定并落实纠正措施、开展举一反三工作和完成技术归零报告等活动； （4）是否按照 QJ1302.1—2001 的规定组织和管理技术归零评审活动	（1）热管质量工作总结报告； （2）热管研制工作总结报告； （3）5×3.4 热管 6 级成熟度定级申请报告	经查阅相关文件，该子要素内容符合成熟度 6 级定级标准的相关要求	6级	专家
		1-3-6 技术状态控制	（1）是否按照 GJB3206、QJ3118 等标准、规范对设计结果实施规范的技术状态管理； （2）是否对需设计技术状态更改的情况进行了充分的论证，并得到相关方的认可； （3）是否对设计技术状态更改进行了试验验证，并形成验证报告； （4）设计技术状态更改情况是否按照规范程序进行审批，并确保落实到相关技术文件中	（1）热管质量工作总结报告； （2）热管研制工作总结报告； （3）5×3.4 热管 6 级成熟度定级申请报告	该产品在“十二五”可靠性增长及产品化推进工程项目中有 2 项薄弱环节改进内容，包括：自动化焊接工艺改进和焊后检漏方法改进。因此，需修改涉及改进的相关文件	6级	专家

（续）

评定方面与要素			检查要点	证明材料	检查结果记录	等级结果	评价人
方面	要素	子要素					
1 设计	1－3 设计输出及其验证	1－3－7 设计输出符合性及文件齐套性	（1）产品设计结果是否与产品研制技术要求和其他设计输入的相关内容逐一对应； （2）是否按照产品研制策划安排和相关标准，记录产品设计过程的结果，编制相应技术文件和工程图样； （3）是否对设计输出与设计输入的符合程度进行了验证，并经过必要的审查或确认； （4）是否对设计结果进行了工艺性审查，确保后续生产的可实现	（1）热管设计报告； （2）热管模具图； （3）热管质量工作总结报告； （4）热管技术总结报告； （5）热管可靠性安全性分析报告； （6）热管测试覆盖性分析报告； （7）热管定型试验总结报告； （8）5×3.4 热管 6 级成熟度定级申请报告； （9）热管研制工作总结报告	建议修改完善研制工作总结报告，具体如下： （1）完善工艺部分内容； （2）补充定级试验结果； （3）补充设计符合性和成功包络线内容； （4）补充环境包络内容	6 级	专家

（续）

评定方面与要素			检查要点	证明材料	检查结果记录	等级结果	评价人
方面	要素	子要素					
2 生产	2－1 生产工艺管理	2－1－1 工艺文件制定及其更改控制	（1）是否依据产品设计，开展相应的工艺设计，编制工艺文件，以指导产品的生产实现过程，产品工艺文件应涵盖本子要素实施要求内的全部要求； （2）工艺文件是否完整、清晰、无歧义，可实现稳定重复生产； （3）是否按照相关标准和管理要求，确保所有的工艺文件的状态得到标识和控制； （4）当需要更改时，是否对更改进行评审和验证，并保存相关记录	（1）热管产品工艺总方案； （2）热管（半成品）工艺总方案； （3）热管生产工艺路线图； （4）对热管生产人员、设备和环境的要求； （5）热管产品标识实施作业指导书； （6）热管真空烘烤工艺作业指导书； （7）热管耐温性能检验工艺作业指导书	（1）工艺总方案应按照 QJ903B 要求编写，在《热管产品工艺总方案》中说明与《热管（半成品）工艺总方案》的关系； （2）在工艺总方案中应说明攻关及工艺瓶颈均已解决； （3）将自动化焊接工艺改进和焊后检漏方法改进内容落实到相关工艺文件中	6 级	专家
		2－1－2 工艺选用及禁/限用工艺控制	（1）是否依据产品设计方案，确定了工艺选用目录； （2）对于已有成熟工艺无法满足的需求，是否充分识别拟采用的新工艺项目，并确定工艺关键技术攻关项目； （3）是否对成熟工艺选取的情况进行确认和验证，并安排相应的保障措施； （4）依据以往工程验证结果，是否识别并应用工艺选用目录和禁/限用工艺清单	（1）热管产品工艺总方案； （2）热管（半成品）工艺总方案； （3）热管工艺总结报告	完善工艺总方案和工艺总结报告中禁/限用工艺梳理、多余物控制方法和措施、特殊工艺过程梳理及控制措施等相关内容	6 级	专家

（续）

评定方面与要素			检查要点	证明材料	检查结果记录	等级结果	评价人
方面	要素	子要素					
2 生产	2－2 生产资源管理	2－2－1 人员、设备及环境要求的识别和保障	(1) 相关人员的技能水平和能力是否满足产品生产工艺对相关工作岗位的要求； (2) 是否定期组织各种技能培训和人员能力考核，确保员工能力持续符合要求； (3) 根据操作流程，是否对每个工序编制详细的作业指导书； (4) 是否对员工进行培训，确保员工严格按照作业指导书进行操作； (5) 设备能力是否与产品生产工艺的相关要求保持一致，设备操作规程是否详细、准确； (6) 设备是否实施专人专管，并定期检查和维护，保存设备维修、保养和校准记录； (7) 环境设施等是否满足规定的生产环境条件控制要求； (8) 是否对生产环境实行实时监测，并保持生产环境控制记录	(1) 对热管生产人员、设备和环境的要求； (2) 热管产品工艺总方案	经查阅相关文件，该子要素内容符合成熟度6级定级标准的相关要求	6级	专家
		2－2－2 外购、外协项目控制	(1) 是否根据设计和工艺文件的要求，确定了外购、外协项目清单； (2) 是否根据外购、外协项目及其供应商的能力要求，对潜在供应商进行能力评估和资质审查，确定合格供应商目录； (3) 对于确需使用国外引进的外购、外协项目，是否对其采购风险进行论证，并制定应对措施	(1) 热管外协、外购件合格供方清单； (2) 热管产品工艺总方案	经查阅相关文件，该子要素内容符合成熟度6级定级标准的相关要求	6级	专家

（续）

评定方面与要素			检查要点	证明材料	检查结果记录	等级结果	评价人
方面	要素	子要素					
2 生产	2－3 生产活动管理	2－3－1 生产计划管理	（1）在确保满足规定质量要求的前提下，是否对产品生产流程、工序负荷等进行分析、验证，并确定产品的实际产能； （2）是否根据实际产能和计划目标，制定了生产计划进度表，明确了工作内容、工期、完成形式、时间节点及考核方式等内容； （3）是否按照生产计划进度表，考核、记录了产品生产计划的完成情况，并分析、记录未完成计划节点的原因； （4）是否结合生产计划完成情况，改进和优化了生产流程和布局，制定了提高生产效率的改进方案	（1）热管生产计划流程； （2）热管工艺总结报告； （3）热管产品工艺总方案	经查阅相关文件，该子要素内容符合成熟度 6 级定级标准的相关要求	6 级	专家
		2－3－2 生产质量管理	（1）是否制定了产品各研制阶段的质量目标及详细的质量保证措施，并形成文件； （2）依据质量保证措施文件监督产品生产过程，是否采用适宜的方式核查生产执行情况，并保存了核查记录，必要时对质量保证措施文件进行评审和更新； （3）是否针对产品生产过程的关键环节和关键特性设置产品检验和强制检验点； （4）是否根据检验项目的关键和重要程度，采取了多种方式进行检验，并保存了检验记录； （5）是否分析了生产过程采集的信息和数据发现潜在问题和薄弱环节，并制定了相应的纠正措施和预防措施	（1）热管工艺总结报告； （2）热管生产基线报告； （3）热管（半成品）生产准备评审报告	建议完善自动焊车间温、湿度记录和焊接现场原始记录管理	6 级	专家

（续）

评定方面与要素			检查要点	证明材料	检查结果记录	等级结果	评价人
方面	要素	子要素					
3 使用	3－1 产品交付及交付后活动支持	3－1－1 产品交付文件的制定和管理	(1) 是否编制了产品验收、交付以及使用操作文件，并描述了产品验收、交付以及使用操作的正确步骤、方法和注意事项，文件内容是否涵盖了本子要素实施要求内全部内容； (2) 对产品验收、交付和使用操作文件是否进行了恰当的评审、验证和确认； (3) 按照相关标准和管理要求，是否对产品验收、交付和使用操作文件的状态进行了标识和控制	(1) 热管技术说明书； (2) 热管产品使用说明书； (3) 热管技术总结报告	针对该产品编写了产品技术说明书和使用说明书，对产品的使用方法和注意事项等进行了描述	6级	专家
		3－1－2 产品故障预案制定	(1) 是否结合产品设计特性和以往工作成果，识别、梳理产品在验收、交付和使用操作过程中可能发生的异常情况，以及相应的处置措施，并形成文件； (2) 是否对产品故障预案处置措施的有效性进行必要的验证和确认，并对产品故障预案文件进行恰当的评审； (3) 是否按照相关标准和管理要求，对产品故障预案文件的状态进行了标识和控制	(1) 热管可靠性、安全性分析报告； (2) 热管产品使用说明书	经查阅相关文件，该子要素内容符合成熟度6级定级标准的相关要求	6级	专家

（续）

评定方面与要素			检查要点	证明材料	检查结果记录	等级结果	评价人
方面	要素	子要素					
3 使用	3-2 产品使用数据的统计和分析	3-2-1 产品使用数据的策划和采集	(1) 是否根据产品使用数据的采集需求,完成了形成文件的产品采集数据要求,并将相关要求纳入产品使用操作说明书等,确保贯彻执行; (2) 是否及时与使用方沟通数据采集、存储和传递等相关工作安排,确保及时反馈产品使用数据,并妥善保存数据采集记录; (3) 是否按照要求对采集的使用数据分类、标识,便于查询、检索; (4) 产品使用数据采集、传递、储存、保护、检索、保留和处置等相关要求和方法程序是否形成了文件规范	(1) 热管使用数据的统计和分析报告; (2) 航天器用热管在轨运行分析与评估报告; (3) 航天器用氨轴向热管使用数据策划与采集要求	针对该产品编写了产品使用数据策划与采集要求,并开展了使用数据的统计和分析工作	6级	专家
		3-2-2 产品使用数据的分析和利用	(1) 通过对产品数据项目和要求进行分析,确定适宜的数据分析方法; (2) 利用数据分析方法和工具对数据进行分析,验证产品研制各环节要求和措施的正确性、适应性和有效性,并形成文件; (3) 通过产品数据分析结果制定相应的预防措施和改进措施,形成文件或记录,经过恰当评审后方可实施,相应改进措施的效果应进行验证或评估	(1) 热管使用数据的统计和分析报告; (2) 航天器用氨轴向热管使用数据策划与采集要求	建议按照使用数据策划与采集要求,进一步完善数据统计分析报告,包括:补充产品交付验收数据的分析和地面热平衡测试数据的分析	6级	专家

注:表中“等级结果”标注为“—”的表示本子要素未达到6级要求

(3) 文件审查结束后,定级机构人员根据审查专家记录的检查单内容,并经审查组内部讨论,形成了该型热管产品的技术审查结论如表 8 – 5 所示。本次技术审查共形成整改建议 11 个,其中,设计方面 7 个,生产方面 3 个,使用方面 1 个,具体如表 8 – 6 所列。

表 8 – 5　热管(X – X – 5 ×3. 4)产品成熟度 6 级技术审查结论

XX 年 XX 月 XX 日,航天产品化工程研究中心在北京组织召开了某单位热管(X – X – 5 ×3. 4)产品成熟度 6 级技术审查会。参加会议的有 XX 院、XX 院、XX 院等单位相关领导和专家。 审查组听取研制单位汇报的热管(X – X – 5 ×3. 4)产品成熟度 6 级定级申请报告和形式审查整改情况,并依据宇航产品成熟度相关标准,对热管(X – X – 5 ×3. 4)设计、生产、使用三个方面共 22 项子要素(本产品不含软件,因此不评子要素 1 – 2 – 4 软件开发及软件产品保证计划及其控制)的审查意见进行了讨论,其中: 符合 6 级定级要求的子要素 22 项, 未达到 6 级定级要求的子要素 0 项。 待办事项附后,限 30 日按审查意见完成整改,由航天产品化工程研究中心组织进行整改复核,符合 6 级定级要求后,按定级程序上报定级批准机构审批。 审查组组长:XX XX 年 XX 月 XX 日

表 8 – 6　热管(X – X – 5 ×3. 4)技术审查待办事项

1. 设计方面 (1) 建议完善产品规范中产品的力学环境包络; (2) 补充半成品研制技术流程中的时间要素; (3) 产品保证大纲和产品保证计划文件中关键质量控制点在流程中的标识不全,建议修改完善; (4) 建议将热管测试覆盖性检查报告补充到证明文件清单中; (5) 建议增加阶段性评审记录等证明材料; (6) 建议补充关键试验的试验数据及评审证明; (7) 将涉及薄弱环节改进(自动化焊接工艺改进和焊后检漏方法改进)的内容落实到相关文件。 评价小组组长:XX　　被评价方:XX XX 年 XX 月 XX 日　　XX 年 XX 月 XX 日

（续）

2. 生产方面 （1）修改完善研制工作总结报告； （2）修改完善工艺总方案和工艺总结报告； （3）建议完善自动焊车间温湿度记录和焊接现场原始记录管理。 评价小组组长:XX　　　　　　　　被评价方:XX XX 年 XX 月 XX 日　　　　XX 年 XX 月 XX 日
3. 使用方面 （1）建议按照使用数据策划与采集要求,进一步完善数据统计分析报告。 评价小组组长:XX　　　　　　　　被评价方:XX XX 年 XX 月 XX 日　　　　XX 年 XX 月 XX 日

（4）末次会重点是审查组与研制单位沟通技术审查结论,并针对审查提出的待办事项进行交流,双方达成一致后,审查组组长和研制单位分别在审查结论上签字,一式两份(定级机构和研制单位各一份)双方留存。末次会后,研制单位按照审查结论内容及规定的时间开展整改工作。

3）整改与复核

技术审查结束后,研制单位按照技术审查待办事项完成了整改,并向定级机构提交了整改情况。定级机构接收整改情况反馈后在北京组织专家对该型热管产品的归档正式文件进行了复核,并检查了在技术审查会上确定的待办事项的落实整改情况,复核用表如表 8－7～表 8－9 所列,经复核全部待办事项均完成整改,符合标准要求。

表 8－7　热管(X－X－5×3.4)技术审查复核结论(设计方面)

序号	待办事项	落实情况	复核结论
1	建议完善产品规范中产品的力学环境包络	已按照专家意见,在产品规范中完善了力学环境试验包络	√
2	补充半成品研制技术流程中的时间要素	已按审查要求,重新排版,并在每一道工序中增加了时间要素	√

（续）

序号	待办事项	落实情况	复核结论
3	产品保证大纲和产品保证计划文件中关键质量控制点在流程中的标识不全，建议修改完善	已按照意见完善热管产品保证工作计划和热管产品保证大纲	√
4	建议将热管测试覆盖性检查报告补充到证明文件清单中	已按照意见将热管测试覆盖性检查报告补充到证明材料中	√
5	建议增加阶段性评审记录等证明材料	已按照专家意见将热管可靠性评估方案和热管可靠度评估报告的评审证明书补充到证明材料中	√
6	建议补充关键试验的试验数据及评审证明	已经将热管极限能力测试试验的数据补充在热管定型试验总结报告中，将定型试验总结报告评审证明书补充在备查文件中	√
7	将涉及薄弱环节改进（自动化焊接工艺改进和焊后检漏方法改进）的内容落实到相关文件	已按审查要求，落实到工艺总方案中和定级申请报告中，并按照工艺文件管理制度进行了具体分析	√
复核意见： 全部待办事项已按照专家意见完成整改，符合相关标准要求			
复核小组组长：	XXX	被复核方：	XXX
复核时间：	XX年XX月XX日	复核时间：	XX年XX月XX日
注：待办事项复核通过复核结论为"√"，待办事项复核不通过复核结论为"×"			

表8-8　热管（X-X-5×3.4）技术审查复核结论（生产方面）

序号	待办事项	落实情况	复核结论
1	修改完善研制工作总结报告	已经按照专家意见将设计符合性和成功包络线的内容、工艺更改、禁/限用工艺说明等相关内容补充在热管研制工作总结报告	√
2	修改完善工艺总方案和工艺总结报告	已按审查要求落实，均按照工艺文件管理制度进行逐项对标，重新编制了热管产品工艺总方案、热管半成品工艺总方案，完善了热管工艺总结报告	√

（续）

序号	待办事项	落实情况	复核结论
3	建议完善自动焊车间温湿度记录和焊接现场原始记录管理	已按审查要求落实，现场除了原有自动采集温、湿度的测点外，又增加了纸质记录；完善了焊接现场原始记录数据	√
复核意见： 全部待办事项已按照专家意见完成整改，符合相关标准要求			
复核小组组长：	XXX	被复核方：	XXX
复核时间：	XX 年 XX 月 XX 日	复核时间：	XX 年 XX 月 XX 日
注：待办事项复核通过复核结论为“√”，待办事项复核不通过复核结论为“×”			

表 8－9　热管（X－X－5×3.4）技术审查复核结论（使用方面）

序号	待办事项	落实情况	复核结论
1	建议按照使用数据策划与采集要求，进一步完善数据统计分析报告	已经按照专家意见完善热管使用数据的统计和分析报告，将在轨飞行的原始遥测数据补充在报告中	√
复核意见： 全部待办事项已按照专家意见完成整改，符合相关标准要求			
复核小组组长：	XXX	被复核方：	XXX
复核时间：	XX 年 XX 月 XX 日	复核时间：	XX 年 XX 月 XX 日
注：待办事项复核通过复核结论为“√”，待办事项复核不通过复核结论为“×”			

4）编写评价报告

定级机构按照产品成熟度标准要求，结合形式审查、技术审查的意见以及研制单位的整改情况，编写完成了该型热管产品成熟度评价报告。

8.1.4　定级批准

依据定级机构提出的审查结果，经定级管理机构同意和盖章后，批准了研制单位申请的热管（X－X－5×3.4）产品成熟度 6 级认定。并将热管（X－X－5×3.4）产品成熟度 6 级评价报告（格式见附录 E）反馈研制单位，确认该型热管产品达到成熟度 6 级水平。对于该热管产品在产品定级经批准后，应按有关规定对产品的技术状态进行控制,并对定级相关材料进行归档和管理。

8.2 软件产品成熟度评价案例

本节以某火箭型号测发控系统点火 PLC 软件为例,介绍 5 级软件产品成熟度从定级准备开始到定级批准完成全流程定级评价的工作情况。

8.2.1 定级准备

1) 明确定级对象

某火箭型号测发控系统点火 PLC(V1.01)软件主要负责接收发控台或主控微机的指令,在点火组合和控制线路硬件配合下,完成一级发动机点火或紧急关机功能。点火控制装置是给运载火箭 I 级发动机点火时供电控制用的专用装置,是地面测发系统的主要组成部分之一,因其可靠程度直接影响到火箭的发射成败,故该软件安全等级为 A 级。该软件开发环境需要 WINDOWS XP 及以上操作系统支持,采用继电器符号语言(T 型图)或者逻辑符号语言(列表)进行设计和编程,属于小型嵌入式软件产品。

2) 明确目标等级

该软件产品累计共参加某火箭型号飞行任务 11 次,软件安全运行无故障,研制单位申请该软件产品成熟度目标等级为 5 级。

3) 编写申请报告

研制单位按照软件产品成熟度定级申请报告格式(格式见附录 C),编写了定级申请报告,梳理了该软件产品配套的数据包文件。

8.2.2 定级申请

1) 提交申请材料

研制单位在完成定级准备工作后,向定级机构提交了某火箭型号点火 PLC 软件产品成熟度 5 级定级申请报告,内附自评检查单和证明材料清单。

2) 材料审查与反馈

定级机构收到该软件产品成熟度 5 级定级申请材料后,初步审查认为该软件自评报告中各部分内容完整,逻辑清晰,各子要素检查要点清楚、证明材料齐全、检查结果记录详细,认定研制单位提交的申请材料合格,具备开展定级审查工作的条件。

8.2.3　定级审查

1）形式审查

因某火箭型号点火PLC软件产品属于小型规模的软件，故定级机构安排软件专家对研制单位提供的证明材料清单及证明材料进行了形式审查。专家审查后认为：

（1）该软件产品证明材料清单符合5级软件产品成熟度定级证明材料要求，满足齐套性；

（2）研制单位提供的证明材料中覆盖了管理、设计、测试、应用四方面内容，满足完整性要求；

（3）研制单位提供的证明材料签署完整，满足规范性要求。

2）技术审查

形式审查结束后，定级机构依据软件产品成熟度现场评价检查单模板（见附表E）编制了现场评价检查单，组织了"某火箭型号点火PLC软件"成熟度技术审查，成立了审查专家组，专家组成员来自集团公司各院单位相应领域的软件专家、产品用户单位的软件专家以及火箭点火器产品专家，专家们按照评价子要素进行了分工。表8-10给出了现场评价专家分工。

表8-10　软件产品成熟度现场评价专家组分工

分组	第一组（管理）		第二组（设计）		第三组（测试）		第四组（应用）	
	评价人	子要素	评价人	子要素	评价人	子要素	评价人	子要素
分工	专家 3人	1-1-1 1-2-1 1-2-2 1-2-3 1-3-1	专家 2人	2-1-1 2-1-2 2-2-1 2-2-2	专家 2人	3-1-1 3-1-2 3-2-1 3-2-2 3-2-3	专家 1人	4-1-1 4-1-2

技术审查时间共计1天。现场专家查阅了该软件产品研制、应用过程中的相关证明材料，参观了该软件仿真测实试验室，查看了软件各阶段研制流程及要求，将发现的问题及时与答疑人员进行了沟通，专家们在现场记录的问题共有60个，其中管理方面15个，设计方面12个，测试方面27个，应用方面6个，具体现场检查记录问题如表8-11所列。

表 8－11　某火箭型号 PLC 点火软件产品技术审查意见汇总表

评定方面与要素			检查要点	证明材料	检查结果记录	等级结果	评价人	备注
方面	要素	子要素						
1 管理	1－1 资源配置	1－1－1 组织职责保证与工程环境保证	(1) 交办方同步更新了研制任务书，对于 A 级、B 级和必要时的 C 级软件产品提出了第三方评测/验证的技术要求； (2) 交办方参加了需求规格说明和配置项测试的正式评审； (3) 交办方组织并开展了软件产品验收和系统测试； (4) 承制方策划人员、需求分析人员、设计开发人员、测试人员、质量保证人员、配置管理人员、运行维护人员职责明确； (5) 对于 A 级、B 级和必要时的 C 级软件产品，第三方评测机构向研制方提交了评测/验证相关文档，并按要求保证通过了评审； (6) 质量管理人员审查、会签了软件产品文档，实施了软件问题报告制度，监督措施落实，开展了相关人员培训； (7) 质量管理人员监督了软件配置管理和各配置管理项的更改，记录、保管并跟踪软件产品质量记录； (8) 质量管理人员分析了质量数据，给出了改进措施并监督落实； (9) 软件产品的开发环境、编译环境、测试/验证环境、运行环境已固化不变； (10) 结合多次实际任务考核情况，对软件产品的组织职责与工程环境保证进行了验证； (11) 按照运行维护策划，若软件产品在任务考核中发生轻微或一般问题，已有专人负责处理	(1) 软件研制任务书； (2) 软件产品保证大纲； (3) 软件研制总结报告； (4) 软件研制计划； (5) 软件质量保证计划； (6) 软件配置管理计划； (7) 单元测试计划； (8) 配置项测试计划； (9) 第三方配置项测试计划； (10) 分系统联试（软件验收测试）计划； (11) 软件运行维护策划方案； (12) 相关人员培训记录； (13) 数据包清单	(1) S 阶段任务书 1.00 版，后无更改，且任务书中未提出软件工程环境要求； (2) 计划中需求人员、运行维护人员、配置管理人员未明确，设计与测试人员分离不清晰； (3) 质量人员未会签软件文档	5 级	专家	

（续）

评定方面与要素			检查要点	证明材料	检查结果记录	等级结果	评价人	备注
方面	要素	子要素						
1 管理	1－2 质量管理	1－2－1 工作策划	（1）制定了软件产品保证大纲、质量保证计划、配置管理计划，若该版本软件在 1 次任务飞行产品的基础上有需求或设计上的更改，则需重新按照工作要求，制定软件更改计划、各种测试计划、运行维护策划等内容； （2）各项计划工作内容、时间节点、人员保证、工具环境等内容都比较完善； （3）各项工作均已按计划完成； （4）结合多次实际任务考核情况，对软件的各项工作策划内容进行了验证； （5）若软件在飞行中或飞行后需要进行Ⅰ类、Ⅱ类更改，软件按照运行维护策划完成相应工作	（1）软件研制总结报告； （2）软件研制计划； （3）软件质量保证计划； （4）软件配置管理计划； （5）单元测试计划； （6）组装测试计划； （7）配置项测试计划； （8）第三方配置项测试计划； （9）分系统联试（软件验收测试）计划； （10）软件运行维护策划方案； （11）数据包清单	（1）在需求有变更的情况下，未查见各项计划变更； （2）各计划对时间节点安排缺失，人员保证不清晰；； （3）质量对软件相关文档未会签，评审报告未查见质量人员参与证据	5 级	专家	

（续）

评定方面与要素			检查要点	证明材料	检查结果记录	等级结果	评价人	备注
方面	要素	子要素						
1 管理	1－2 质量管理	1－2－2 评审与审查	（1）研制任务书、需求规格说明、开发计划、质量保证计划和配置管理计划、概要设计、详细设计、单元测试计划、单元测试报告、配置项测试计划、配置项测试报告通过了评审； （2）若软件产品在工程产品的基础上有修改，修改内容涉及的相关文档通过了评审； （3）若软件产品经过修改进行了回归测试，回归测试通过了评审； （4）若软件产品开展了第三方评测，则第三方评测的需求、说明、报告通过了评审； （5）验收测试计划、测试报告通过了评审； （6）通过了软件验收评审	（1）任务书评审结论； （2）软件需求评审结论； （3）软件详细设计评审结论； （4）单元测试评审结论； （5）配置项测试计划、用例集评审结论； （6）配置项测试评审结论； （7）第三方配置项测试评审结论； （8）软件研制总结报告	（1）软件需求评审仅对 V1.00 版，未查见针对 V1.11 的； （2）软件代码审查含在单元测试报告中； （3）软件单元测试评审仅对 V1.00 版，未查见针对 V1.11 的； （4）软件配置项测试评审仅对 V1.00 版，未查见针对 V1.11 的； （5）未查见软件更改影响域分析评审； （6）该软件 V1.00 转 V1.01 评审缺失，试样沿用了初样，未查见沿用分析报告及相应的评审结论	未到5级	专家	

（续）

评定方面与要素			检查要点	证明材料	检查结果记录	等级结果	评价人	备注
方面	要素	子要素						
1 管理	1－2 质量管理	1－2－3 软件问题处理与质量问题归零	（1）针对发生的质量问题，按要求进行了软件更改申请和更改； （2）针对发生的质量问题，按"双五条"标准进行了归零； （3）对各阶段评审与验证中提出的遗留问题的更改进行了追踪； （4）对软件安全关键项目验证中出现的问题进行了更改追踪； （5）对交付后出现的质量问题进行了更改追踪； （6）针对进行的更改，进行了回归测试； （7）在飞行/发射试验中软件产品未出现重大或严重质量问题； （8）若软件产品在多次任务考核中出现了轻微或一般问题，按归零"双五条"标准完成了质量问题归零，并已完成归零和举一反三	（1）软件问题报告单； （2）回归测试报告	无归零问题	5 级	专家	

(续)

评定方面与要素			检查要点	证明材料	检查结果记录	等级结果	评价人	备注
方面	要素	子要素						
1 管理	1-3 配置管理	1-3-1 技术状态与数据包管理	(1) 开展了配置管理,建立了配置管理基线,程序及相关文档进行了版本控制; (2) 产品数据包中各种文档技术状态一致; (3) 产品数据包各种文档描述准确; (4) 产品数据包中各种文档签署完整、可追溯; (5) 若软件产品发生更改,相应的文档已相应变更,文档与软件产品技术状态一致; (6) 建立、日常维护和管理“开发库”“受控库”“产品库”,对纳入受控库和产品库的配置管理项的更改,尤其是对基线的更改,履行了更改审批手续; (7) 受控软件产品的质量问题都有问题报告单和技术更改单,并有措施落实记录; (8) 配置管理已完成功能审计和物理审计; (9) 结合多次实际任务考核情况,对软件产品的数据包内容与技术状态进行了验证; (10) 若软件产品在飞行中或飞行后发生了Ⅰ类或Ⅱ类更改,都应履行软件更改手续与出入库手续,若有相关文档更新,配置管理应更新,数据包清单也应相应更新	(1) 软件文档更改申请单; (2) 入库申请单; (3) 软件文档更改单; (4) 出库申请单; (5) 软件研制总结报告; (6) 数据包清单	(1) 用户手册、研制总结版本号为1.00; (2) 更改单应列出详细内容; (3) 多份文档研制阶段标识错误	5级	专家	

（续）

评定方面与要素			检查要点	证明材料	检查结果记录	等级结果	评价人	备注
方面	要素	子要素						
2 设计	2-1 输入确认	2-1-1 任务书确认	（1）明确并完善了软件产品运行环境、功能、性能、输入输出、数据处理、接口与固件、设计约束、可靠性安全性和维护性、质量保证、验收和交付、进度和控制节点等要求； （2）A、B级软件产品开展了软件危险分析，明确了与软件相关的安全关键的系统工作模式与关键任务，以及与软件相关的危险事件与原因； （3）研制任务书内容包括分条描述所有功能（任务）、工作模式、容错要求、特殊要求及应急措施等； （4）结合多次实际任务考核情况，对研制任务书进行了验证； （5）若软件产品在飞行/发射试验中发生的轻微或一般质量问题与研制任务书有关，应编制相应的技术更改单	软件研制任务书	（1）自检状态与地面测控台的接口是否需要说明； （2）任务书中的安全性、可靠性和维护性要求，有些不是对软件的要求，例如PLC的3取2方法，建议将单机和软件的要求进行区分； （3）任务书中“避免软件进入死循环”，“并采取有效措施，但软件设计实现中未见相关部分； （4）软件任务书中无进度及控制节点要求	5级	专家	

（续）

评定方面与要素			检查要点	证明材料	检查结果记录	等级结果	评价人	备注
方面	要素	子要素						
2 设计	2－1 输入确认	2－1－2 需求分析	(1) 软件需求描述完整、准确、一致、可验证、易修改、可测试； (2) 每项软件需求，均给出了可行的验证方法和确认方法； (3) A、B级软件开展了需求可靠性与安全性分析验证； (4) 对于Ⅱ类和Ⅲ类研制类型的软件，分析了软件更改对软件配置项外部接口、内部接口以及软件安全性、可靠性等方面的影响，验证了软件更新的可行性和方法的正确性； (5) 发生更改的A、B级软件，开展了更改后的软件更改安全性分析； (6) 结合多次实际任务考核情况，对软件需求分析进行了验证； (7) 若软件在实际任务考核中发生了轻微或一般质量问题需要进行Ⅰ类或Ⅱ类更改，对于Ⅱ类更改开展了软件更改可行性及影响域分析	(1) 软件需求规格说明； (2) 软件需求可靠性与安全性分析验证报告； (3) 软件更改安全性分析报告	无	5级	专家	

（续）

评定方面与要素			检查要点	证明材料	检查结果记录	等级结果	评价人	备注
方面	要素	子要素						
2 设计	2-2 软件设计	2-2-1 概要、详细设计	（1）圈复杂度、扇入扇出、模块参数个数等符合设计要求； （2）A、B级软件，明确标识了全部的安全关键元素； （3）A、B级软件开展了设计可靠性与安全性分析验证； （4）结合多次实际任务考核情况，对软件设计进行了验证； （5）若软件在实际任务考核中发生了轻微或一般质量问题需要进行Ⅰ类或Ⅱ类更改，已按要求更改了设计	（1）软件概要设计说明； （2）软件详细设计说明	（1）详细设计文档过于简单，软件整体描述不清晰； （2）文档中未见设计约束要求； （3）设计报告中未见追踪表； （4）未做软件设计可靠性与安全性分析验证； （5）文档版本非最终正式版	未到5级	专家	
		2-2-2 编码实现	（1）代码符合编码标准，进行了适当的解释说明（一般应不少于20%），变量命名遵循统一的规范，通过了静态分析和代码审查； （2）软件未引入新的不安全因素，且具有保护机制，不存在运行错误、内存泄漏错误； （3）A级软件开展了代码安全性分析； （4）结合多次实际任务考核情况，对软件编码进行了验证； （5）若软件在实际任务考核中发生了轻微或一般质量问题需要进行Ⅰ类或Ⅱ类更改，已按要求更改了编码	代码安全性分析报告	（1）代码编码未形成标准，无法确认； （2）《代码安全性分析报告》中仅有检查单，未见支撑材料； （3）现场未提供源代码	未到5级	专家	

（续）

评定方面与要素			检查要点	证明材料	检查结果记录	等级结果	评价人	备注
方面	要素	子要素						
3 测试	3－1 测试验证	3－1－1 单元测试	（1）编码开展了静态分析（含控制流分析、数据流分析、接口分析、表达式分析，对其数据、缓冲区、变量、内存、中断、函数、指针等内容进行检查）； （2）编码开展了代码审查（对文档的符合性、需求的符合性、可靠性与安全性准则的符合性、编码规范的符合性、编码结构的合理性等进行检查）； （3）软件单元测试用例与软件详细设计相互可追踪； （4）依据测试计划对软件单元开展了功能、性能、逻辑测试； （5）单元测试覆盖性满足 Q/QJA30A 的软件测试充分性要求，对于问题的更改都通过了回归测试确认； （6）结合多次任务验证情况，对软件单元测试进行了验证； （7）若软件在实际任务考核中发生了轻微或一般质量问题需要进行Ⅰ类或Ⅱ类更改，更改单元及相关内容进行了回归测试确认	（1）单元测试用例集； （2）代码审查报告； （3）单元测试报告	（1）单元测试计划中 4.2 节明确由于无静态分析工具，故未进行静态分析； （2）在单元测试计划及测试用例均未给出与设计的追踪关系； （3）测试覆盖性在单元测试报告中采用人工方法统计，但未给出覆盖率结果	未到 5 级	专家	

（续）

评定方面与要素			检查要点	证明材料	检查结果记录	等级结果	评价人	备注
方面	要素	子要素						
3 测试	3－1 测试验证	3－1－2 配置测试	（1）在真实的处理器和计算机上运行，依据测试计划验证软件满足需求规格说明要求，测试全部软件安全功能需求及相关的设计措施； （2）配置项测试覆盖性满足 Q/QJA30A 要求； （3）对于软件更改都通过了回归测试确认； （4）结合多次任务验证情况，对软件配置项测试进行了验证； （5）若软件在实际任务考核中发生了轻微或一般质量问题需要进行Ⅰ类或Ⅱ类更改，更改相关内容进行了配置项回归测试确认	配置项测试报告	（1）未进行性能测试； （2）未进行详细功能分解和覆盖率统计； （3）测试报告针对 1.00 版，结论针对 1.01 版，无更改说明； （4）任务书试样阶段，需求设计及测试等文档为初样，任务书批准日期20131107，发射任务起始时间 2013 年 8 月，配置管理程序及记录，请注意文档阶段标识； （5）软件运行情况报告中软件功能性能要求与现有软件需求和任务书及测试报告等不一致； （6）任务书、需求、设计均存在较严重的问题，特别是需求和详细设计以及软件运行报告概念不清晰，软件硬件功能，时序定义混乱； （7）软件危险分析、软件需求可靠性、安全性分析、验证报告或相关的系统分析内容未见到，相关的测试覆盖无法确认	未到 5 级	专家	

（续）

评定方面与要素			检查要点	证明材料	检查结果记录	等级结果	评价人	备注
方面	要素	子要素						
3 测试	3－2 确认测试	3－2－1 第三方评测	（1）A、B级软件及必要时C级的飞行软件产品需要通过独立第三方评测； （2）第三方评测用例与软件需求双向可追踪； （3）第三方评测方案、测试环境、测试结果符合要求； （4）第三方评测内容包括功能测试、性能测试、接口与余量测试、强度测试、异常测试等； （5）第三方评测的充分性满足Q/QJA30A－2013中对于需求、语句、分支覆盖100%的要求； （6）第三方评测中发现的全部问题已做了正确的处理并通过了回归测试； （7）结合多次任务验证情况，对软件第三方评测进行了验证； （8）若A、B级软件在实际任务考核中发生了轻微或一般质量问题需要进行Ⅰ类或Ⅱ类更改，其中Ⅱ类更改涉及的相关内容通过了第三方回归测试	（1）第三方配置项测试任务书/委托单； （2）第三方配置项测试用例集； （3）第三方配置项测试报告； （4）软件回归测试分析报告	（1）功能未详细分解并按最小及功能进行覆盖统计； （2）性能测试结果误差较大； （3）需求审查依据少任务书，很多明显问题未识别； （4）未分析正常输入边界、状态，以及异常输入边界、状态； （5）性能测试结果与软件运行误差较大； （6）测试覆盖难以确认； （7）做为A级软件的第三方测试（3）、（4）和（6）均属于较严重的问题	未到5级	专家	

（续）

评定方面与要素			检查要点	证明材料	检查结果记录	等级结果	评价人	备注
方面	要素	子要素						
3 测试	3-2 确认测试	3-2-2 分系统联试(软件验收测试)	（1）软件验收测试用例与研制任务书双向可追踪； （2）通过了各级系统的测试和相关试验，各种测试和试验覆盖全部软件功能、性能与系统的接口关系； （3）安全关键需求得到测试并落实； （4）验证了软件使用说明的正确性与适用性； （5）测试覆盖性满足 Q/QJA30A 中对于功能、性能、接口覆盖100%的要求； （6）测试中发现的错误和缺陷都进行了更改，修改后通过了回归测试； （7）结合多次任务验证情况，对分系统联试（软件验收测试）进行了验证； （8）若软件产品在多次实际任务考核中发生了轻微或一般质量问题需要进行Ⅰ类或Ⅱ更改，其中Ⅱ类更改涉及的相关内容通过了分系统联试（软件验收测试）	（1）分系统联试（软件验收测试）计划； （2）分系统联试（软件验收测试）报告	（1）缺少性能测试，应对点火时序延时精度50ms、100ms进行测试； （2）不适应，未发现问题，验证报告中测试结果与计划中类型没有对应全； （3）未见动态测试记录，在测试报告结果描述中也未见测试情况说明及截图，只有一个结论； （4）分系统验证测试未覆盖性能、接口需求，只有功能测试（从计划上看）； （5）分系统联试计划内容问题：无测试策略及方法描述，需求追踪关系表的内容也不符合追踪要求	5级	专家	

（续）

评定方面与要素			检查要点	证明材料	检查结果记录	等级结果	评价人	备注
方面	要素	子要素						
3 测试	3-2 确认测试	3-2-3 任务验证	（1）软件经过了至少3次成功飞行/发射试验，其中卫星上嵌入式软件单次飞行考核时间应不低于2年（设计寿命低于2年的按照实际设计寿命考核），软件未发生问题或发生的轻微问题已得到更改或优化； （2）全面验证了软件产品的性能和使用要求	（1）软件运行证明； （2）软件问题报告单	（1）软件1.00版与软件1.01版的测试时间顺序有问题； （2）对软件1.00版确认测试时间是2013年6月，5.2节有1.01版； （3）软件1.01版回归测试影响域分析报告是2013年3月，对测式过程置疑； （4）对1.00版第三方测试报告实际是1.01版的测试； （5）软件问题报告单名称为测试问题单，不合适，建议改为软件问题报告单，软件问题报告单中无问题单，写的是详见《配置项测试报告》	5级	专家	

（续）

评定方面与要素			检查要点	证明材料	检查结果记录	等级结果	评价人	备注
方面	要素	子要素						
4 应用	4－1 交付运行	4－1－1 交付与安装/固化	（1）对于有任务书或合同要求的，交付清单、交付材料符合要求； （2）产品质量履历书、产品证明书填写符合相关规定； （3）使用说明书、操作手册完整、规范、可操作性强； （4）软件产品固化、生产在质量管理监督下，指定专人按操作规程在指定（或专用）设备上进行，记录了固化、生产过程； （5）固化、生产用的母盘（片）由产品库提供，复制、固化前对设备进行了检查，固化、生产后做好检验、包装和标记； （6）保证软件产品固化、生产设备和存储介质完好； （7）结合多次任务验证情况，对交付与安装/固化与落焊环节进行了验证； （8）若软件产品在实际任务考核中发生了轻微或一般质量问题需要进行Ⅰ类或Ⅱ类更改，若涉及交付材料，更新了交付材料	（1）软件产品证明书； （2）软件质量履历书； （3）软件研制总结报告； （4）软件使用说明； （5）软件验收申请报告； （6）数据包清单	（1）质量履历书填写不完整，内容欠缺，证明履历书安全性分析结论无签署； （2）使用说明书中对于出错信息的处理不完整，如：说报错后按图4，查询错误码； （3）未指定安装负责人，软件安装过程也未见记录； （4）未查见《软件危险分析报告》	5级	专家	

（续）

评定方面与要素			检查要点	证明材料	检查结果记录	等级结果	评价人	备注
方面	要素	子要素						
4 应用	4－1 交付运行	4－1－2 运行维护与数据分析	（1）策划了软件运行维护方案，给出了软件在运行过程中遇到故障的处理方案； （2）必要时，设计了软件产品参与飞行/发射试验可以反馈的指标数据采集要求； （3）结合多次任务验证情况，对软件运行维护方案进行了验证或优化； （4）若软件产品在实际任务考核中发生了轻微或一般质量问题，软件按照运行维护策划方案进行了维护； （5）对多次任务运行情况进行了分析	（1）软件使用说明； （2）软件运行维护策划方案	（1）运行维护策划方案中未说明使用过程中出故障或报错应该或能够采取的措施； （2）运行分析报告中只见使用数据的记录，未做误差分析	5级	专家	

3）技术审查意见与结论

定级机构人员根据审查专家记录的检查单内容，并经审查组内部讨论，形成了该PLC点火软件产品的技术审查结论及以下的整改意见：

（1）补充运载点火PLC软件从1.00版升级到1.01版本的评审记录。

（2）完善软件体系结构设计和整体描述，完善时序定义。

（3）软件设计师应尽快制定一套PLC软件的编码标准，总结PLC软件的不安全因素，补充完善代码安全性分析报告中各项检查内容的支撑材料。

（4）补充单元测试计划及测试用例中与设计的追踪关系，统计测试覆盖率。

（5）第三方确认测试中需求审查应依据任务书重新识别问题，补充正常和异常输入边界分析与状态分析，统计测试覆盖率。

某火箭型号PLC点火软件产品的技术审查结论如表8－12所列。

表8－12 XX火箭型号PLC点火软件产品成熟度5级技术审查结论

XX年X月X日，航天产品化工程研究中心在北京组织召开了某单位某火箭型号PLC点火软件产品成熟度5级技术审查会。参加会议的有XX院、XX院、XX院等单位相关领导和专家。 审查组听取研制单位汇报的某火箭型号PLC点火软件产品成熟度5级定级申请报告，并依据宇航软件产品成熟度定级评价要求，对该软件产品管理、设计、测试、应用四个方面共16项子要素的审查意见进行了讨论，其中： 符合5级定级要求的子要素__11__项， 未达到5级定级要求的子要素__5__项（1－2－2评审与审查、2－2－1程序设计、2－2－2编码与验证、3－1－1单元测试、3－2－1第三方确认测试）。 待办事项附后，限__30__日按审查意见完成整改，由航天产品化工程研究中心组织进行整改复核，符合5级定级要求后，按定级程序上报定级批准机构审批。 审查组组长：XX XX年X月X日

4）整改与复核

定级机构将每位专家针对各子要素提出的意见和建议反馈给研制单位，研制单位据此对软件产品的材料进行了整改之后，再次提交定级机构进行复核。

复核资料包括需求分析报告、详细设计说明、运载火箭测发控系统PLC软件设计规范、代码安全性分析报告、危险性分析报告、单元测试报告、配置项测试报告、第三方确认测试报告、研制总结报告等。

定级机构安排专家到研制单位现场进行复核。专家对上次遗留的整改意见逐条进行了复核，对复核整改措施中的不完善地方再次给出了具体的修改意见。

研制单位再次根据修改意见，对相关工作及文档资料进行了补充，并再次将修改工作反馈回定级机构，定级机构远程再次复核后给出了通过定级评价的复核意见。最终的复核结论如表8－13所列。

表8－13　某火箭型号PLC点火软件产品技术审查复核结论

序号	待办事项	落实情况	复核结论
1	补充运载点火PLC软件从1.00版升级到1.01版本的评审	补充了版本升级的技术状态评审结论	√
2	完善软件体系结构设计和整体描述，完善时序定义	完善了软件体系结构设计，细化了时序定义，补充了设计约束要求、软件设计可靠性与安全性分析验证等内容	√
3	建议软件设计师尽快制定一套PLC软件的编码标准，总结PLC软件的不安全因素，补充完善代码安全性分析报告中各项检查内容的支撑材料	编写了《运载火箭测发控系统PLC软件设计规范》电子所规范号Q/Pr815－2016。 完善了《代码安全性分析报告》	√
4	补充单元测试计划及测试用例中与设计的追踪关系，统计测试覆盖率	完善了单元测试计划，补做了单元测试，并将其补做内容加入报告，统计了测试覆盖率，对于无法测试的部分进行了分析说明	√
5	在配置项测试中应进行详细功能分解，补做性能测试，统计测试覆盖率	功能进行了分解，补做了性能测试，统计了测试覆盖率，对于无法测试的部分进行了分析说明，完善了配置项测试报告	√
6	第三方确认测试中需求审查应依据任务书重新识别问题，补充正常和异常输入边界分析与状态分析，统计测试覆盖率	请软测完善了相关报告，补充正常和异常输入边界分析与状态分析，统计了测试覆盖率	√
复核意见： 全部待办事项已按照专家意见完成整改，需求分析报告已在限定的工作日内补充完善了自检、点火、紧急关机功能的触发条件、输入、处理及输出内容，整改措施符合相关要求			
复核小组组长：	专家	被复核方：	技术负责人
复核时间：	XX年X月X日	复核时间：	XX年X月X日
注：待办事项复核通过复核结论为"√"，待办事项复核不通过复核结论为"×"			

定级机构按照宇航软件产品成熟度相关要求及评价实际情况，按照附录E

的格式编写完成了某火箭型号 PLC 点火软件产品成熟度评价报告。

8.2.4　定级批准

定级机构将评价报告提交给定级管理机构,定级管理机构依据定级机构提出的审查结果,批准了所申请的 5 级产品成熟度等级认定。

附录A　软件产品与FPGA产品安全关键等级说明

A.1　宇航软件产品安全关键等级

宇航软件产品安全关键等级内容引自Q/QJA 30A—2013《航天型号软件工程化要求》,具体等级分类名称、危险程度与失效后可能造成的后果见附表A-1。

附表A-1　宇航软件产品安全关键等级

软件安全关键等级	软件危险程度	软件失效可能的后果
A	灾难性危害	人员死亡、系统报废、任务失败、环境严重破坏
B	严重危害	人员严重受伤或严重职业病、系统严重损害、任务受到严重影响
C	轻度危害	人员轻度受伤或轻度职业病、系统轻度损害、任务受影响
D	轻微危害	低于轻度危害的损伤,但任务不受影响
注:软件失效可能的后果有多个描述,它们之间是或的关系,即只要一项描述满足就可以确定关键等级。若某个软件失效有多种影响,则按照影响的最高等级确定关键等级		

A.2　宇航FPGA产品安全关键等级

宇航FPGA产品安全关键等级内容引自Q/QJA 691A—2018《航天型号FPGA产品工程化要求》,具体等级分类名称、危害程度与失效后可能造成的后果见附表A-2。

附表A-2　FPGA产品安全关键等级

FPGA产品安全关键等级	危害程度	FPGA产品失效后果
A	灾难性危害	人员死亡、系统报废、基本任务失败、环境严重破坏
B	严重危害	人员严重受伤或严重职业病、系统严重损害、任务受到严重影响
C	轻度危害	人员轻度受伤或轻度职业病、系统轻度损害、任务受影响
D	轻微危害	低于轻度危害的损伤,但任务不受影响
注:FPGA产品失效可能的后果有多个描述,它们之间是或的关系,即只要一项描述满足就可以确定关键等级。若某个FPGA产品失效有多种影响,则按照影响的最高等级确定关键等级		

附录 B 软件产品与 FPGA 产品研制类型说明

B.1 宇航软件产品研制类型

宇航软件产品研制类型分类名称与说明见附表 B－1。

附表 B－1 软件研制类型

类型编号	类型名称	说明
Ⅰ类	沿用	已完成沿用可行性分析与审批，不加修改即可再次使用的软件
Ⅱ类	仅修改装订参数	不修改软件可执行代码的内容，仅修改软件装订参数即可满足任务要求的软件
Ⅲ类	适应性修改	根据任务要求进行适应性更改、完善设计的软件
Ⅳ类	新研制	不属于上述三类的新研制的软件
注：装订参数通常包括编译时绑定的宏和常量定义，以及固化时写入的配置文件；装订参数的修改不会引起软件二进制机器码中的可执行代码的改动		

B.2 宇航 FPGA 产品研制类型

宇航 FPGA 产品研制类型名称与说明见附表 B－2。

附表 B－2 FPGA 产品的研制类型分类

研制类型	类型名称	说明
Ⅰ类	沿用	不加修改即可直接使用的 FPGA 产品
Ⅱ类	继承	与被继承 FPGA 产品在功能和使用方式上基本一致，且仅进行了下述类型适应性修改但不涉及 HDL 代码逻辑更改的 FPGA 产品：FPGA 型号规格、参数配置、开发环境、设计约束
Ⅲ类	新研	不属于上述两类的 FPGA 产品。
注：继承产品的适应性修改可能涉及多个类型，它们之间是或的关系，即只要一项满足即可确定研制类型		

附录C　产品成熟度定级申请报告参考模板

密级：

产品成熟度定级申请报告

产品名称＿＿＿＿＿＿＿＿＿＿＿＿＿＿

产品代号＿＿＿＿＿＿＿＿＿＿＿＿＿＿

申请等级＿＿＿＿＿＿＿＿＿＿＿＿＿＿

申请单位＿＿＿＿＿＿＿＿＿＿＿＿＿＿

填报日期＿＿＿＿＿＿＿＿＿＿＿＿＿＿

航天产品化工程研究中心　制

年　　月　　日

说　明

1. 封面“密级”由定级申请单位视报告内容按保密要求确定。

2. “申请单位”填写单位正式名称，申请单位与本申请报告第四部分“申请单位诚信承诺”所盖公章一致，每份申请报告只应填报一个产品定级申请单位。

3. 本申请报告第一部分描述该产品的功能、用途、工作原理、组成、主要技术指标、技术特点、产品继承性、研制应用等情况。

4. 本申请报告第二部分描述产品成熟度定级准备情况，给出各项产品成熟度等级评定子要素的自评结果，同时依据自评结果（包括成熟度评定检查单的检查记录情况、各要素的自评结果等），描述存在的好的方面和不足。

5. 本申请报告第三部分对照产品成熟度定级准备情况，给出产品成熟度等级的自评结论以及需要说明的有关问题，并提供相关文件资料（附：自评检查单及结果、产品技术状态文件清单、产品数据包清单以及其他证明材料文件清单）。

6. 本申请报告第一至第四部分由申请单位填写；第五部分“产品定级申请受理情况记录”由产品成熟度定级机构填写。

7. 本申请报告填写要求字迹清晰，内容准确；正文格式采用小 4 号宋体，1.5 倍行距；幅面采用 A4 规格纸张，双面打印。

产品基本信息表

产品名称			
产品代号			
申请等级			
申请单位			
地址和邮编			
联系人			
联系电话		传真	

注:对于型谱产品,“产品名称”和“产品代号”等相关内容应与型谱保持一致

一、概述

二、产品成熟度定级准备情况

三、产品成熟度自评结论及相关事项说明

四、产品定级申请单位诚信承诺

本单位已组织有关人员认真学习了产品成熟度相关文件和标准,本申请报告的填写严格执行了有关规定和要求,并郑重承诺:

申报材料真实、可靠。若承诺不实或违背承诺,我单位将承担相应责任。

其他应说明的问题(若没有其他应说明的问题,请填写“无”):

单位负责人: (签名并加盖公章)

年 月 日

五、产品定级申请受理情况记录

本定级申请报告及相关材料符合相关规定,定级申请已受理。

产品成熟度定级机构(盖章)

经办人:(签字)

定级申请受理日期:　　年　　月　　日

附录 D　产品成熟度定级检查单参考模板

D.1　单机产品成熟度定级检查单参考模板

为了提高宇航单机产品现场评价的可操作性，在进行现场评价前，定级机构应参考宇航单机产品成熟度等级评定要素及子要素，制定产品成熟度定级检查单。定级检查单内容主要包括评价要素名称、所属要素名称、检查提示、证明文件名称及编号、定级意见及评价结果等内容。检查提示主要参考 4.5.1 定级矩阵中的内容逐条列出，检查提示应覆盖产品目标等级的所有要求，若产品是首次评价，检查提示应覆盖目标等级及之前等级所要求的全部内容。证明文件名称及编号根据现场评价时被评单位提供的证明材料由定级专家进行填写。附表 D－1给出了单机产品进行成熟度 6 级评价时子要素“1－1－1 产品研制技术要求的识别和审查”的现场评价检查单。

附表 D－1　宇航单机产品子要素定级检查单

<table>
<tr><td colspan="2">要素:1－1 产品设计输入的识别和审查</td><td>子要素:1－1－1 产品研制技术要求的识别和审查</td></tr>
<tr><td colspan="3">检查提示:
(1)研制技术要求是否准确、全面地反映使用单位的各种需求;
(2)对研制技术要求的可实现性是否进行了论证,考虑了相关潜在风险;
(3)研制技术要求是否经过承制单位、使用单位的确认;
(4)研制技术要求经过的实际考核验证程度(鉴定、验收试验,高一层次的联调联测、实际使用考核验证的次数),以及是否在考核验证后对研制技术要求进行了细化完善;
(5)研制技术要求确需更改时,供需双方是否进行充分论证,实施规范的审查、确认、批准和版本管理活动。</td></tr>
<tr><td rowspan="5">证明文件名称及编号</td><td colspan="2">1.</td></tr>
<tr><td colspan="2">2.</td></tr>
<tr><td colspan="2">3.</td></tr>
<tr><td colspan="2">4.</td></tr>
<tr><td colspan="2">5.</td></tr>
</table>

（续）

<table>
<tr><td rowspan="5">证明文件名称及编号</td><td>6.</td></tr>
<tr><td>7.</td></tr>
<tr><td>8.</td></tr>
<tr><td>9.</td></tr>
<tr><td>10.</td></tr>
<tr><td colspan="2">定级意见:(此处填写询问人员记录、检查的现场情况记录,以及检查的结果,如子要素是否符合产品成熟度相关标准,距离标准存在的差距和不足等内容)</td></tr>
</table>

评价人:	评价结果: 级	日期:

D.2 软件产品成熟度定级检查单参考模板

为了提高现场评价可操作性,软件产品成熟度定级检查单可将被检查子要素所需的证明材料列出,现场专家可按实选择,检查要点也可根据5.5.1定级矩阵中的相应内容拆分成逐条要求,并对要求的完成情况给出“是”“否”的选择,并可根据需要,填写“说明”。若被评价软件产品之前未开展过定级评价,首次评价时,检查要点应给出目标等级及之前等级所要求的全部内容。附表D-2给出了首次参加软件产品成熟度定级评价,且目标等级为5级的子要素“2-1-1任务书确认”的现场检查单模板示例,该检查单中给出了应满足定级矩阵中1~5级的所有定级要求。

附表 D－2　宇航软件产品成熟度 5 级评价现场检查单示例

软件名称：

<table>
<tr><td>检查子要素</td><td colspan="5">2－1 输入确认　2－1－1 任务书确认</td></tr>
<tr><td rowspan="2">证明材料</td><td colspan="2">软件研制任务书</td><td colspan="3">有□　没有□</td></tr>
<tr><td colspan="2">软件危险分析报告</td><td colspan="3">有□　没有□　不需要□</td></tr>
<tr><td>检查要点及现场情况记录</td><td colspan="5">(1) 明确并完善了软件功能运行环境要求、功能与性能要求、输入输出要求、数据处理要求、接口与固件要求；
是□　否□　说明：________________________
(2) 明确了设计约束、可靠性安全性和维护性要求、质量保证要求、验收和交付要求、进度和控制节点要求；
是□　否□　说明：________________________
(3) 明确了工作模式、容错要求、特殊要求及应急措施等；
是□　否□　说明：________________________
(4) 确定了软件的安全关键程度等级、软件规模，任务书满足宇航型号软件研制任务书编写相关标准要求；
是□　否□　说明：________________________
(5) A、B 级软件开展了软件危险分析，明确了与软件相关的安全关键的系统工作模式与关键任务，以及与软件相关的危险事件与原因；
是□　否□　说明：________________________
(6) 结合多次实际任务考核情况，对软件研制任务书进行了验证；
是□　否□　说明：________________________
(7) 若软件在飞行中发生的轻微或一般质量问题与软件研制任务书有关，应编制相应的技术更改单；
是□　否□　说明：________________________
其他现场检查情况说明：________________________</td></tr>
<tr><td>评价等级</td><td></td><td>评价人</td><td></td><td>评价时间</td><td></td></tr>
</table>

附录E　产品成熟度评价报告模板

密级：

产品成熟度评价报告

产品名称＿＿＿＿＿＿＿＿＿＿＿＿＿＿＿＿＿＿＿＿

产品代号＿＿＿＿＿＿＿＿＿＿＿＿＿＿＿＿＿＿＿＿

申请单位＿＿＿＿＿＿＿＿＿＿＿＿＿＿＿＿＿＿＿＿

申请等级＿＿＿＿＿＿＿＿＿＿＿＿＿＿＿＿＿＿＿＿

定级机构＿＿＿＿＿＿＿＿＿＿＿＿＿＿＿＿＿＿＿＿

评价日期＿＿＿＿＿＿＿＿＿＿＿＿＿＿＿＿＿＿＿＿

航天产品化工程研究中心　制

年　　月　　日

说　明

1. 封面“密级”由定级机构视报告内容依保密要求确定。

2. “申请单位”填写单位正式名称，每份评价报告只应填写一个产品申请单位。

3. 本评价报告第一部分描述该产品的功能、用途、工作原理、组成、主要技术指标、技术特点、产品继承性、研制应用等情况。

4. 本评价报告第二部分描述产品成熟度评价活动安排，以及评价的时间、地点、评价组组成、评价要素、查阅的文件资料；介绍评价过程中走访的主要现场、询问人员情况记录和所检查设备设施情况等。

5. 本评价报告第三部分描述子要素的评价结果、产品成熟度等级总评结果，并给出评价结论。

6. 本评价报告第四部分根据评价结果，分别从设计、生产和使用等三方面给出好的方面和存在的不足。

7. 本评价报告第五部分应提供产品成熟度等级评定检查单、产品技术状态文件清单、产品数据包清单以及其他证明材料文件清单。

8. 本评价报告由产品成熟度定级机构填写。

9. 本评价报告填写要求字迹清晰，内容准确；正文格式采用小 4 号宋体，1.5 倍行距；幅面采用 A4 规格纸张，双面打印。

产品基本信息表

产品名称			
产品代号			
申请等级			
申请单位			
地址和邮编			
联系人			
联系电话		传真	

注:对于型谱产品,“产品名称”和“产品代号”等相关内容应与型谱保持一致

1. 概述

2. 评价内容

3. 评价结果

依据产品成熟度定级要求，本次评价活动针对__________产品共评价了____项子要素，其中：

符合产品成熟度 1 级要求的子要素　　项，

符合产品成熟度 2 级要求的子要素　　项，

符合产品成熟度 3 级要求的子要素　　项，

符合产品成熟度 4 级要求的子要素　　项，

符合产品成熟度 5 级要求的子要素　　项，

符合产品成熟度 6 级要求的子要素　　项，

符合产品成熟度 7 级要求的子要素　　项，

符合产品成熟度 8 级要求的子要素　　项。

经综合评价，本产品最终的产品成熟度等级为______级，□符合/□不符合 申请等级要求。

4. 优点与不足

1）设计

好的方面：

存在的不足：

2）生产

好的方面：

存在的不足：

3）使用

好的方面：

存在的不足：

5. 附件

评价要素证明材料清单

参 考 文 献

[1] 袁家军．航天产品成熟度研究[J]．航天器工程,2011.(1).

[2] 袁家军．航天产品工程[M]．北京:中国宇航出版社,2011.

[3] International Coucil on Systems Engineering(INCOSE). Systems Engineering Handbook[M]. INCOSE - TP - 2003 - 002 - 03. 2006.

[4] 王卫东,朱杏生,李宇峰．空间产品成熟度模型的建立与应用研究[J]．航天工业管理,2007,(7).

[5] 袁家军．航天产品质量与可靠性数据包及其应用[J]．中国质量,2009,(4).

[6] 张迪．基于生命周期的产品成熟度研究[D]．天津:天津大学,2011.

[7] 蒋贵善,王东华．生产与运作管理[M].2 版．大连:大连理工大学出版社,1999.

[8] 牛庆锋,等．宇航产品生产线的建设、认证及运行评估初探[J]．航天工业管理,2010,(7).

[9] 孙静．基于产品数据包的成熟度评价研究[D]．天津:天津大学,2012.

[10] 王国明．产品成熟度的影响因素研究——以通讯产品为例[D]．北京:北京交通大学,2013.

[11] 李新波,刘禾．泵压式液体火箭发动机产品成熟度模型研究[J]．航天工业管理,2016,(8).

[12] 郭芳,罗强,高健光．基于产品成熟度的宇航产品分级管理模式[J]．航天工业管理,2017,(2).

[13] 邱家稳,刘庆华,张也驰．基于成熟度评价的航天器跨领域成熟产品集成管理模式[J]．航天器工程,2017,(10).

[14] 陆宏伟,薛毅,李罡．产品成熟度定级与航天装备试验鉴定工作浅析[J]．航天工业管理,2017,(7).

[15] 王文炎,刘辉,肖爱斌．宇航元器件产品成熟度评价研究[J]．质量与可靠性,2017,(5).

[16] 胡云,李跃生,刘国宁．航天装备技术成熟度评价理论与实践[M]．北京:中国宇航出版社,2016.

[17] Department of Defense. Technology Readiness Assessment(TRA) Deskbook[R]. 2009.

[18] William L. Nolte. Did I Ever Tell You About The Whale? Or Measuring Technology Maturity [M]. Information Age Publishing, Inc. 2008.

[19] 朱毅麟．技术成熟度对航天器研制进度的影响[J]．航天器工程,2009,18(2):8 - 13.

[20] 朱毅麟. 开展技术成熟度研究[J]. 航天标准化,2008(2).

[21] Department of Defense. Manufacturing Readiness Assessment Deskbook[R],2009.

[22] Hernando Jimenez, Dimitri N. Mavris. Assessment of Technology Integration Using Technology Readiness Levels[C]. 51st AIAA Aerospace Sciences Meeting Including the New Horizons Forum and Aerospace Exposition,07 – 10 January 2013, Grapevine (Dallas/Ft. Worth Region), Texas, AIAA paper 2013 – 0583.

[23] Department of Defense. DoD Life Cycle Management (LCM) & Product Support Manager (PSM) Rapid Deployment Training[R], June 2011.

[24] Department of Defense. Technology Readiness Assessment(TRA) Guidance[R]. July 2011.

[25] John C. Mankins. Technology readiness assessments: A retrospective, Acta Astronautica [J]. Volume 65, Issues 9 – 10, November – December 2009, Pages 1216 – 1223.

[26] 刘代军,于晓伟. 从单项技术到系统集成——国外技术成熟度评价方法的探索与实践[J]. 航空咨询,2009.

[27] 邢晨光. 技术成熟度方法在企业科研管理中的应用[J]. 航空咨询,2012.

[28] 何益海,常文兵. 基于制造成熟度的武器装备研制项目制造风险评估[J]. 项目管理技术,2009,7.(7).

[29] 吴燕生. 技术成熟度及其评价方法[M]. 北京:国防工业出版社,2012.

[30] Gary Stanley. Manufacturing Readiness Assessment Acquisition Training[R]. Manufacturing Technology Division U. S. Air force, 2008.

[31] Office of the chief engineer. NASA Program and Project Management Processes and Requirements[R],2007.

[32] Marc G. Millis, Breakthrough Propulsion Physics Project: Project Management Methods[R]. NASA/TM – 2004 – 213406, December,2004.

[33] 袁家军. 神舟飞船系统工程管理[M]. 北京:机械工业出版社,2006.

[34] (美)项目管理协会. 组织级项目管理成熟度模型(OPM3)[M]. 3 版. 北京:电子工业出版社,2015.

[35] 邱菀华,等. 现代项目管理学[M]. 4 版. 北京:科学出版社,2018.

[36] 栾恩杰. 航天系统工程运行[M]. 北京:中国宇航出版社,2010.

[37] 郭宝柱. 中国航天与系统工程[J]. 航天工业管理,2003,(6).

[38] 郭宝柱. 再谈系统工程方法[J]. 航天工业管理,2007,(5).

[39] 国防科工委军标编写组. 运载器和航天器实验要求:GJB 1027A—2005[S]. 北京:国防科学技术工业委员会,2006.

[40] 袁清珂. 现代设计方法与产品开发[M]. 北京:电子工业出版社,2010.

[41] 罗伯特·G·库珀. 新产品开发流程管理[M]. 青铜器软件公司译. 北京:电子工业出版社,2010.

[42] 诸一维,罗瑛. 严格技术状态更改控制,确保航天型号研制质量[J]. 航天标准化,2007(1).

[43] 王卫东,周海京. 优化系统工程模型 转变型号研制管理模式(上)[J]. 航天工业管理,2009,(7).
[44] 王卫东,周海京. 优化系统工程模型 转变型号研制管理模式(下)[J]. 航天工业管理,2009,(8).
[45] 浦传彬,张越梅. 军用飞机定型和民用飞机取证[J]. 航空工业论坛,2008,(2).
[46] 赵小津,王卫东. 航天科研生产管理评估[M]. 北京:中国宇航出版社,2014.
[47] 王喜奎,周海京,杜刚. 宇航关键通用产品成熟度模型及其应用[J]. 航天工业管理,2012.
[48] 杨世东,陆宏伟,韩天龙. 宇航单机产品成熟度定级实践[J]. 质量与可靠性,2015.
[49] 王志梅,解月江. 航天软件产品成熟度评价技术探讨[J]. 质量与可靠性,2014.
[50] 王志梅,解月江,何枫. 软件产品成熟度国外相关技术综述[J]. 质量与可靠性,2015.